BASIC SCALP HAIR CARE PRO

NCS 기반 **베이직 두피 모발 관리 프로**

구민사

이재숙

광주여자대학교 미용과학과 교수
미용기능장, 이용기능장

유광석

(주)다모생활건강 대표
다모한방기술연구소 소장
대한모발과학연구회 사무총장
미국탈모학회 정회원

김유라

우송정보대학 뷰티디자인학부 헤어과 교수
前) 광주여자대학교 미용과학과 외래교수
前) Wella Professional technical consultant

전소리

서경대학교 외래교수
前) 광주여자대학교 미용과학과 겸임교수
미용기능장, 이용기능장

문소희

광주여자대학교 미용과학과 겸임교수
초당대학교 뷰티미용과 겸임교수
청암대학교 뷰티미용과 겸임교수
계명문화대학교 뷰티코디네이션학부 겸임교수

김용순

미용기능장, 미용기능장
前) 광주여자대학교 미용과학과 겸임교수
건양사이버대학교 글로벌뷰티학과 겸임교수
대전보건대학교 뷰티케어과 겸임교수
대전대학교 평생교육원 이용장과정 주임교수

NCS기반 **베이직 두피 모발 관리 프로**

Basic Scalp Hair Care pro

초판 1쇄 발행 2020년 4월 10일
초판 2쇄 발행 2024년 3월 15일

지은이 이재숙·유광석·김유라·전소리·문소희·김용순
촬영 김우진
발행인 조규백

발행처 도서출판 구민사
주소 (07293) 서울특별시 영등포구 문래북로 116, 604호(문래동3가 46, 트리플렉스)
전화 (02)701-7421
팩스 (02)3273-9642
홈페이지 www.kuhminsa.co.kr

신고번호 제 2012-000055호(1980년 2월 4일)
ISBN 979-11-5813-832-5 (93590)

정가 29,000원

NCS기반

베이직 두피 모발 관리 프로

이재숙 · 유광석 · 김유라 · 전소리 · 문소희 · 김용순

구민사

Preface

모발의 아름다움은 시대와 문화를 뛰어 넘는 미에 대한 갈망이며 화두였다. 신라시대부터 조선시대까지 이어져 내려온 가체(加髢)는 아름다움을 추구하던 여인들의 멋스러움의 대명사였다. 이처럼 아름다움은 불멸성과 신성한 이미지가 있어 모발의 아름다움은 눈에 보이지 않는 권력과 직위 그 자체였다.
우리는 누구나 아름다움을 추구한다. 아름다움에 대한 인간의 욕구는 아마 생득적 본능일 것이다. 그렇다고 모든 사람이 아름답게 태어날 수는 없으나 근본적으로 인간 개개인의 자유와 개성을 존중할 때 아름다움은 본질에 가깝게 접근하게 된다.

이러한 관점에서 모발은 인류 역사에서 변함없이 지속되어 온, 여성이나 남성 모두의 이미지와 외모 변화에 가장 큰 영향을 미치는 변수임과 동시에 가장 큰 관심사이다.

외모 변화에 가장 큰 영향을 주는 毛髮, 10만 개의 美學.

10만은 얼굴 인상의 절반을 차지하는 헤어스타일을 만들기 위해 정상적으로 필요한 모발 개수이다. 어떤 사물을 보는 방법은 우리가 알고 있는 것과 믿고 있는 것에서 영향을 받는다. 따라서 윤기있고 볼륨감 있는 모발은 동안의 필수 조건이다.

모발은 미적 아름다움을 선사하기도 하지만, 추위로 부터, 외부의 충격으로 부터, 온도변화로 부터, 직사광선 등으로 부터 뇌를 보호하고, 우리 몸의 유해 물질인 중금속 등을 체외로 배출시킨다. 한의학적으로는 특히 신(腎)과 혈(血)의 상태를 진단하는 지표로서 짙고 풍성한 모발은 곧 건강한 신체를 의미하며 건강함의 상징이기도 하다.

그러한 모발이 빠지게 되는 탈모증은 대인관계 및 사회생활에 큰 영향을 미침으로써 직간접적으로 자신의 신체 이미지를 변화시키고 우울, 분노, 수치심 등의 심리적 변화를 가지고 올 수 있는 중요한 질환으로 분류되기도 한다.

따라서 탈모는 남녀노소를 막론하고 가장 중요한 관심사요 고민거리이기도 하다.

두피·모발관리란 고객의 두피·모발상태를 진단, 분석한 후 그 결과에 따라 관리방법을 처방하고 기기와 제품을 선택하여 두피와 모발을 건강하게 관리하는 능력이다.

이에 두피 · 모발의 기본 지식에서부터 여러 가지 복합적인 요인으로 발생하는 문제성 두피·모발과 탈모에 이르기까지 좀 더 체계적인 이론과 지식, 미용현장에서의 임상을 위해 기기를 포함한 실기테크닉에 이르기까지 체계적인 지침서로 사용할 수 있도록 노력하였다. 이 교재가 미용을 전공하는 학생부터 현장의 미용인까지 모든 이들에게 도움 되기를 소망해 본다.

부족한 시간을 가지고 집필하기에 항상 아쉬운 점이 많지만 이 교재가 나오기까지 한마음으로 준비해 주신 공동 집필자 교수님들께 감사를 드리며 아낌없이 회사의 자료들을 지원해 주신 아람휴비스 박동순대표님과 직원여러분께 진심으로 깊은 감사를 드린다.
한국의 탈모분야의 개척자요 탈모분야에 가장 많은 임상 데이터를 가지고 계신 다모코스메틱 유광석 대표님, 귀한 자료 제공에 진심으로 깊은 감사를 드리며 변함없이 촬영에 도움을 준 김우진군과 이 교재가 나올 수 있도록 배려해 주신 도서출판 구민사 조규백 대표님과 직원여러분께 진심으로 감사를 드린다.

공동저자 일동

Contents

Part 01

이론편

Chapter 01. 두피 생리

1. 두피(Scalp)의 정의 18
2. 피부와 두피의 구조 19
3. 피부(두피)의 기능 28

Chapter 02. 모발 생리(生理) 및 형태(形態)

1. 모발의 발생 30
2. 모발의 성장주기(Hair cycle) 34
3. 모발의 구조 – 모근부(Hair root) 38
4. 모발의 구성 44
5. 모발의 구조 45
6. 모발의 결합 52
7. 모발의 기능 54
8. 모발의 분류 55
9. 모발의 성질 57

Chapter 03. 모발과 관련된 인체의 계

1. 순환계(Circulatory system) 59
2. 심장(Heart) 63
3. 림프계(Lymphatic system) 66
4. 신경계 70
5. 호르몬계(내분비계, Endocrine system) 82
6. 면역계(Immune system) 86

Chapter 04. 탈모

1. 탈모(Hair loss)의 정의 90
2. 탈모 메커니즘 91
3. 탈모증 분류 119
4. 대체요법 142

Chapter 05. 샴푸와 린스, 트리트먼트

1. 샴푸(Shampoo) 147
2. 샴푸의 성분 155
3. 헤어 린스(Hair rinse) 161
4. 헤어 트리트먼트(Hair treatment) 163

Chapter 06. 두피, 모발 기기의 종류와 사용법 165

Part

02

실기편

Chapter 01. 두피·모발 관리

1. 고객 상담 174
2. 상담 단계 175
3. 상담자의 자세 180
4. 두피·모발 진단 182
5. 두피 타입별 관리 197
6. 모발 타입별 관리 206
7. 두피·모발 관리 실제 211

참고문헌 255

Syllabus

강 의 계 획 서

직무명	능력단위/책무(Duty)	능력단위코드
헤어미용	두피·모발관리	1201010112_14v2

교과목명	두피모발관리
헤어미용	두피 모발관리는 모발생리(정의, 구성, 성장주기, 구조, 종류, 기능, 특징, 손상, 관리), 두피생리(정의, 구조, 기능, 관리), 탈모(정의, 지각증상, 유형, 원인, 의학적 탈모관리)의 이론에 대해 학습한다.
교육목표 (학습내용)	고객의 두피와 모발을 건강하게 유지하기 위하여 두피·모발 상태를 분석할 수 있으며, 그 결과에 따라 기기와 제품을 선택하여 시술할 수 있다.

교수학습 방법	이론 강의	실습	발표	토론	팀 프로젝트	캡스톤 디자인	포트 폴리오	기타
	O	O						

교수학습 방법	첨단 강의실	전용 실습실	컴퓨터 실습실	공용 강의실	외부교육시설	기타
		O				

교재 (NCS학습모듈)		
	주교재	NCS기반 베이직 두피 모발 관리 프로 / 구민사 / 이재숙 외 5인
	부교재	NCS학습모듈 – 헤어샴푸와 트리트먼트 NCS학습모듈 – 두피·모발관리
	참고교재	

평가방법	A	B	C	D	E	F	G	H	I	J	K	L	M	N
			O	O			O					O		

A. 포트폴리오 B. 문제해결 시나리오 C. 서술형시험 D. 논술형시험 E. 사례연구 F. 평가자질문 G. 평가자 체크리스트 H. 피평가자 체크리스트 I. 일지/저널 J. 역할연기 K. 구두발표 L. 작업장 평가 M. 선다형 N. 기타

관련능력단위요소 /작업(Task)	수행준거	지식·기술·태도
두피·모발관리 준비하기	- 두피·모발상태 진단에 필요한 기기와 도구를 준비할 수 있다. - 문진, 시진, 촉진, 검진을 통해 고객의 두피·모발상태를 분석할 수 있다. - 두피유형에 따라 관리방법을 선택할 수 있다. - 모발상태에 따라 관리방법을 선택할 수 있다. - 차회 방문 시 시술에 반영할 수 있도록 두피·모발분석카드를 작성할 수 있다.	[지식] - 두피·모발생리에 관한 지식 - 두피·모발 진단기기에 대한 지식 - 두피·모발상태 분석을 위한 기초지식 - 두피·모발 유형별 관리 지식 [기술] - 두피·모발 진단기 사용기술 - 두피·모발상태 분석 기술 - 두피·모발 유형별 시술 기술 - 두피·모발 분석 카드 작성 기술 - 고객상담 기술 [태도] - 기기 사용 및 진단 분석 전문가로서의 책임감과 자부심 - 사용 기기를 청결하게 관리하는 자세 - 고객에게 신뢰감을 주는 태도
두피관리하기	- 두피유형에 따라 샴푸제를 선정하여 시술할 수 있다. - 두피유형에 따라 스케일링 제품을 선정하여 시술할 수 있다. - 두피 스케일링 효과를 높이고 두피의 혈액순환을 돕기 위해 두피메뉴얼테크닉을 할 수 있다. - 영양공급과 유·수분 균형 조절을 위해 팩과 앰플을 사용할 수 있다. - 두피관리에 필요한 기기와 기구를 선택하여 사용할 수 있다.	[지식] - 두피관리제품의 특성과 사용법에 관한 지식 - 두피관리에 사용되는 기기와 기구의 특성과 사용법에 관한 지식 - 두피유형에 따른 스케일링, 매뉴얼테크닉의 효과와 시술법에 관한 지식 - 건강한 두피관리를 위한 영양소와 생활습관에 관한 지식 - 아로마테라피에 관한 지식 [기술] - 두피유형과 두피관리제품 특성별 시술 기술 - 두피유형과 두피관리기기의 특성별 시술 기술 - 스케일링과 매뉴얼테크닉 등의 기술

관련능력단위요소 /작업(Task)	수행준거	지식·기술·태도
두피관리하기		[태도] - 기기사용 및 시술전문가로서의 책임감과 자부심 - 사용기기를 청결하게 관리하는 자세 - 고객에게 신뢰감을 주는 태도 - 정확한 진단을 위해 지속적으로 학습하는 의지
모발관리하기	- 모발상태와 관리방법에 따라 샴푸제를 선정하여 시술할 수 있다. - 모발상태와 관리방법에 따라 관리제품을 도포한 후 핸들링할 수 있다. - 영양공급과 유·수분 균형조절을 위해 팩과 앰플을 사용할 수 있다. - 모발관리에 필요한 기기와 기구를 선택하여 사용할 수 있다.	[지식] - 모발관리 제품의 특성과 사용법에 관한 지식 - 모발관리에 사용되는 기기와 기구의 특성과 사용법에 관한 지식 - 헤어 트리트먼트와 팩, 매뉴얼테크닉 등의 효과와 시술법에 관한 지식 - 건강한 모발관리를 위한 영양소와 생활습관에 관한 정보 - 아로마테라피에 관한 지식 [기술] - 모발상태와관리제품의특성별시술기술 - 모발상태와 사용기기의 특성별 시술기술 - 헤어 트리트먼트 매뉴얼테크닉 [태도] - 기기사용 및 시술전문가로서의 책임감과 자부심 - 사용기기를 청결하게 관리하는 자세 - 고객에게 신뢰감을 주는 태도 - 정확한 진단을 위해 지속적으로 학습하는 자세

관련능력단위요소 /작업(Task)	수행준거	지식·기술·태도
두피·모발관리 마무리하기	- 두피·모발진단기를 사용하여 시술 전·후의 변화를 비교하여 고객에게 설명할 수 있다. - 두피·모발상태에 따라 관리에 적합한 제품을 사용하여 마무리할 수 있다. - 관리 종료 후 헤어스타일을 연출하여 마무리할 수 있다. - 건강한 두피·모발상태 유지를 위한 관리법을 고객에게 설명할 수 있다.	[지식] - 두피·모발생리에 대한 지식 - 진단기 작동원리에 대한 지식 - 헤어스타일 연출제품의 성분에 대한 지식 [기술] - 진단기 사용 기술 - 시술 전·후 차이를 판단하는 능력 - 헤어스타일 연출 테크닉 - 고객과의 커뮤니케이션 기술 [태도] - 기기 사용 및 분석전문가로서의 책임감과 자부심 - 사용기기를 청결하게 관리하는 자세 - 고객에게 신뢰감을 주는 태도 - 정확한 진단을 위해 지속적으로 학습하는 의지 - 고객에게 관리법을 친절하게 설명하는 자세

주차별 학습내용				
주차	관련능력단위요소	수업내용	관련 기자재 및 도구 등	교재
1	두피·모발관리 준비하기 두피관리하기 모발관리하기 두피·모발관리 마무리하기 직무수행능력평가	[ORIENTATION – 모발 및 두피관리] 1. 교과목 소개 및 교과서 소개 2. 평가방법 및 강의진행 방법 안내		
2	두피·모발관리 준비하기 두피관리하기 모발관리하기 두피·모발관리 마무리하기 직무수행능력평가	[두피생리] 1. 두피의 정의 2. 피부와 두피의 구조 3. 피부(두피)의 기능	PPT, 교재	P. 18~29
3	두피·모발관리 준비하기 두피관리하기 모발관리하기 두피·모발관리 마무리하기 직무수행능력평가	[모발생리] 1. 모발의 발생 2. 모발의 성장주기 3. 모발의 구조 – 모근부 4. 모발의 구성	PPT, 교재	P. 30~43
4	두피·모발관리 준비하기 두피관리하기 모발관리하기 두피·모발관리 마무리하기 직무수행능력평가	[모발생리] 5. 모발의 구조 6. 모발의 결합 6. 모발의 기능 7. 모발의 분류 8. 모발의 성질	PPT, 교재	P. 44~57
5	두피관리하기 모발관리하기 두피·모발관리 마무리하기 직무수행능력평가	[모발과 관련한 인체의 계] 1. 순환계 2. 심장 3. 림프계 4. 신경계 5. 내분비계 6. 면역계	PPT, 교재	P. 58~88

주차별 학습내용				
주차	관련능력단위요소	수업내용	관련 기자재 및 도구 등	교재
6	두피·모발관리 준비하기 두피관리하기 모발관리하기 두피·모발관리 마무리하기 직무수행능력평가	[탈모] 1. 탈모의 정의 및 원인 2. 탈모증 분류 3. 대체요법	PPT, 교재	P. 89~145
7	두피·모발관리 준비하기 두피관리하기 모발관리하기 두피·모발관리 마무리하기 직무수행능력평가	[샴푸와 린스, 트리트먼트] 1. 샴푸 2. 샴푸의 성분 2. 헤어린스 3. 헤어 트리트먼트 [두피, 모발 기기의 종류와 사용법]	PPT, 교재	P. 146~169
8	두피·모발관리 준비하기 두피관리하기 모발관리하기 두피·모발관리 마무리하기 직무수행능력평가	중간고사		
9	두피·모발관리 준비하기 두피관리하기 모발관리하기 두피·모발관리 마무리하기 직무수행능력평가	[두피 모발 관리] 1. 고객 상담 2. 상담 단계 3. 상담자의 자세	PPT, 교재 두피진단기 고객진단카드 두피관리 제품 및 기기	P. 172~179
10	두피·모발관리 준비하기 두피관리하기 모발관리하기 두피·모발관리 마무리하기 직무수행능력평가	[두피 모발 관리] 4. 두피 모발 진단	PPT, 교재 두피진단기 고객진단카드 두피관리 제품 및 기기	P. 180~194

주차별 학습내용				
주차	관련능력단위요소	수업내용	관련 기자재 및 도구 등	교재
11	두피·모발관리 준비하기 두피관리하기 모발관리하기 두피·모발관리 마무리하기 직무수행능력평가	**[두피 모발 관리]** 5. 두피 타입별 관리	두피관리 아로마오일 우드스틱, 솜 나무브러쉬 두피스케일링제 유리관	P. 195~203
12	두피·모발관리 준비하기 두피관리하기 모발관리하기 두피·모발관리 마무리하기 직무수행능력평가	**[두피 모발 관리]** 6. 모발 타입별 관리	두피관리 아로마오일 우드스틱, 솜 나무브러쉬 두피스케일링제 유리관	P. 204~208
13	두피·모발관리 준비하기 두피관리하기 모발관리하기 두피·모발관리 마무리하기 직무수행능력평가	**[두피 모발 관리]** 7. 두피 모발 관리 실제	두피관리 아로마오일 우드스틱, 솜 나무브러쉬 두피스케일링제 유리관	P. 209~208
14	두피·모발관리 준비하기 두피관리하기 모발관리하기 두피·모발관리 마무리하기 직무수행능력평가	**[두피 모발 관리]** 7. 두피 모발 관리 실제 - 학습 총정리	두피관리 아로마오일 우드스틱, 솜 나무브러쉬 두피스케일링제 유리관	P. 209~252
15	두피·모발관리 준비하기 두피관리하기 모발관리하기 두피·모발관리 마무리하기 직무수행능력평가	기말고사		
16	두피·모발관리 준비하기 두피관리하기 모발관리하기 두피·모발관리 마무리하기 직무수행능력평가	보강		

Part

01

이론편

chapter 01 두피 생리
chapter 02 모발 생리(生理) 및 형태(形態)
chapter 03 모발과 관련된 인체의 계
chapter 04 탈모
chapter 05 샴푸와 린스, 트리트먼트
chapter 06 두피, 모발 기기의 종류와 사용법

Chapter 01

두피 생리

1. 두피(Scalp)의 정의

두피는 두부를 보호하고 있는 피부조직으로 두부 표면을 둘러싸고 있어 외부의 물리적 자극이나 화학적 변화를 완충시켜 두부 내부를 유지하고 보호하는 부분이다. 두부를 보호하고 있는 두피는 모근부와 한선(소한선)이 발달되어 있으며, 뇌를 외부의 충격이나 압박으로부터 보호한다. 건강한 모발을 생성하기 위한 바탕이 되는 두피는 인체 조직 중 다른 어떤 부분보다도 모낭과 혈관이 풍부하고 신경 분포도 조밀하며 섬세한 구조를 가지고 있다.

토막상식

Scalp는 두개골 상부 구조들의 영문 첫 글자를 따서 지은 이름이에요!

S – skin : 머리카락이 자라는 머리 위 피부

C – connective tissue : 결합 조직, 얇은 지방층

A – aponeurosis : 두피의 힘줄을 씌우고 있는 고밀도 섬유 조직층인 모상 건막

L – loose areolar connective tissue : 그물눈 결합 조직 계층(접착제와 같은 역할)

P – pericranium : 두개골막

2. 피부와 두피의 구조

피부 1cm^2 안에는 약 65개의 모발, 95~100개의 피지선, 70m의 신경, 17m의 혈관, 650개의 한선, 950만개의 세포, 1300여개의 통각종말, 1만 9천 여개의 신경섬유 종말에 있는 감각세포, 78개의 온점, 13개의 냉점, 160여개의 압점 등 많은 부속기관이 존재한다. 크게 표피, 진피, 피하지방 총 3개의 층으로 나뉘며 세포분열 과정을 통해 새로운 세포를 위쪽으로 밀어 올리고 탈락하는 과정을 반복하는 약 28일의 각화주기를 가진다.

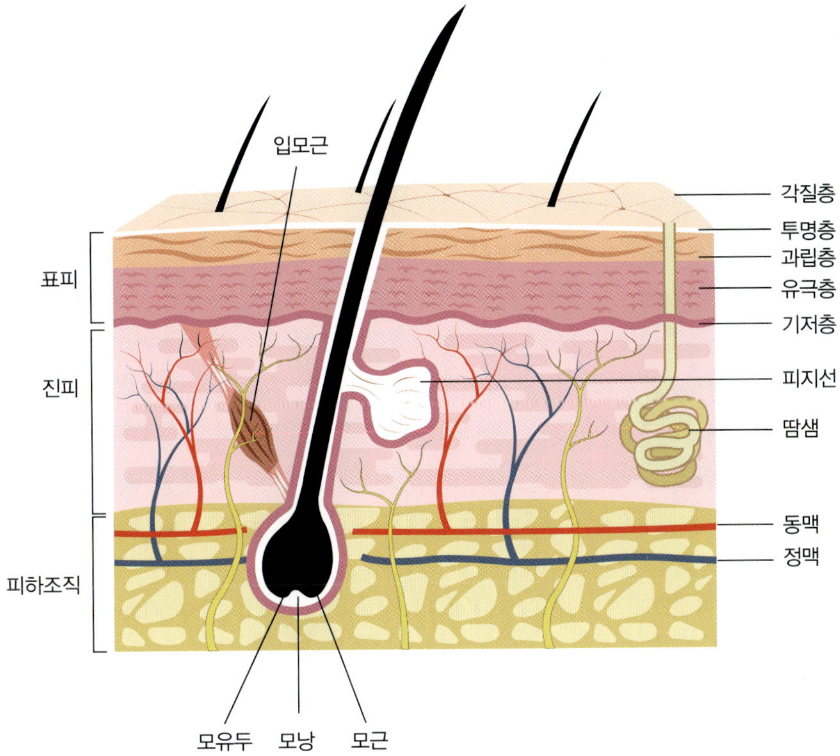

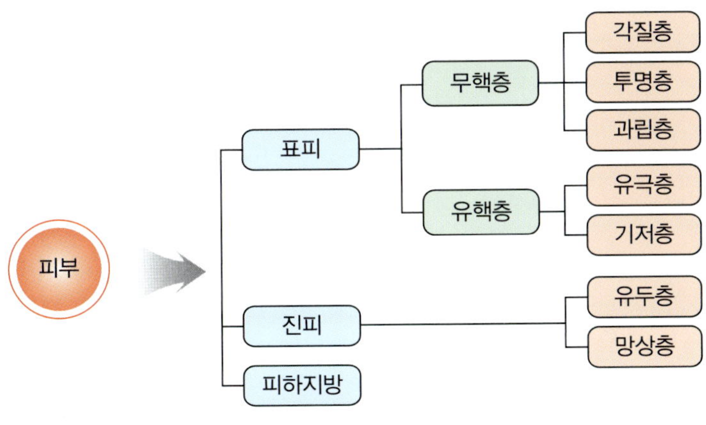

[그림 1-1] 피부의 구조

1) 표피(Epidermis)

표피는 각질층, 투명층, 과립층, 유극층, 기저층의 총 5개 층으로 구성되어 있으며 약 28일의 각화주기를 가진다. 표피는 기저층의 각질형성세포에서 분열되어 각질층으로 올라가는 동안에 분화(Differentiation)와 함께 유핵층(유극층, 기저층)과 무핵층(각질층, 투명층, 과립층)이 형성된다.

표피의 구성세포로는 각질형성 세포(기저세포, Keratinocyte), 멜라닌 형성세포(Melanocyte), 면역 세포(Langerhans cell), 촉각 세포(Merkel cell) 등이 있다.

표피(피부)의 각화, 각질화 현상(Keratinization)

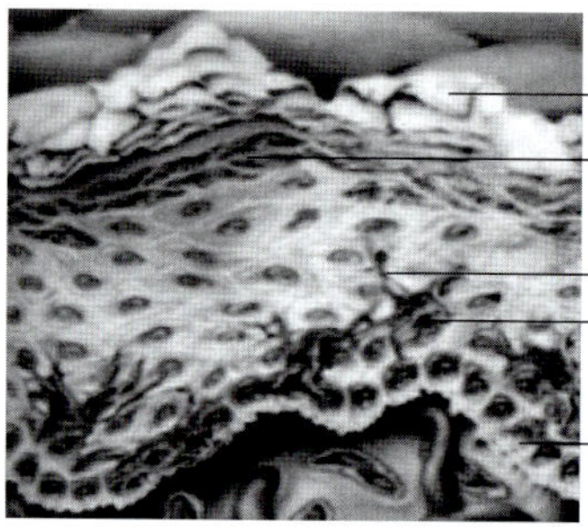

표피 단면도

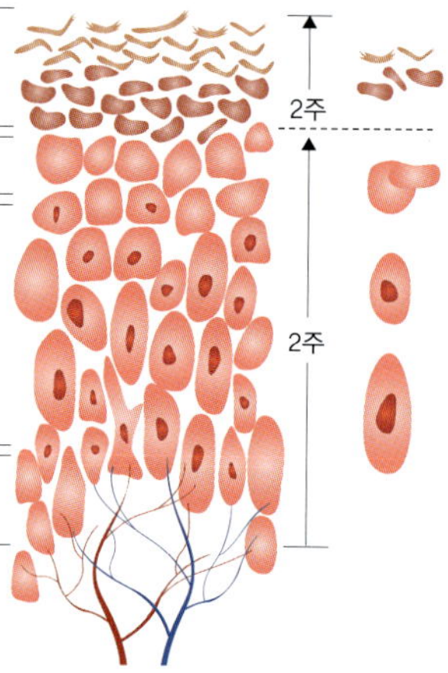

표피 각화 과정

기저세포에서 분열된 각질형성 세포가 모양과 특성을 달리하며 상위층으로 분화되며 최종적으로 각질이 되어 각화되는 과정을 말하며 기저층에서 새로 분열된 세포들이 각질층까지 올라가는데 14일이 소요되고, 또 다시 각질층에서 떨어져 나가는데 14일이 소요된다. 총 28일로써 신진대사 주기인 4주가 경과되어 피부로부터 자연적으로 떨어져 나가는 것을 의미한다.

여기서 잠깐!

모발의 각화현상

모유두의 모모세포가 분열 증식을 통해 세포를 만들면 2영역(협부)를 거치는 동안 탈(수)축합 과정에 의해 수분이 탈수되고 위로 밀려 올라 가면서 단단한 모발로 각화되는 과정을 말한다.

(1) 각질층(Stratum corneum)

각질층은 피부의 가장 바깥쪽에 위치해 있으며 탈(수)축합 과정을 거친 10~20층의 각질 세포가 라멜라 구조(벽돌쌓기 구조)로 되어 있으며 핵이 없는 죽은 세포이다.

각질층	구성	• 천연보습인자(NMF : natural moisturing factor 31%) • 각질 이중막 지질(Lipid 11%) • 수분 등 기타
	특징	• 각질 외피에 둘러싸인 단백질 형태의 각화된 세포로 존재하다 얇은 인설로 되어 탈락 • 수분함량은 15~20%가 적정하며 수분함량이 10%이하이면 피부가 건조하여 거칠어짐
	기능	• 외부 손상으로부터 피부를 보호 • 내부 물질이 피부 밖으로 투과하지 못하게 방어 • 수분의 투과성이 낮아 탈수를 지연 • 외부의 유해한 자극에 대한 장벽 역할을 하여 물질의 침투를 방지 • 피지막을 형성시켜 피부 내부조직을 보호

(2) 투명층(Stratum lucidum)

투명층은 엘라이딘(Eladin)이라는 반유동성 단백질이 유상으로 녹아 반 고형의 상태를 이루고 2~3층의 생명력이 없는 각화세포로 구성되어 있으며 특히 손바닥과 발바닥 등의 비교적 두터운 부위에 존재하고 있다.

투명층	구성	• 엘라이딘(Eladin) : 반 유동성 단백질 • 투명층과 과립층 사이-수분 증발 저지막(레인 방어막)
	특징	• 생명력이 없는 세포층(각화세포) • 엘라이딘(Eladin)이라는 반 유동성 단백질이 유상으로 녹아 반 고형의 상태를 이룸 (오랫동안 목욕탕에 있다가 나오면 손바닥이 쭈글쭈글해지는 이유) • 손바닥과 발바닥 등 두터운 부위에 존재 • 수분 증발 저지막 위 – 약산성이면서 10~20%의 수분을 함유 • 수분 증발 저지막 아래 – 약알칼리성이면서 70~80%의 수분량을 함유
	기능	• 체내의 수분 증발 방지 • 외부의 이물질 침투를 방지

여기서 잠깐!

수분 증발 저지막(레인 방어막)이란?

외부 이물질의 통과 및 수분 유출을 조절하는 역할을 한다.

(3) 과립층(Stratum granulosum)

과립층은 각질화 과정이 실제로 시작되는 층으로 각질효소(Keratohyaline)가 많이 생성되어 피부의 퇴화가 시작되는 층이다.

과립층	구성	• 2~5층의 무핵 세포로 구성 • 초자유리과립(Keratohyaline granules)
	특징	• 각질화 과정이 시작되는 층 • 편평한 또는 방추형의 다이아몬드 형태 세포로 구성 • 손과 발바닥에서 가장 두껍게 분포 • 세포질 내에 각질화 초자유리과립(Keratohyaline granules)이 생성되어 각질화됨
	기능	• 외부의 물리적 압력 방어 • 화학적 이물질 침투 방어

(4) 유극층(Stratum spinosum)

유극층은 표피층 중에서 가장 두꺼운 층으로 핵이 있는 극상세포로써 가시돌기 형태의 유극세포가 존재해 가시층 또는 극 세포층이라고도 한다.

세포 분열을 일으켜 피부 바깥쪽으로 이동하면서 분화하며 유극세포 사이에 림프액이 순환하고 있어 림프마사지가 이루어질 수 있는 영역이 되며 세포간교가 잘 발달되어 있다.

면역기능을 담당하는 랑게르한스 세포(Langerhans cell)도 존재한다.

유극층	구성	• 5~10층의 두터운 세포층 • 방추형의 돌기세포인 랑게르한스 세포(Langerhans cell) 존재
	특징	• 핵이 있는 세포로서 불규칙한 다각형 모양 • 가시돌기 형태의 유극세포가 존재 • 세포 분열을 일으켜 피부 바깥쪽으로 이동하면서 분화 • 손바닥과 발바닥 등의 비교적 두터운 부위에 다수 존재
	기능	• 피부 면역에 도움 – 이물질인 항원을 면역 담당 세포인 T림프구로 전달해주는 역할 • 피부의 혈액순환과 영양공급에 관여하는 물질대사

(5) 기저층(Stratum basale)

기저층은 표피의 가장 아래층에 위치하며 진피층과 경계를 이룬다. 기저세포에서는 새 세포인 표피세포를 만들어 내며 크기가 원세포만큼 될 때까지 기저층에 맞대어 있는 진피의 혈관과 림프관에서 영양분을 공급받는다.

피부 표면의 상태를 결정짓는 중요한 층으로 상처를 입으면 세포 재생이 어려워 흉터가 남게 된다. 케라틴을 만드는 각질형성세포(Keratinocyte)와 피부의 색을 좌우하는 색소형성세포(Melanocyte), 촉각 세포(Merkel cell)가 존재한다.

기저층	구성	• 각질형성세포(Keratinocyte) • 색소형성세포(Melanocyte) • 촉각 세포(Merkel cell)
	특징	• 표피의 가장 아래층에 위치 • 핵이 있는 세포층 • 진피 유두와 표피 기저와의 경계표면 돌기에 분포된 모세혈관으로부터 영양을 공급 • 모세 림프관을 통해 노폐물을 배출 • 피부 표면의 상태를 결정짓는 중요한 층
	기능	• 지속적으로 새로운 세포를 만들어 유극층으로 이동시킴 (분화)

(6) 표피의 구성세포

① **각질형성세포**(기저세포, Keratinocyte)

기저층에서 형성되어 세포분열을 하면서 각질화 과정인 표피의 위층으로 이동하여 피부 표면에서 탈락한다. 세포 교체 주기는 약 4주 정도이다.

② **색소형성세포**(Melanocyte)

기저층에 존재하며 피부색을 결정한다. 세포의 수는 일정하나 인종에 따라 색소의 양과 크기는 다르다. 자외선으로부터 피부를 보호하고 점차 각질층으로 이동시킨다.

③ **랑게르한스 세포**(Langerhans cell)

유극층에 존재하며 피부의 면역반응과 알레르기 반응에 관여한다.

④ **촉각 세포**(Merkel cell)

기저층에 존재하며 촉각 수용체로서 촉각을 감지하는 촉각 담당세포이다.

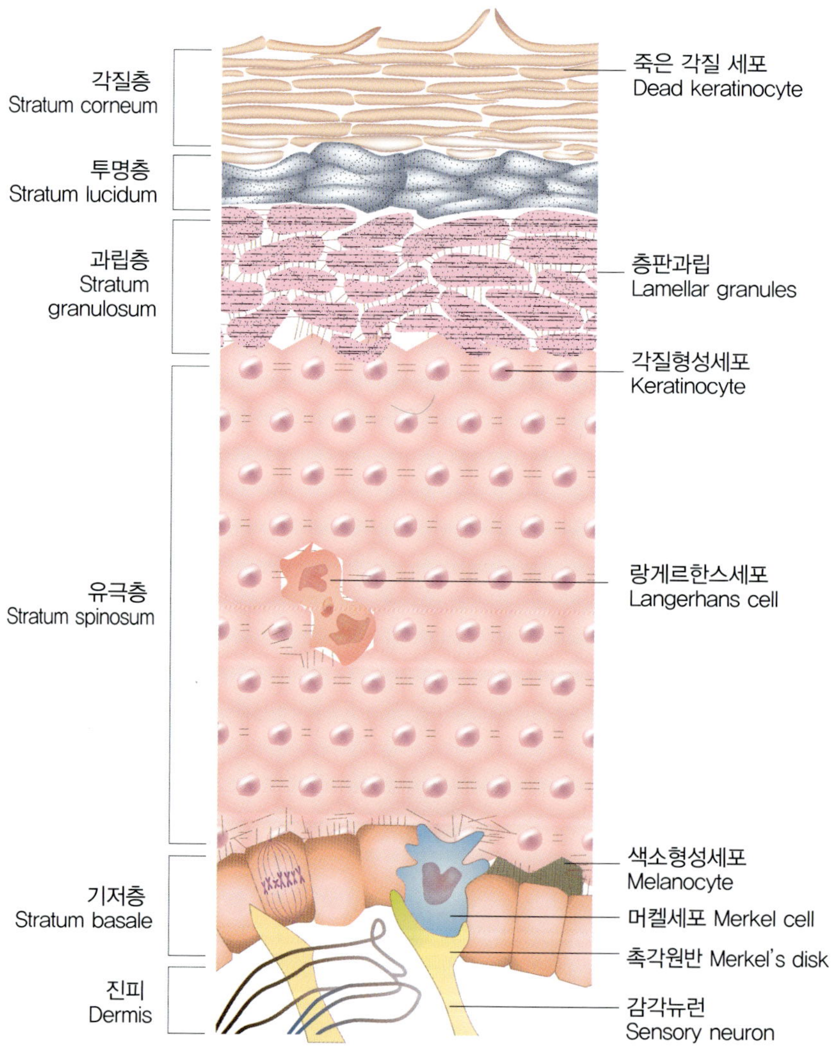

[그림 1-2] 표피의 구성세포

2) 진피(Dermis)

표피 밑에 있는 진피는 표피보다 20~40배 가량 두꺼운 층으로, 두께는 약 2~3mm이며 실질적인 피부로 유두층과 망상층으로 구분된다.

진피의 주요성분은 피부의 결합 조직을 구성하는 교원섬유인 콜라겐(Collagen fiber), 피부의 탄력을 결정짓는 탄력섬유인 엘라스틴(Elastin fiber), 결합섬유 사이를 채우고 있는 물질인 세포간물질(히아루론산, 뮤코다당류, 당질, 혈액, 단백질, 효소 등의 복합체)으로 구성되어 신체의 탄력과 윤기를 유지하는 역할을 한다.

수분저장, 체온조절, 감각 수용체 역할 및 피부재생 기능을 가진다.

진피층의 구성물질의 성분과 양에 의해 건강한 피부, 주름없는 피부, 탄력있고 투명한 동안 피부를 가질 수 있다.

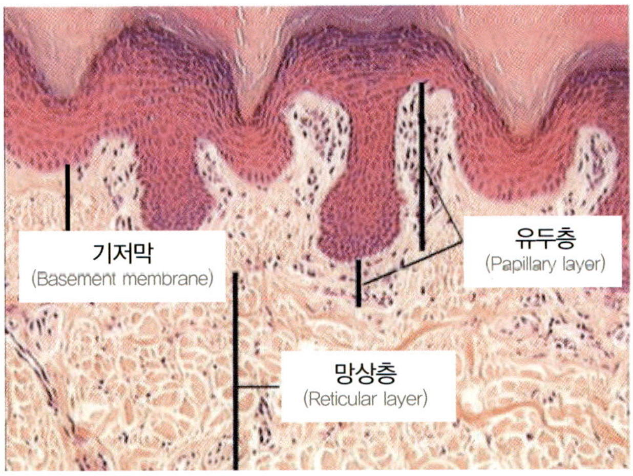

[그림 1-3] 진피의 구조

(1) 유두층(Papillary layer)

유두층은 진피 전체의 10~20%를 차지하며 표피의 아래층으로 기저막이 있어 표피와 진피를 이어주며 표피의 기저층에 영양공급과 온도조절을 담당한다.

감각을 전달하는 신경유두와 기저층에 영양을 공급하는 기능을 하는 혈관유두로 나뉜다. 유두층은 수분을 다량으로 함유하여 피부 탄력을 좌우하고 감각기관인 촉각과 통각을 느낀다.

(2) 망상층(Reticular layer)

진피층의 대다수를 차지하는 망상층은 단단하고 불규칙적인 그물모양 결합조직으로 되어 있어 탄력적인 성질이 있다. 망상층은 섬유 단백질인 콜라겐과 엘라스틴으로 이루어져 있다. 피부가 과잉으로 늘어나거나 파열되지 않게 보호하며 압각, 한각, 온각을 느낀다.

표피보나 두꺼우며 굵고 치밀한 아교섬유 다발들이 결합조직으로 서로 엉켜 배열되어 있어 탄력적인 성질이 있다.

(3) 진피의 구성 물질

콜라겐 = 피부를 지탱하는 기둥
엘라스틴 = 콜라겐 기둥을 연결
히알루론산 = 빈공간을 채우는 수분

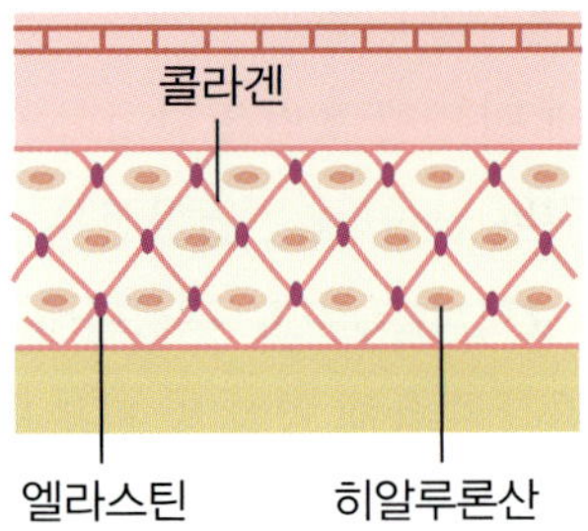

교원섬유 (콜라겐)	교원질에 속하는 단백질로서 피부의 결합 조직을 구성하는 주요 성분이다. 콜라겐은 자외선으로 부터 피부를 보호해주며 피부의 주름을 예방해주는 수분 보유원이다.
탄성섬유 (엘라스틴)	탄력성이 강한 단백질로 피부 탄력을 결정짓는 중요한 요소이며 엘라스틴이 노화되면 피부의 탄력감이 떨어지고 영양이 결핍되어 피부가 위축된다,
기질 (히아루론산)	진피 내의 세포들 사이를 메우고 있는 당단백질로서 자기 무게의 몇백 배에 해당하는 수분보유력이 있어 보습과 유연효과를 부여함으로써 노화용 화장품의 주원료로 쓰인다.
세포간 물질	뮤코다당류, 당질, 혈액, 단백질, 효소 등의 복합체이다.

(4) 진피의 세포

① **섬유아세포**(Fibroblast) : 교원섬유인 콜라겐과 탄력섬유인 엘라스틴을 생성하며, 세포 외 기질과 콜라겐을 합성하고 상처 치료에 있어 중요한 역할을 한다. 비타민 C는 피부 섬유아세포 재생 증식에 효과를 준다.

② **비만세포**(Mast cell) : 염증과 알러지 반응 시 방어물질을 분비한다.

③ **대식세포**(Macrophage) : 우리 몸의 노폐물을 제거하는 식세포이다.

④ **지방세포** : 지방을 저장하는 세포이다.

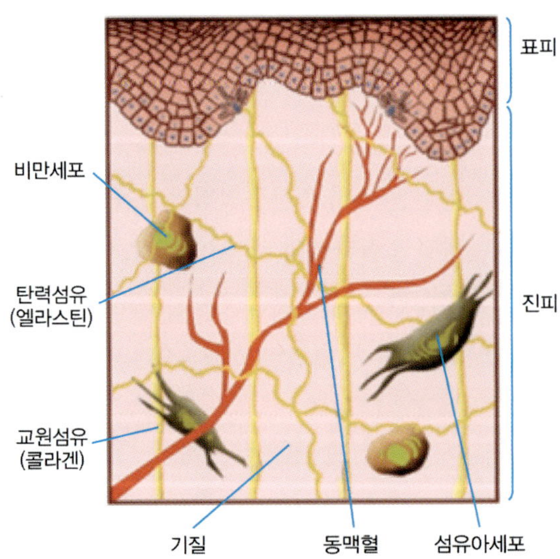

[그림 1-4] 진피의 세포

3) 피하조직(Hypodermis)

피하조직은 진피 밑에 있는 지방을 저장하는 조직으로 외부 충격에 대한 쿠션 역할과 열의 발산을 막아 몸을 따뜻하게 보호하는 역할을 하는 중요 조직이다.

진피와 근육, 뼈 사이에 위치한 피하조직은 열을 차단하고 충격을 흡수하여 몸의 내부를 보호하는 기능을 하며 동맥, 림프관 조직의 순환작용이 이루어져 생체의 에너지로서 활용되는 영양분을 저장한다.

여성호르몬과 관계가 깊어 체형의 굴곡을 결정짓는 심미적 역할을 한다.

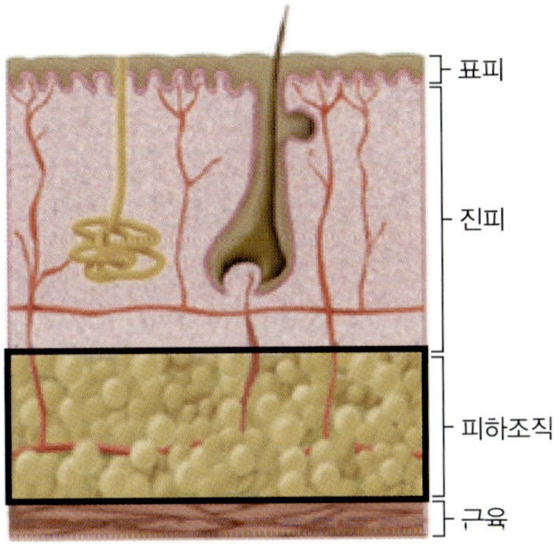

[그림 1-5] 피하조직층

3. 피부(두피)의 기능

1) 보호작용(Protection)

피부 외측의 유해 요소로부터 신체를 보호한다. 외부의 충격이나 물리적 자극에 대한 완충작용으로 뇌를 보호하며, 화학적 자극에 대한 보호작용으로 산과 알칼리의 중화 능력으로 이물질의 침입을 방지하고 멜라닌 생성으로 자외선을 차단하여 피부를 보호한다.

2) 비타민 D 생성 기능

피부는 신체의 신진대사 활성화를 위하여 비타민 D가 필요하다. 프로비타민 D는 자외선을 받으면 생체 내에서 비타민 D가 생성되어 체내에 흡수되며 칼슘의 흡수를 촉진시켜 뼈와 치아의 형성에 도움을 준다.

3) 체온조절작용(Temperature regulation)

정상 체온을 유지하기 위하여 기온이 높거나 운동 후 체온이 상승하면 온각의 반응으로 한선이 땀을 많이 분비시키고 땀이 인체의 표면에서부터 기화되면서 냉각 효과를 가져다준다. 반대로 외부 온도가 내려가거나 체온이 떨어지면 한각의 반응으로 열손실의 방출을 줄임으로서 체온을 조절한다.

4) 분비, 배설작용(Excretion)

땀이나 피지 분비는 두피에 피지막을 형성함으로써 면역 기능을 하여 세균의 서식을 억제 한다.

5) 감각작용(Sensory action)

피부 1cm²에는 통점(100~200개) , 촉점(25개) , 냉점(6~23개) , 온점(0~3개)을 가지고 있다. 촉점은 손 끝, 입 끝, 혀 끝에 주로 분포되어 있고 온점과 냉점은 혀 끝에 많이 분포되어 있다. 샴푸를 하거나 마사지를 할 때 두피에 자극을 주게 되면 두피가 민감해져 모세혈관이 확장되고 약한 자극에도 따갑거나 예민해진다. 또한, 뜨거운 열기와 접촉하거나 영구적 손상을 얻었을때는 모낭 조직이 파괴되어 모발이 더는 자랄 수 없게 된다.

6) 호흡작용(Respiration)

피부도 약간의 호흡작용을 하여 피부로부터 독소를 배출하고 혈색을 맑게 해주며, 외부로부터의 산소 공급을 통해 호흡기능을 보조하고 피부세포의 세포 분열을 도와준다. 두피에 각질이나 이물질이 쌓이게 되면 두피의 모공을 막아 피부 호흡을 막고 염증을 발생시켜 모발이 가늘어지고 탈모의 원인이 되므로 두피의 청결을 통해 원활한 호흡과 배설을 할 수 있어야 건강한 모발을 유지할 수 있다.

7) 흡수작용(Absorption)

두피는 두개골을 감싸고 있는 기능 뿐만 아니라, 모발 및 피부의 영양에 필요한 영양분을 각질층의 경로와 피부 부속기관을 통하여 외부로부터의 흡수하는 기능을 가지고 있다. 피지막과 각질층의 피부 장벽으로 인해 흡수가 어렵지만, 모낭이나 한선, 피지선을 통하여 흡수되는 경피흡수의 경우 피부 지방과 같은 지질이나 입자가 미세한 화장품이 표피를 경유해 피부 상태에 따라 피부 내로 흡수된다. 강제 흡수로는 전기에 의하여 일시적인 방어 기능을 저하시키는 이온토포레시스 방법, 피부온도를 상승시키는 방법, 각질층의 수분량 증가 및 혈액순환을 증가시키는 방법이 있다.

8) 체액 조절(Fluids regulation)작용

피부 구성 성분인 케라틴과 지질(Lipid) 등이 수분 침투를 저지시킨다. 즉 피부는 체액이 피부 내부에서 나가는 것을 방지하고 피부 외부에서 수분이 침투하지 못하게 한다.

9) 면역기능

림프구, 랑게르한스세포에 의한 면역기능이 있다.

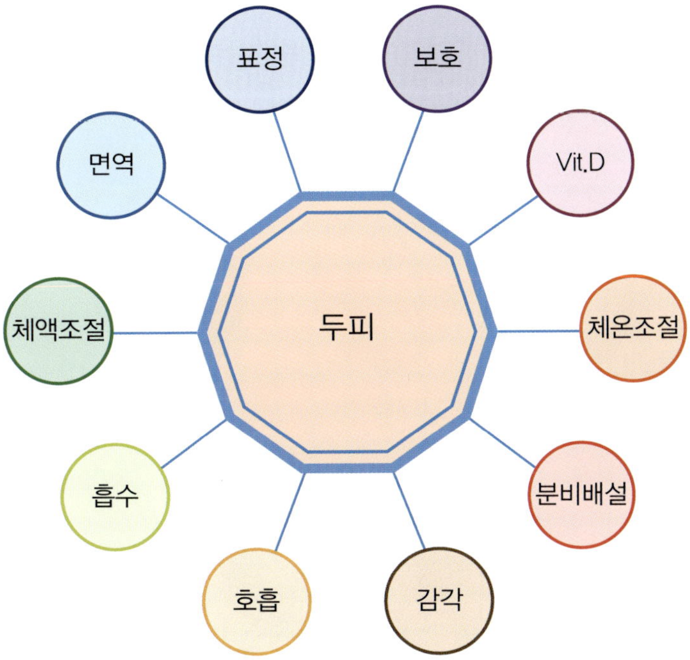

[그림 1-6] 두피의 기능

Chapter 02

모발 생리(生理) 및 형태(形態)

1. 모발의 발생

모발은 피부가 전화(轉化)하여 생긴 것으로, 피부(皮膚)와 같이 신체를 보호하는 피부 부속기관이다.
모발은 모모(毛母)의 상피세포가 케라틴 섬유로 단단한 각화세포로 이루어져 있으며, 촉각이나 통각을 전달하고 외부의 화학적, 물리적 자극으로부터 신체를 보호하는 기관이다.
모발의 성장은 태내에서부터 시작된다. 태아의 체모 세포는 모발에 관한 부모의 유전성을 가져 모발이 갖게 될 형태 및 특성은 모태에서 이미 결정되며, 출생 후에는 일정한 모낭의 수를 갖는다.

1) 세포의 분화

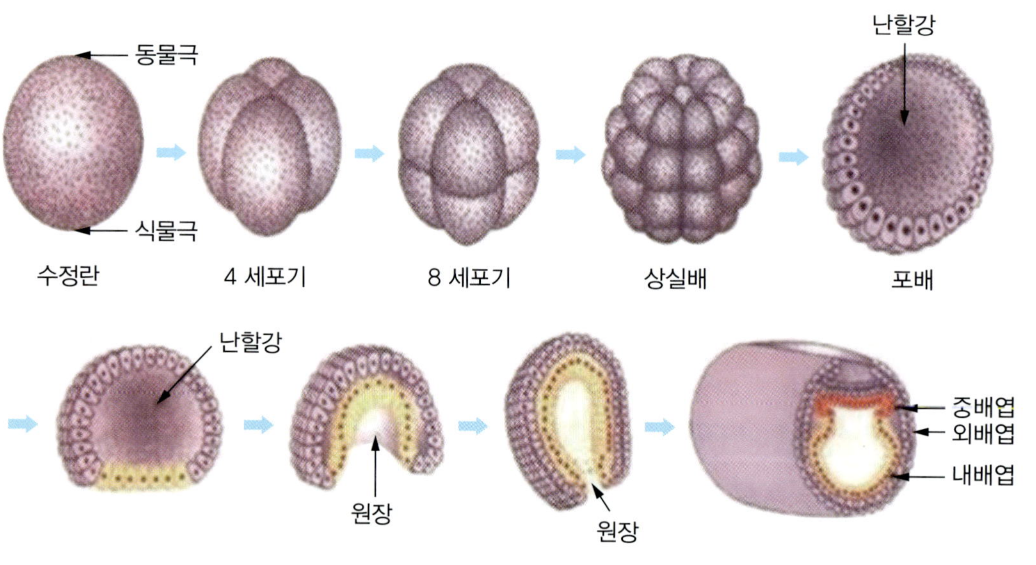

[그림 2-1] 모발의 기원 1

모발의 기원은 정자와 난자가 결합한 수정란이 빠른 속도로 세포분열을 하여 10~11일째부터 배엽을 형성한다. 수정란은 난할을 하여 2세포기, 4세포기, 8세포기를 거쳐 자궁내부에 도착한 12~16세포기의 것으로 이때의 할구 덩어리는 투명대로 둘러싸여 마치 오디처럼 보이기 때문에 이 시기의 배를 상실배라하고 상실기라 한다.

상실배 중앙에는 한할강이라는 빈곳이 생기며 상포층으로 둘러싸여 큰 난할강, 포배강을 갖는 고무공과 같은 포배로 되어, 이 시기를 포배기라 한다. 바깥쪽의 세포층을 외배엽, 원장의 벽을 만들고 안쪽의 세포층은 내배엽이고 이중의 벽을 갖는 주머니 모양의 배를 형성하여 낭배기라 한다.

이때 배엽의 함입으로 생긴 안쪽의 벽인 내배엽에 소화기 계통의 내장이 형성 된다. 또 바깥쪽의 벽인 외배엽에 뇌와 신경 계통 그리고 피부와 모발이 형성된다.

중배엽에서 심장, 혈관 및 골격과 근육 등이 형성된다. 즉 모발은 외배엽에서 발생된다. 모발은 손톱, 발톱과 같은 피부 부속물로서, 표피, 진피, 피하 조직의 3층 구조 중 표피에서 유래되어 각화 과정을 거쳐 형태를 달리하면서 모발로 성장한다.

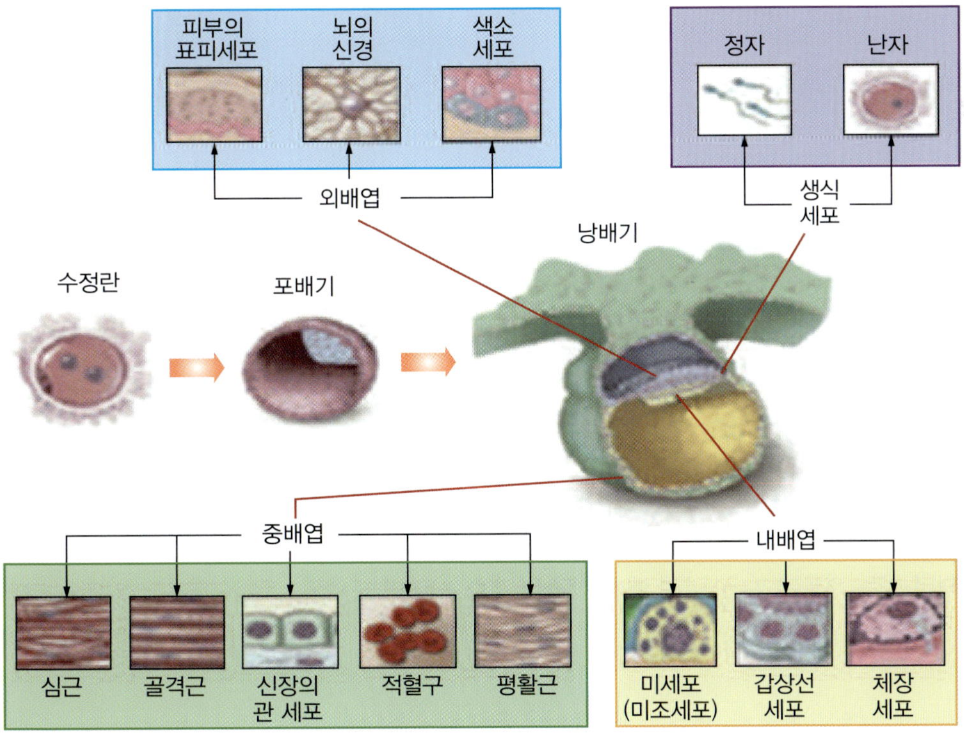

[그림 2-1] 모발의 기원 1

용어정리

- 외배엽 – 외배엽은 신경계를 형성하는 것 외에도 피부의 표피, 모발이 되며, 외배엽에서 유래된 상피는 침샘, 땀샘, 감각상피 등으로 분화한다.
- 중배엽 – 중배엽에서 근육, 골격, 혈액, 순환기관, 배설기관과 생식기관 등의 중요 부분이 분화된다.
- 내배엽 – 내배엽은 발생이 진행됨에 따라 소화기관(식도·위·장)의 내피(혀방), 내분비기관(흉선·갑상선), 호흡기관(폐 ·아가미) 등으로 분화된다.

2) 모낭의 생성

태아가 성장함에 따라 피부가 함몰되어 모낭이 되고 모낭의 가장 하부에 모유두가 만들어진다. 모낭은 임신 3개월 된 태아의 몸에서 만들어지기 시작하여 6개월이 되면 완성된다. 모체에서 하나의 세포로 이루어진 수정란은 세포분열에 의해 기하급수적으로 증가하여 태아로서 인간의 형태로 만들어지는데, 일반적으로 태아 9~12주 때 모낭이 형성되어 12~14주 때 모발의 성장이 시작된다.

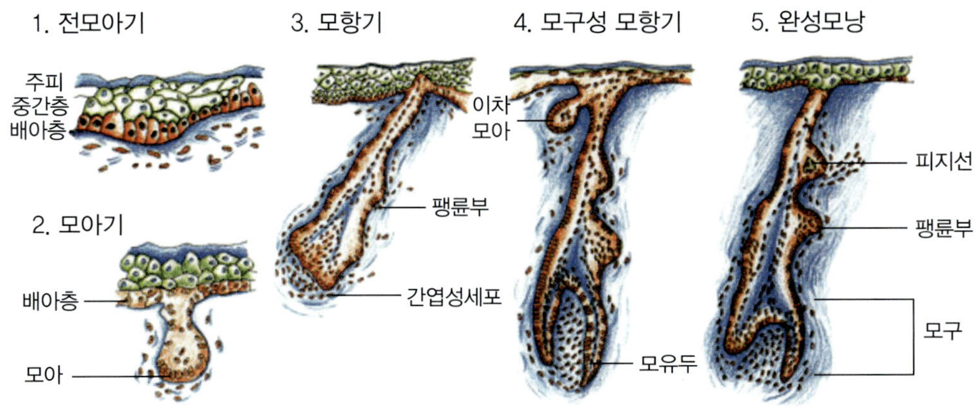

[그림 2-3] 모낭의 생성과정

(1) 전모아기

모발은 표피의 함몰로 모낭이 형성되면서 시작된다. 사람의 표피는 태생 초기에는 한층의 세포가 배열되어 있는 것에 불과하나 태아의 성장이 진행됨에 따라 3개의 층이 되며, 안쪽부터 배아층, 중간층 및 주피로 구성된다. 모낭이 형성되는 것을 알려주는 초기의 표시는 표피의 배아층으로, 이것이 모낭의 최초 출발점이 된다. 모낭 형성에서 발견되는 형태를 모아라고 부르고, 모아가 형성되기 시작하는 단계로 모낭의 형성 이전을 전모아기라고 한다. 전모아기에서 표피는 일반적으로 배아층의 세포와 주피의 2층으로 되어 있는 경우가 많은데, 이 때 중간층의 세포는 이미 분화되어 있는 경우도 있다.

(2) 모아기

임신 14주경부터 전모아기는 급속하게 모아기로 변화하게 된다. 모아기는 배아층의 중간층 세포가 진피 속으로 함몰되어 가는 것으로, 이때 발달된 중간층 세포는 바깥을 둘러싸고 있는 배아층 세포 속으로 진입하여 모아의 중심부를 형성해간다.

(3) 모항기

임신 18주경부터 모아는 맨 끝 부근에 있는 간엽성 세포 집단에 끌려오듯이 진피 내에 침입하여 마치 피부 속에 1개의 기둥 모양으로 진피 내에 깊숙이 형성되는 시기로 기둥이 박혀 있는 듯 한 형태가 된다. 이와 같은 단계를 모항기라고 부른다.

(4) 모구성 모항기

모아가 진피 속으로 침입해 들어갈 때 표피 면과 모아의 기둥은 일정한 각도를 이룬다. 예각 쪽은 앞면, 둔각 쪽은 뒷면이며, 뒷면에는 피지선이 자리 잡고 있다. 모항기가 지나면서 모낭 기둥 면에 피지선과 기모근의 근원 부분이 부풀어 오르고 모낭 끝이 둥글어지며 간엽성 세포 집단이 모유두의 형성을 예고하는 시기이다.

(5) 완성 모낭

조직의 분화로 모발을 만들어 낼 수 있는 성숙한 모낭을 완성 모낭이라고 한다. 출생 시 발달된 모낭은 모발 조직으로서 각 부분으로 분화되어 간다. 즉 모모세포와 모유두로 이루어진 모구, 모구의 상단부에서부터 팽륜부에 이르는 모낭 하단부, 팽륜부와 피지선의 좁은 부분인 협부, 피지선과 표피 사이의 누두부로 나뉜다. 이 모낭이 성숙한 형태로 발달하면 피지선이 형성되고, 그 후 모낭벽에 붙어 있는 입모근이 생성되며, 마지막으로 모낭의 밑에 연결되어 있는 모유두가 형성된다. 이 모유두와 접하고 있는 부분의 모모 세포가 모유두의 영양을 공급받아 세포분열을 하여 새로운 모발을 생성한다. 따라서 모발의 발생은 모모세포가 모유두에서 영양을 받아 분열되어 모발의 형상을 갖추면서 성장한다.

모낭의 생성과정을 요약해 볼까요?

① 전 모아기(12주) : 모아가 피부 속으로 들어가기 위한 준비단계로 임신 6~7주에 피부의 배아층에 세포들이 모이는 조짐을 보여주는 단계
② 모아기 : 배아층의 중간층 세포가 진피 아래로 싹이 트는 단계로서 진피 아래로 함몰되는 단계
③ 모항기 : 모아가 진피층을 지나 피하조직층까지 계속 내려가면서 기둥을 형성하는 단계
④ 모구성 모항기 : 모구 형성 단계, 피지선, 입모근 형성 초기단계
⑤ 완성된 모낭 : 모낭하부, 협부, 모누두부가 형성됨으로써 모낭이 완성되는 단계

2.모발의 성장주기(Hair cycle)

모발의 총 갯수는 인종과 민족에 따라 다소 차이가 있으며 평균 10~12만개 정도이다.
모발의 성장주기는 크게 3단계로 모발이 생성되는 성장기와 성장을 멈추는 퇴화기, 그리고 새로운 모발의 생성을 위해 휴식하는 휴지기로 나눌 수 있다. 인간은 일생동안 약 20여 번의 모주기를 반복한다.

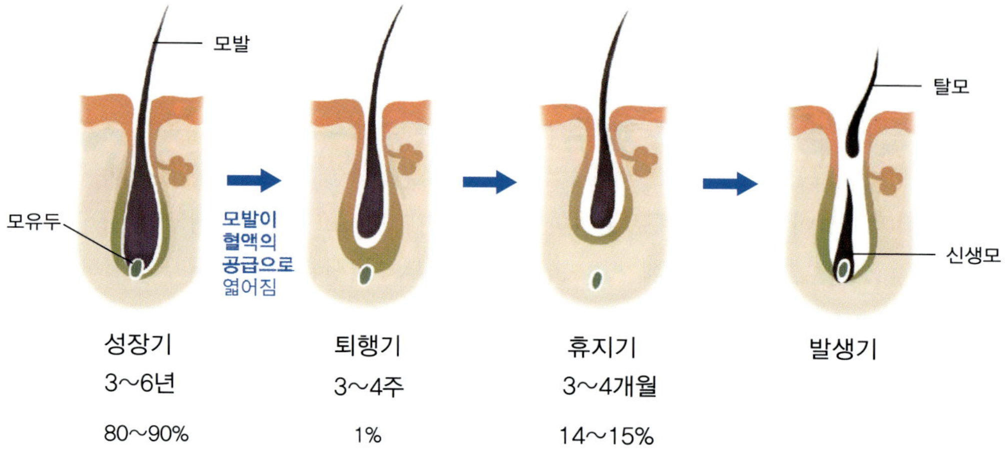

[그림 2-4] 모발의 성장주기

1) 모주기

모발은 각기 다른 성장주기를 갖고 있는데, 이를 '모주기'라 하며 두 종류로 나뉜다.

모자이크 타입(Mosaic type)	신크로나이즈 타입(Synchronistic type)
모낭들은 각각 다른 독립적인 모주기를 가지고 있어 빠지는 모발과 새로나는 모발이 존재함으로써 전체적인 모발의 수에는 큰 변화가 없으며 사람의 모발주기이다.	모발주기가 일치해서 털이 동시에 빠지는 형태로 주로 동물의 털갈이에서 나타나는 모발주기이다. 앙고라토끼, 메리노양과 푸들 개와 같은 동물은 모주기가 동일하여 탈모의 시기가 왔을때 한번에 털이 빠지고 새로 자라난다.

(1) 성장기(Anagen Stage)

성장기는 모세혈관으로부터 영양과 산소를 공급받아 세포 증식이 활발하게 이루어지는 시기로, 세포분열 증식을 통해 계속 성장하는 단계이다. 성장기의 모발은 전체 모발 중에서 85~90%를 차지하며 평균 남성은 3~5년, 여성은 4~6년의 성장주기를 갖는다. 한 달 평균 1~1.5cm정도가 자라며 이는 연령, 호르몬, 비타민, 영양, 질병 등의 영향력을 받는다.

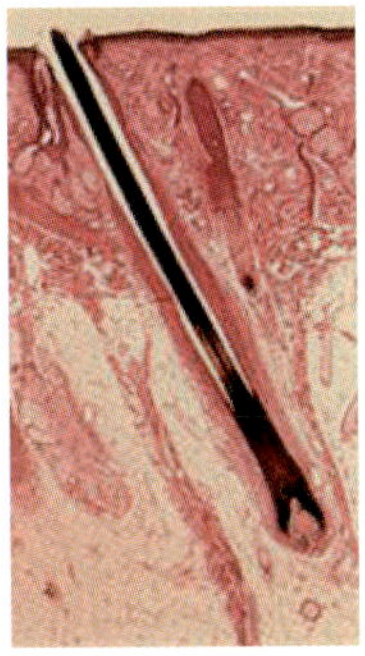

[그림 2-5] 성장기의 모발 예시

토막상식

모발이 자라는 속도는 성별이나 계절, 건강상태, 나이, 호르몬에 따라 다르다.
여성의 모발이 자라는 속도는 남성보다 빠르고, 여름이 겨울보다 빨리 자란다.
연령별로도 차이가 있어 청년기에 모발이 자라는 속도가 가장 빠르다.

발생 부위		모주기	성장속도(mm)
모발	남성	3~5년	0.37~0.44
	여성	4~6년	
수염		2~3년	0.27~0.38
눈썹		4~5년	0.18
속눈썹		3~4년	0.18
액모		1~2년	0.23
음모		1~2년	0.2

모발의 성장속도

여기서 잠깐!

건강한 모발을 생성하기 위해서는?

① 모유두의 활동이 정상적이어야 한다.
② 영양을 공급하는 수송로 역할을 하는 모세혈관이 원활하게 활동해야 한다.
③ 모발의 원료가 되는 단백질, 비타민, 미네랄 등이 풍부한 음식을 섭취함으로서 모발이 자라는데 필요한 충분한 영양을 공급해 주어야 한다.

(2) 퇴화기/퇴행기(Catagen Stage)

성장기가 끝난 이 단계의 모발은 전체 모발의 1%를 차지하며 산후탈모증의 경우를 제외하고는 3~4주 정도의 퇴행 이행 기간을 갖는다. 세포소멸에 의해 모구부의 수축현상이 일어나며 세포분열이 점차적으로 둔화되다가 성장이 멈춘다.

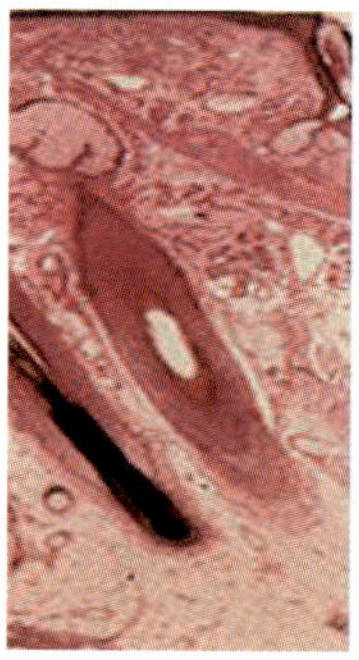

[그림 2-6] 퇴화기의 모발 예시

(3) 휴지기(Talogen Stage)

모유두의 활동이 정지됨으로써 세포 분열과 성장이 멈추고 모발이 빠지는 시기이다.
휴지기에는 빗질만으로도 모발이 쉽게 탈락(Epilated)되며, 기간은 약 3~5개월 정도로 전체 모발의 15% 정도 차지한다. 산후탈모증은 임신기간동안 호르몬변화에 의해 휴지기 전환이 중지되었다가 출산 후 발생하는 휴지기 탈모이다.

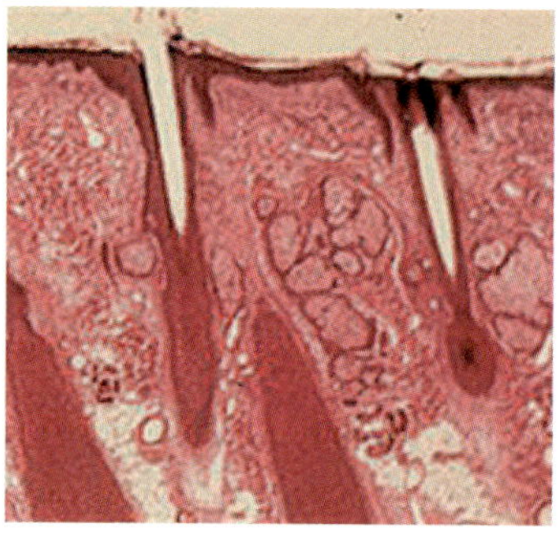

[그림 2-7] 휴지기의 모발 예시

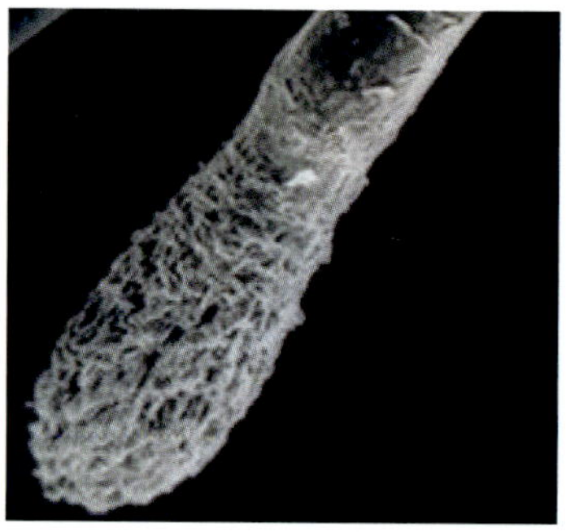

[그림 2-8] 자연 탈락 되기 전 모발 상태

(4) 발생기(Return to Anagen)

모낭에서 세포 분열이 정지된 상태로 모발을 모근으로부터 탈락시키는 단계이며, 동시에 모낭의 모유두가 다시 활동을 시작하는 시기이다.

모발이 생성되어 일정 시기가 되면 성장을 멈추고, 빠지고 다시 새로운 모발이 생성된다.

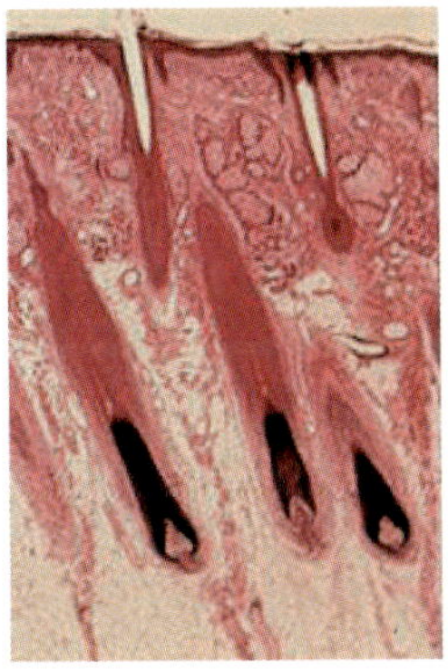

[그림 2-9] 발생기와 자연탈락기 모발 예시

3. 모발의 구조-모근부(Hair root)

모발의 구조는 표피층을 기점으로 모근(毛根)부와 모간(毛幹)부로 나뉜다.
이러한 모발은 피부의 일부분으로 피부와 같은 구조, 생리 기능을 가지고 있다.

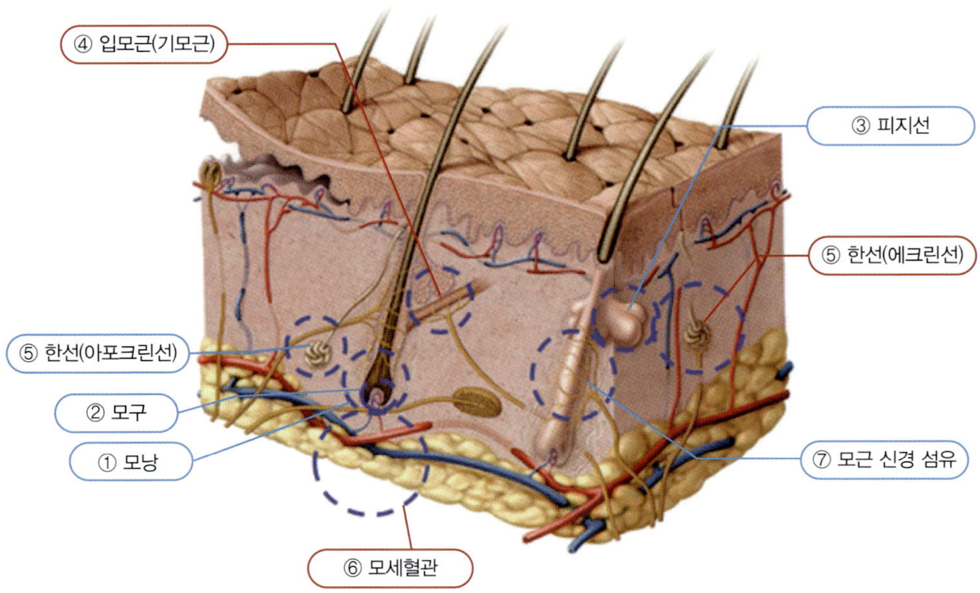

[그림 2-10] 모근부의 구조

1) 모낭(Hair folicles)

모발은 모낭에서 시작되어 성장한다. 모낭은 모발을 만드는 기관으로 표피가 피하조직으로 함몰하면서 만들어지며 모근을 감싸고 있다. 태생 9주~12주 사이에 생성되며 결합성 조직과 유리막으로 구성되어 있다.
모낭의 수는 태어날 때 이미 정해져 있어 몸 전체에 약 200만 개, 두발에는 약 10~15만 개가 있다.
모낭은 모발의 발생과 아주 밀접한 관련이 있어 모낭에 이상이 생기면 모발 자체가 생성되지 않는다.
모낭은 제1영역(모구하부; 입모근 아래까지), 제2영역(협부; 피지선 아래까지. 축중합작용), 제3영역(모누두상부)으로 나뉘어져 있다.
제1영역에는 모발생성의 근원이 되는 모유두와 모모세포가 있다.
이때 생성된 모세포는 제2영역 협부를 거치면서 축중합작용에 의해 수분이 빠지고 정해진 자기의 길을 간다.

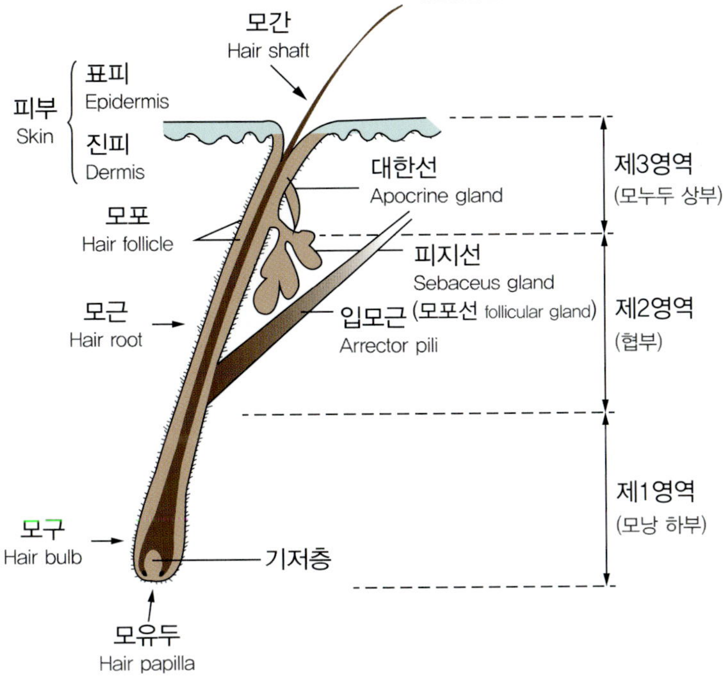

[그림 2-11] 모낭의 영역

(1) 모근초(IRS, ORS)

모낭은 각질층과 연결되어 있는 내모근초, 과립층과 연결되어 있는 헉슬리층, 유극층과 연결되어 있는 헨레층, 기저층과 연결되어 있는 외모근초로 되어있다.

모근초는 모발을 단단하게 붙잡아주는 역할을 한다.

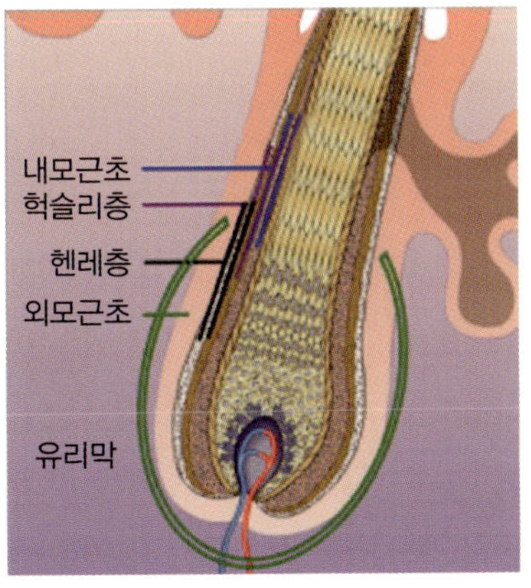

[그림 2-12] 모낭부의 상세구조

2) 모구(Hair bulb)

모근의 아랫부분에 원형으로 부풀어져 있는 부분으로, 표피의 기저층에 해당되며 모발 성장에 관여한다. 모세혈관으로부터 영양분과 산소가 모유두를 둘러싸고 있는 모모세포로 운반되어 영양분을 받아 분열된 모모세포가 각화되면서 모발이 자라게 된다. 모구 주변에는 모세혈관, 모유두, 모모세포, 멜라닌세포 등이 위치해 있다. 모세혈관으로부터 산소와 영양을 공급받은 모유두 내 모모세포의 세포 분열에 의해 모발이 형성된다.

(1) 모유두(Hair papilla)

모유두는 진피세포층에서 분화되어 모낭 가장 아랫부분에 형성되고, 모유두 안에 모발 성장에 영향을 주는 모세혈관과 자율신경이 많이 분포하고 있으며 각종 영양소와 단백질 합성효소, 호르몬, 산소가 공급된다. 모유두의 형태는 모주기 과정에서의 변화와 함께 모발의 굵기를 좌우한다. 따라서 모유두의 활동이 왕성하면 모발이 건강하다.

(2) 모모세포(Hair matrix)

모모세포는 성장하고 분열을 시작한다. 또한 분열과 각화가 계속되면서 위로 올라가 모표피, 모피질, 모수질로 나누어 성장하면서 모발을 형성한다.
모모세포는 모발의 기원이 되는 세포로 모유두 부근에 모모세포와 색소세포가 10:1의 비율로 존재하면서 모세혈관을 통해 영양을 받은 모유두로부터 영양을 공급받아 세포분열과 증식을 되풀이한다. 모모세포는 성장과 분열을 계속하면서 모표피, 모피질, 모수질로 나누어 성장하며 제 2영역(협부)을 거치는 동안 축중합작용에 의해 수분이 탈수되고 위로 밀려 올라 가면서 단단한 모발로 각화된다.

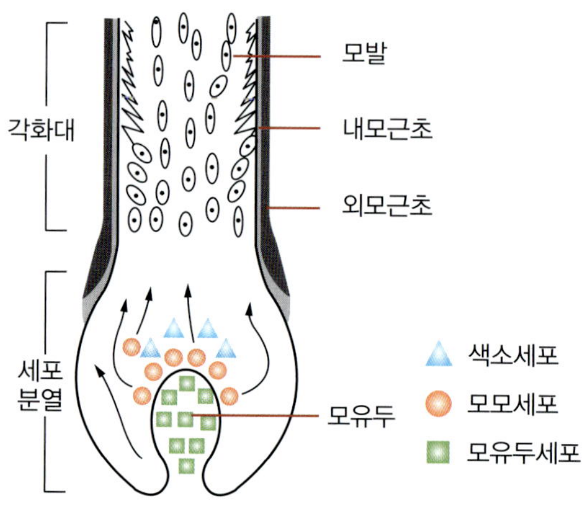

[그림 2-13] 모구의 상세구조

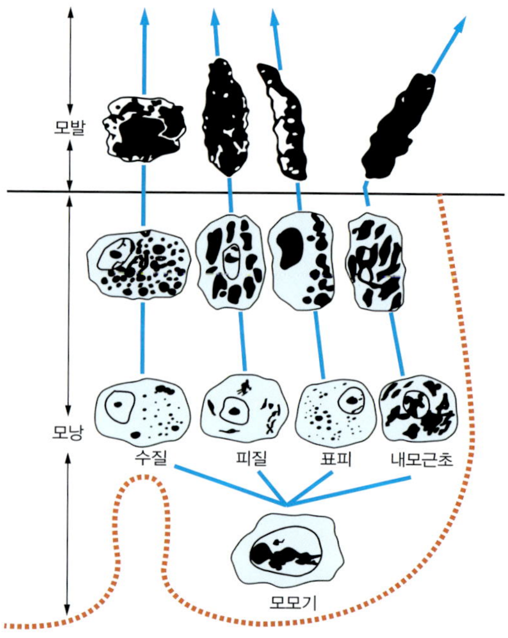

[그림 2-14] 모모세포의 분화

3) 피지선(Sebaceous gland)

피지선은 외배엽에서 기원하여 모낭의 상피벽에서 발생하여 모발 상부에 매달려 있어 내모근초가 끝나는 부위에서 모간 쪽으로 열린다. 피지의 일부는 모낭 내에 있는 모발을 통해 올라와 모발을 윤기 나게 하고, 일부는 모낭벽을 따라서 두피 표면에 퍼지며, 살균, 소독, 보습, 중화, 비타민 D생성의 중요 역할을 한다. 호르몬, 식습관, 계절, 연령, 환경, 온도등의 영향을 받으며 1일 평균 1~2g이 정상 피지 분비량이다.

여기서 잠깐!

피지의 역할

① **수분증발 억제** : 각질층과 모발의 표면에 피지막을 만들어 수분이 증발하는 것을 막아주고 피부와 모발에 습기를 유지해서 촉촉하고 윤기있게 해준다.

② **보온역할** : 체온을 지켜주는 보온의 역할

③ **살균작용** : 산성막을 형성해서 내피부나 두피에 상재하는 균(곰팡이, 박테리아 등)들을 살균해서 내몸을 지키는 역할을 하고 또 피지 중에 함유되어 있는 지방산에 어느 정도의 화농균과 백선균 등을 살균하는 작용이 있다.

④ **유화작용** : 피부 표면에 피지가 분비되면 땀과 혼합하여 천연크림과 같은 피지막을 형성하는 유화작용을 하게 되는데 세안 후의 피지분비 정도는 1시간 후 20%, 2시간 후 40%, 3시간 후 50% 정도를 분비하게 된다.

4) 기모근/입모근(Arrector pili muscle)

모근 하부 1/3지점에 위치한 입모근은 불수의근으로 기모근 또는 털 세움근이라고도 한다. 교감신경의 지배를 받아 피부에 소름을 돋게 하는 근육을 말하며 추위, 공포 등에 반응하며 자극을 받는다. 보통은 털 1개에 1~2개의 입모근이 존재하며 코털, 눈썹, 또는 얼굴의 솜털의 일부 등은 입모근이 존재하지 않는다.

토막상식

수의근 vs 불수의근?

- 중추신경계의 영향을 받아 의식에 의한 조절로 움직임이 가능한 근육 : 수의근
- 자율신경계의 영향을 받아 의식과 무관하게 조절하지 않아도 움직이는 근육 : 불수의근

5) 한선(Sweat gland)

한선은 땀을 분비하는 선으로 건강한 성인의 경우 하루 500~600cc의 땀을 분비한다. 이 중 대부분은 체온조절을 위해 증발되고 나머지는 피지막을 만드는 역할을 한다. 땀샘은 그 크기와 기능에 따라 에크린선(작은 땀샘, 소한선, Eccrine sweat gland)과 아포크린선(큰 땀샘, 대한선, Apocrine sweat gland)으로 나눌 수 있다.

(1) 소한선(에크린선, Ecrine gland)

앞이마, 손바닥, 발바닥 등 몸 전체에 퍼져 있으며, 에크린선의 땀은 무색, 무취로서 99%가 수분이며 혈액과 더불어 신체 체온조절기관이다. 모공과 분리된 독립적인 한선으로 pH 3.8~5.6의 약산성 무색, 무취의 맑은 액체를 분비한다.

99% 수분과 Na, Cl, I, Ca, P, Fe 등으로 구성되어 있고 운동이나 온도에 민감하다.

(2) 대한선(아포크린선, Apocrine gland)

모낭에 부착된 코일 형태의 구조이며 에크린선에 비해 몇 배 크고 깊숙이 존재하여 대한선이라 한다. 겨드랑이, 생식기 주위, 유두 주위에 분포되어 있으며 감정이 변화 될 때 작용이 활발하다. pH 5.5~6.5의 단백질 함유량이 많은 땀을 생성하며 액취증을 유발한다.

6) 모세혈관

모세혈관(毛細血管, Capillary)은 지름이 약 8~30㎛이며 소동맥과 소정맥을 연결하는 그물 모양의 매우 가는 혈관이다. 혈액을 통해 산소와 영양분이 공급되고 노폐물을 수거한다. 즉 모발의 주성분이 되는 아미노산을 운반하는 수송로의 역할을 한다.

7) 모근신경섬유

말초 신경계의 한 부분으로 모발과 관련해서는 모발의 주성분인 아미노산이 모유두에 도달하면 단백질 합성 효소에 명령을 전달하는 역할을 한다.

모근부 구조의 명칭을 채워 넣어보세요

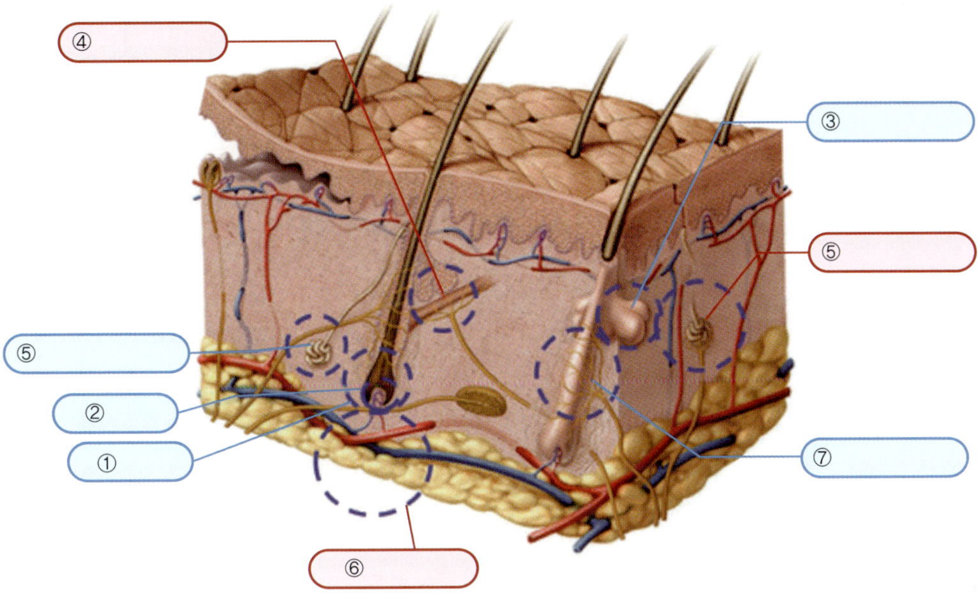

4. 모발의 구성

모발의 주성분은 80~90% 경단백질로 구성되어 있다. 18종의 아미노산으로 구성되어 있으며 특히 시스틴을 많이 포함하고 있다. 시스틴 아미노산은 모발 중에 함유하고 있는 아미노산 가운데 가장 높은 비율을 차지(16%)한다. 그 외에 수분(10~15%), 지질(1~9%), 멜라닌 색소(3%), 미량 원소(0.6~1%) 등으로 구성된다. 또한 모발은 탄소 50.65%, 산소 20.85%, 질소 17.14%, 수소 6.36%, 유황 5.0%의 원소로 이루어져 있다.

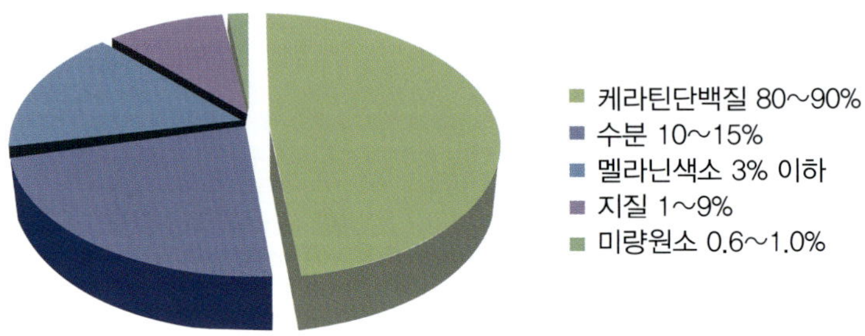

[그림 2-15] 모발 구성 성분

	아미노산	함유량	아미노산	함유량	
●	시스틴	16.6~18.0	발린(필)	4.7~5.5	
●	글루타민산	13.6~14.2	알라닌	2.8~4.4	
	이소류신(필)	11.1~13.1	페닐알라닌(필)	2.4~3.7	
●	아르기닌(필)	8.9~10.8	티로신	2.2~3.1	●
●	세린	7.4~10.6	류신	1.9~3.3	
●	트레오닌(필)	7.0~8.5	히스티딘(필)	0.6~1.2	●
●	아스파라긴	3.9~7.7	메티오닌(필)	0.7~1.0	
	프롤린	4.3~6.7	트립토판(필)	0.4~1.0	
●	글리신	4.1~6.5	리신(필)	0.2~0.8	●

붉은색 – 산성 아미노산, 파랑색 – 염기성 아미노산, 검정색 – 중성 아미노산,
보라색 – 황을 함유한 아미노산, (필) – 체내 생성되지 않는 필수 아미노산
● 친수성 아미노산 〈–〉 나머지 소수성 아미노산

[그림 2-16] 모발의 필수 아미노산 18종

5. 모발의 구조

성장한 모발은 표피 내부에 있는 모근(毛根)과 표피 바깥으로 나와 있는 모간(毛幹)으로 나눌 수 있다. 이러한 모발은 피부의 일부분으로 모근은 모발의 생리(生理), 모간은 형태(形態)적인 부분을 담당한다. 모발은 모표피, 모피질, 모수질의 3층 구조로 나뉘며 상세구조는 다음과 같다.

1) 모표피(모소피, Hair Cuticle)

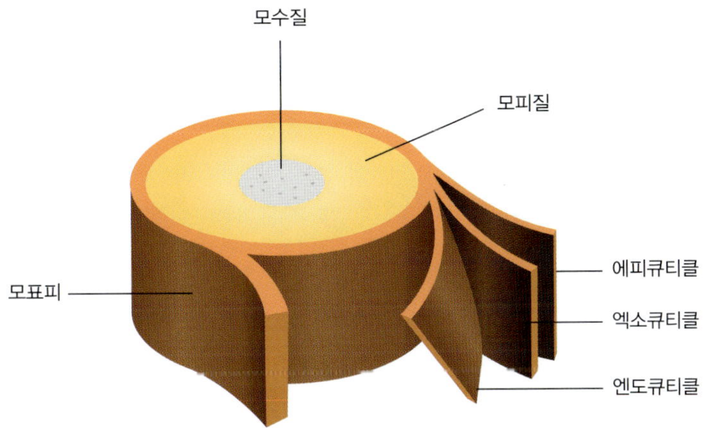

[그림 2-17] 모표피 구조

모표피는 모발의 가장 외부에 위치하고 있다. 모표피는 케라틴이라는 경단백질로 구성되어 있으며, 화학적 저항성이 강하고, 친유성으로 외부적인 자극으로부터 모발 내부를 보호하며 모발 표면에 광택을 내는 역할을 한다. 이러한 모표피는 팽창 능력이 커서 화학 물질을 쉽게 흡수하고 알칼리와 접촉하면 팽창되어 잘 열리며 산과 접촉하면 단단해지면서 폐쇄된다.
모표피의 형상은 비늘모양 또는 기와지붕 모양처럼 겹쳐져 있는 모습을 하고 있지만 멜라닌 색소가 없어 반투명하게 보인다. 모발의 두께를 나타내는 모표피의 겹침수는 일반적으로 4~10장이며 많이 겹쳐진 모발의 경우는 20장인 것도 있다.

모표피 상세 구조	최외표피/ 에피큐티클 (Epicuticle)	모발 가장 바깥에 있는 층이며 두께 10㎛ 정도의 얇은 막으로 지질·다당류·당류·섬유 단백질 층으로 견고하게 결합되어 있다. 30% 이상의 높은 시스틴을 포함 하고 있으며, 수증기는 통하지만 물은 통과할 수 없어 산소와 화학약품에 대한 저항이 가장 강한 층인 반면, 기계적인 작용을 받으면 쉽게 손상된다.
	외표피 / 엑소큐티클 (Exocuticle)	큐티클 구조의 2/3를 구성하는 중간층으로 시스틴이 약 15% 정도 함유되어 있어 물리적·화학적 저항력이 에피큐티클보다 낮기 때문에 퍼머넌트 웨이브제와 같은 시스틴 결합을 절단시키는 약품에 영향을 받기 쉬운 층이다.
	내표피 / 엔도큐티클 (Endocuticle)	모발 가장 안쪽에 위치하고 큐티클 층의 가장 약한 부분으로 3% 이하의 시스틴 함유량으로 큐티클 침식성 약품에 대해서는 강하지만, 단백질 침식성의 약품에 대해서는 약한 층이다. 모표피 세포의 사멸된 핵이 있는 부분으로 엔도큐티클의 안쪽면은 세포막 복합체(CMC: Cell Membrane Complex)가 존재하며 인접한 모피질을 밀착시키고 있다.

여기서 잠깐!

세포막 복합체(CMC: Cell Membrane Complex)란?

모표피와 모표피, 모표피와 모피질 사이에서의 세포간을 접착시켜주는 세포간충물질로 400-600 Å의 두께를 가지고 있으며 시스틴 함량은 약 2 %로 매우 적다. 세포막복합체는 모발섬유 전체의 15%를 차지하며 모발의 수분과 화학 약제 등이 지나갈 수 있는 물질을 수송하는 통로의 역할을 한다. 따라서 CMC가 손상되면 모발의 수분 및 단백질의 유실이 쉬워지며 모발이 부스스한 상태가 된다.

2) 모피질(Hair Cortex)

모피질은 모발의 대부분인 85~90%를 차지하며 피질세포(결정영역)와 세포간 결합물질(Matrix, 비결정 영역, 기질)로 구성되어 있다. 모피질은 세포와 세포 사이에는 섬유상 케라틴(간충물질)이 서로 강하게 연결되어 있으며, 이 간충물질의 정도에 따라 모발의 성질과 영양 상태 및 탄성과 부드러움이 결정된다. 모발의 성질은 가장 중요한 모발의 강도(세기), 탄성, 유연성, 성장의 방향, 굵기, 질, 색소 등을 나타낸다.
모피질은 수백만 개의 딱딱한 케라틴(Keratin) 섬유로 구성된 아미노산의 다중 결합인 폴리 펩타이드(Poly peptide)구조를 하고 있다. 모피질은 모발이 화학적, 물리적으로 약제의 작용을 쉽게 받으므로 퍼머넌트와 염색 및 탈색 그 밖의 미용 시술과 가장 관련이 깊다.

(1) 결정 영역(폴리펩타이드 결합)

결정 영역은 매크로피브릴(Macro fibril)이라고 불리는 방추형을 한 섬유상 다발로 이루어진 구조로서 모발의 탄력, 강도, 감촉, 질감, 색상을 좌우하며 모발의 성질을 나타내는 중요한 부분이 된다.

[모피질의 미세구조]

모피질의 미세조직은 매그로피브릴(Macro fibril)로 구성되어 있으며 매크로피브릴은 결정 영역인 마이크로피브릴과 비 결정 영역인 기질(Matrix) 조직으로 구성되어 있다. 마이크로피브릴은 긴 폴리 펩타이드가 규칙적으로 배열된 섬유로 결합되어 있으며 강한 수소 결합 때문에 화학 반응을 일으키기가 어려운 영역이다.

피질세포 → 매크로피브릴 → 마이크로피브릴 → 프로토피브릴
→ 폴리 펩타이드 → 펩타이드 → 아미노산

① **매크로피브릴**(Macro fibril)

매크로피브릴은 길이가 약 0.1-0.4 ㎛이며 마이크로피브릴(intermediate filaments)과 마이크로피브릴을 둘러싸고 있는 기질조직으로 구성되어 있다.

② **마이크로피브릴**(Micro fibrils, intermediate filaments)

마이크로피브릴은 매크로피브릴 안에 구형으로 존재한다. 마이크로피브릴은 11개(2+9)구조의 프로토피브릴이 꼬여 배열되어 있다. 마이크로피브릴의 직경은 약 4000 Å이며, 시스틴 함량은 약 6-7%로 적게 존재한다.

③ **프로토피브릴**(Proto fibril)

프로토피브릴은 폴리 펩타이드 사슬 3개가 나선형(알파-헬릭스)으로 꼬여서 새끼줄 모양으로 구성되어 있다.

④ **폴리 펩타이드**(Poly peptide)

폴리 펩타이드는 수많은 아미노산의 연결체로써 20가지의 서로 다른 아미노산들이 펩타이드 결합이라고 하는 화학 결합으로 길게 연결된 주쇄결합을 말한다.

폴리 펩타이드는 나선형의 α-헬릭스(alpha-helix)와 길게 펼쳐진 β-가닥(β-strand) 그리고 부정형의 루프(Loop)로 나눌 수 있다.

- 알파-헬릭스(α-Helix) : 나선형의 폴리 펩타이드를 α helix라고 하며 폴리 펩타이드 사슬의 2차 구조의 한 형태로 수소결합에 의해 안정성을 유지한다. 나선의 한쪽면 가지사슬은 소수성이고, 반대쪽 가지사슬은 친수성이기 때문에 전체적으로 보면 양친매적(amphipathic)이다.
- β-가닥(β-strand) : 병풍이나 주름치마처럼 주름잡힌 판모양으로 형성된 폴리 펩타이드를 β-strand라 한다. 펩타이드 결합 사이의 수소결합에 의해 유지되는 매우 경직된 구조로 짧지만 여러 개가 모여 베타시트(β-sheet)를 이루게 된다.

⑤ **아미노산**

아미노산은 단백질을 구성하는 원료물질로 염기성 아미노기 $-NH_2$ 와 산성의 카르복시기 -COOH를 가진 유기 화합물의 총칭하는 것이다.

모발을 구성하는 단백질은 18가지 아미노산이 결합하고 있는 형태이며 왼쪽에 아미노기($-NH_2$), 오른쪽에 카르복실기(-COOH)를 가지고 있다.

아미노기는 (+) 이온을, 카르복실기는 (-) 이온을 가진 양쪽성 물질로 R기(곁가지)에 따라 아미노산의 종류가 달라진다. 중성 아미노산은 하나의 분자에 알칼리성인 아미노기와, 산성인 카르복실기를 하나 씩 가지고 있어 균형을 이루고 있다.

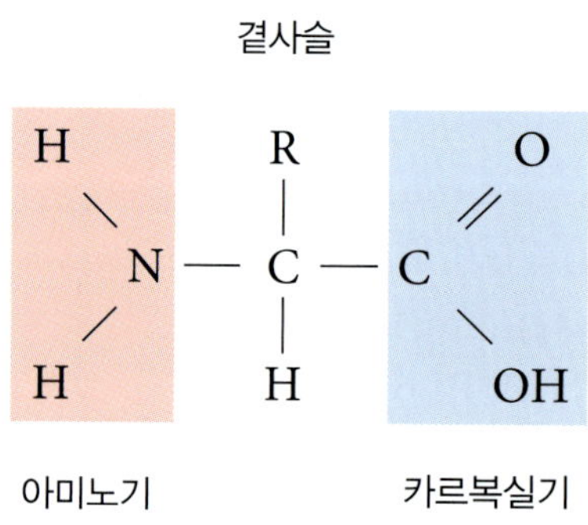

여기서 잠깐!

펩타이드와 단백질의 차이?

- **펩타이드** : 아미노산의 중합체로서 아미노산이 연결된 사슬의 길이가 20-30개 정도로 짧은 것
- **올리고 펩타이드** : 펩타이드로 결합된 아미노산의 수가 2~10개인 것
- **폴리 펩타이드** : 펩타이드로 결합된 아미노산의 수가 10~50개인 것
- **단백질** : 폴리 펩타이드 사슬이 4차 구조를 이루며 고유한 기능을 갖게 된 것으로 펩타이드로 결합된 아미노산의 수가 50개 이상 분자량이 큰 것

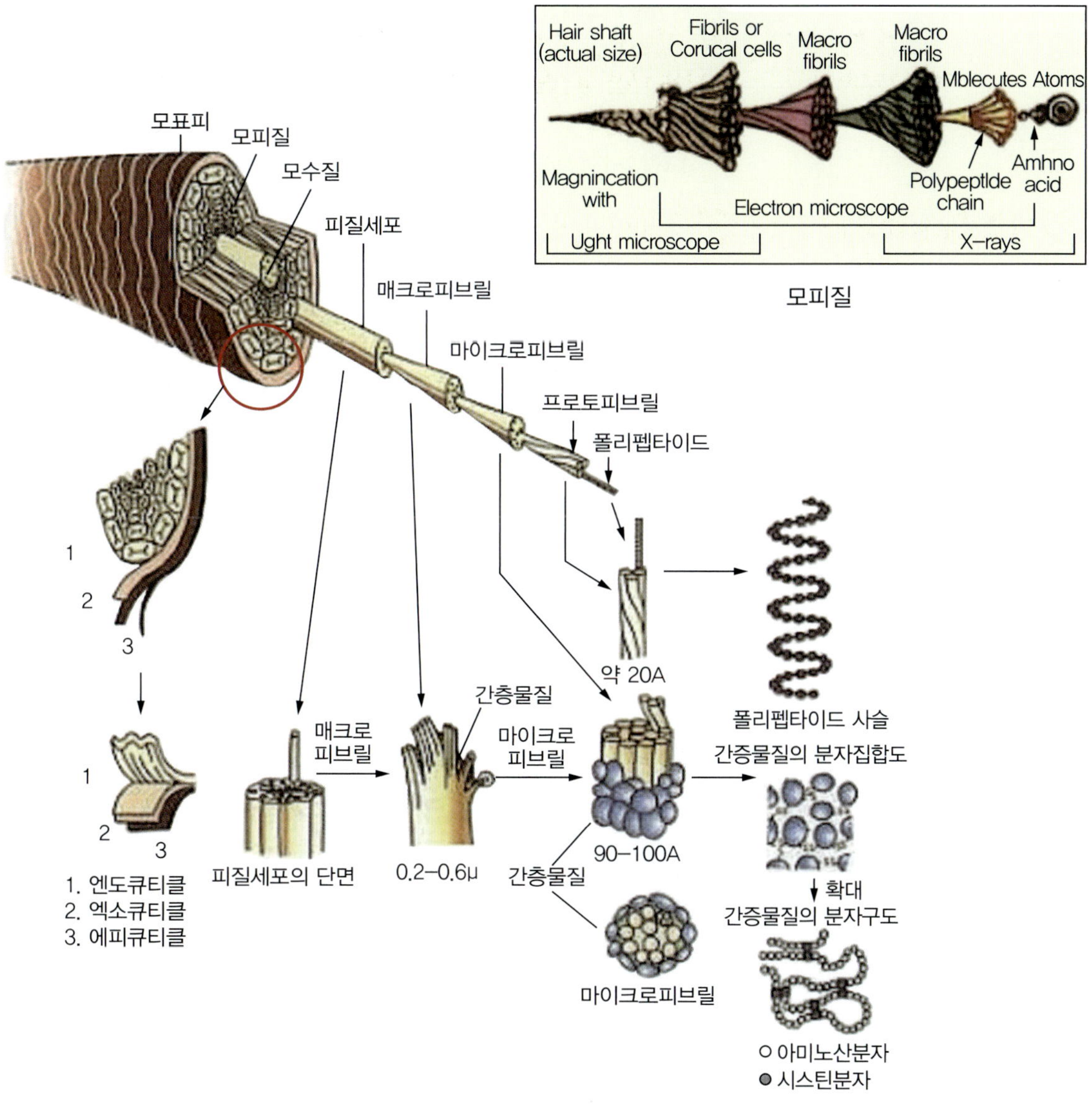

[그림 2-18] 모발의 미세 구조

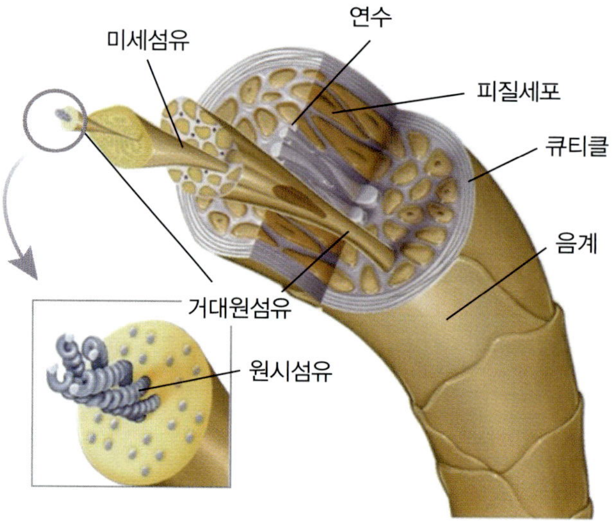

[그림 2-19] 폴리펩타이드 결합

(2) 비결정 영역(세포 간 결합물질/기질(Matrix))

비 결정 영역은 간충물질, 세포 간 결합 물질이라고도 부르며 펩타이드 섬유 사이사이를 채우는 물질로서 섬유 다발을 고정시켜 주고 연결하는 다리 역할을 한다.

전체 비 결정영역의 일부분(1/8)은 케라틴 단백질로 되어 있으나 아미노산의 배열이 규칙적이지 않아 일정한 형태가 없다. 시스테인 함량이 가장 많은 부위로 퍼머넌트 웨이브를 유지하고 수분 유지 및 부드럽고 견고한 탄력 있는 모발을 형성하며 염모제의 염료를 고착시키는 기능과 퇴색을 막아준다.

간충물질은 모발의 손상에 가장 큰 원인이 되는 것으로 수소결합이 약하고 유연하기 때문에 화학적 작용을 받기 쉽다.

3) 모수질(Medulla)

모발의 중심 부분에 속이 비어 있는 부위로, 공기를 함유하여 보온의 역할을 한다. 가는 모발에서는 발견되지 않고 굵은 모발에서만 발견되는데, 모발에 따라서 수질층이 일정하게 연결되어 있기도 하고 불규칙적이거나 또는 전혀 없는 것도 있다. 수질층을 많이 보유한 모발은 퍼머넌트 웨이브가 강하게 잘 형성되나 그렇지 않은 모발은 웨이브 형성이 약하게 느껴진다.

[그림 2-20] 모수질

6. 모발의 결합

모발은 세로결합인 주쇄결합과 가로결합인 측쇄결합으로 단단한 구조를 이루면서 모발의 물리 화학적인 성질을 결정짓게 된다
모발의 미세구조에서 피질세포의 매크로피브릴에서 펩타이드까지는 연결, 연결된 수많은 섬유다발들이 한방향으로 방향성을 가지고 규칙적으로 배열되어 있는데 이렇게 세로의 한방향으로 방향성을 가지고 규칙적으로 배열된 결합을 주쇄결합이라 하고, 주쇄결합에 가로로 결합됨으로 주쇄결합을 보조하는 보조결합으로 더욱 단단한 구조를 만드는 결합을 측쇄결합이라 하며 대표적으로 3가지 결합을 들 수 있다

① **주쇄 결합**(폴리펩타이드 결합)

폴리펩타이드 결합으로 약 18종류의 아미노산으로 구성된 펩타이드 결합이 긴 쇄상이 된 폴리펩 티드에 의해 반복되어 구성되어 있다. 이러한 구조는 아미노산 A의 -COOH와 또 다른 아미노산 B의 NH_2가 결합해 H_2O로 되어 탈수된 후 -CO-NH-의 결합 구조를 나타낸다. 케라틴 단백질의 주 사슬을 이루기 위해서 수백에서 수천 개의 아미노산이 모여서 폴리펩타이드 결합을 이루고 있으며 측쇄 결합에 비하여 결합력이 더 강하다.

② **측쇄 결합**(수소결합/시스틴 결합/이온결합)

횡으로 연결된 것이 케라틴 분자를 고정시켜 강도와 탄성 등 여러 가지 특징을 결정한다. 측쇄 결합은 주로 수소 결합(Hydrogen bond), 이온 결합(Ionic bond), 시스틴 결합(Cystine bond) 그 외에 이소펩타이드 결합(Isopeptide bond), 소수결합 등이 있다.

㉠ 시스틴 결합 / S-S 결합 / 이황화 결합(Disulfide bond)
황이 들어 있어 황결합이라 하고 시스틴 결합, 이황화 결합(Disulfide bond)이라고도 한다. 모발 케라틴 내에 시스테인이라는 아미노산이 또 다른 시스테인을 만나 결합하는 과정에서 산소가 작용하여 모발 내 탈(수)축합 반응이 발생하게 되는데 이 과정에서 생성되는 결합이 시스틴 결합이다. 환원제로 모발의 시스틴 결합을 절단하고, 로드(Rod)로 웨이브를 형성한 후 산화제(2제)를 도포함으로서 시스틴 결합을 다시 재결합시켜주는 역할을 하며 웨이브가 형성된다
측쇄결합 중 가장 강한 결합이나 화학적으로는 절단이 잘 되는 특징이 있다. 따라서 미용시술 중 퍼머넌트에 적용되는 결합이고 결합 발생 과정에서 모발 손상을 초래할 수 있다.

㉡ 이온 결합/염 결합(Ion bond)
인접한 주 사슬 사이의 하전된 아미노기(NH_3+)와 카르복실기(COO-)가 정전기적인 힘에 의해(이온적으로) 결합하는 것을 이온 결합이라고 한다. 모발 내 등전점 pH 범위 내에서 이온 결합이 가장 많이 형성된다. pH라는 것은 Power of Hydrogen Ions(수소이온농도)로서 어떤 용액의 산성, 알칼리성의 정도를 나타내는 수치로서 수분이 없는 물질에는 pH가 존재하지 않으며 반드시 수분이 있는 물질에서만 측정하여 나타낼 수 있다.
따라서 모발의 경우는 모발표면 또는 피질 내에 있는 수분의 pH를 실측하여 이것을 모발의 pH라 칭하고 있다. pH4.5~5.5(등전점)일 때 결합력이 최대가 되고 가장 안정된 상태가 된다. 모든 미용 시술에 영향을 받으며 특히 모발 클리닉, 퍼머넌트 중화과정, 화학시술 후 알칼리 제거과정 등에서 주로 이

루어진다. 손상이 많은 모발은 모발 내 이온이 불안정하므로 염(이온)결합이 발생하지 않을 수도 있다.

ⓒ 수소 결합(Hydrogen bond)

수소결합은 산소와 수소 사이의 잡아당기는 힘에 의해 결합하는 것으로 모발에 수분을 주면 절단되고 모발에 수분을 제거시켜주면 다시 재결합한다. 따라서 모발에 일시적인 변형이 가능하도록 하는데 이러한 원리를 이용한 미용기술이 바로 블로우 드라이(Blow dry)를 포함한 여러 가지 일시적 세팅(Setting)이다. 젖은 모발을 드라이 열로 건조시키거나 드라이를 활용한 스타일링을 하면 모발 형태가 변화되어 유지되다가 물이 닿으면 다시 원래 상태로 돌아오게 되는데 이때 일어나는 일시적인 결합과 절단이 수소 결합의 원리라 할 수 있다. 아미노산 단백질의 결합부인 -CO-NH-(펩타이드 결합)이 수소(H)와 가까운 산소(O)에 대해 가지고 있는 친화력에 의한 결합이라 할 수 있으며 물 분자에 의해 쉽게 절단되는 특징을 가진다.

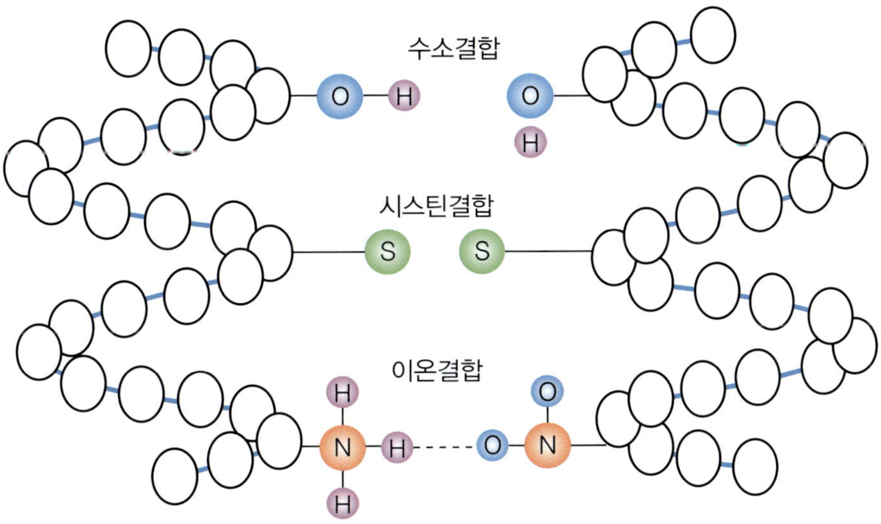

[그림 2-21] 비결정 영역 내의 모발 결합

7. 모발의 기능

모발은 피부가 전화(轉化)하여 생긴 것으로, 신체의 보호, 보온, 촉각 등의 기능으로서 태고적 원시인일 때부터 제 기능을 가진 몸의 털로서 전신에 많이 나 있었지만 인류 진화와 함께 불필요한 부분은 퇴화되었다. 이의 근거로서 솜털이 전신에 존재한다.

모발의 역할은 외부로부터 충격 완화, 직사 일광과 더위, 추위에 의한 두부(Head)를 보호해 왔으며 눈썹, 속눈썹, 코털, 귀털 등 털이 생성해 있는 부위에 따라서는 땀, 먼지, 벌레의 침입을 막는 등 본래의 기능을 다하고 있다. 모발은 두부(頭部)를 보호할 뿐만 아니라 신체에서 필요로 하지 않는 수은, 비소, 아연 등의 중금속을 모발내의 모모세포에서 흡수하여 체외로 배출하는 기능을 가지고 있으며 인체의 건강상태를 드러내기도 한다. 장식면에서도 남성, 여성의 특징을 나타내는 중요한 역할을 하며 같은 사람이라도 Hair style과 Hair color를 표현하는 것만으로도 다른 인상을 줄 수 있다. 고대 이집트 시대에서도 모발은 미(美)의 상징으로서 그 시대에 가장 아름다움을 내세울 수 있는 유행의 Hair style, Hair coloring이 존재하고 있었다. 이와 같이 모발은 두부의 보호뿐만 아니라 감각작용, 배설기능, 상징적 기능 및 장식적인 면으로써의 역할을 하고 있다.

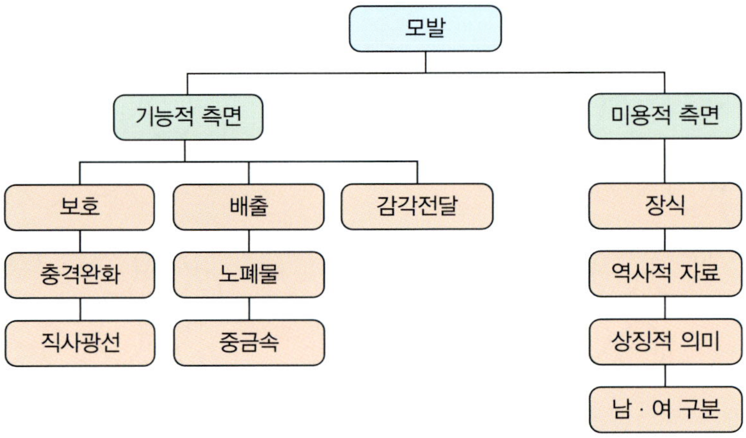

[그림 2-21] 모발의 기능에 의한 분류

8. 모발의 분류

모발은 모발 단면의 형태와 굵기에 따라 분류할 수 있다. 굵기에 따라 경모와 연모로 나뉘며, 모발은 태아에서의 취모, 출생 시의 연모는 출생 후 성장하면서 경모로 바뀌게 된다. 사람의 일생에서 사춘기가 되면 모든 모낭에서는 경모가 성장하여 가장 모량이 많은 시기가 되나 나이가 들어감에 따라 모주기를 되풀이 하여 연모로 되돌아가는 현상이 나타난다. 이러한 현상은 탈모의 진행 정도를 체크하는 데 있어 중요한 자료로 활용되고 있다. 형태에 따른 분류는 직모, 파상모, 축모로 나뉜다.

1) 굵기에 의한 분류

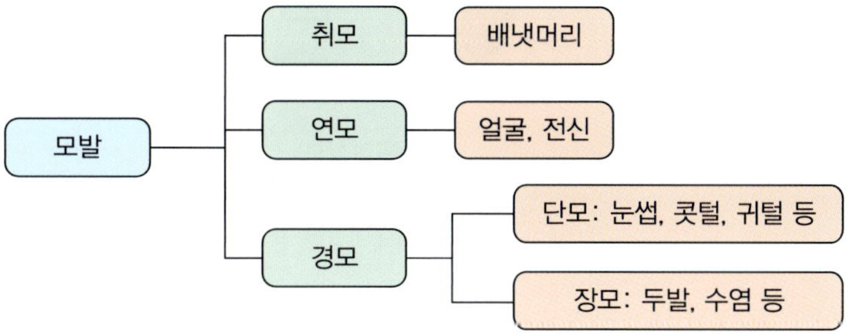

[그림 2-22] 모발 굵기에 의한 분류

(1) 취모

출생 전의 털로 태생기 즉, 임신으로 태아가 발생하여 약 20주가 지나면 처음으로 나타나는 가늘고 연한 색깔의 털이다. 출생 무렵에 빠지고 새로 자라나 배냇머리 라고도 부르며 연모로 점차 변하게 된다. 이는 섬세하고 부드러운 털로서 모발의 색이 연한 것이 특징이다.

(2) 연모(솜털)

피부의 대부분을 덮고 있는 솜털을 말하며 0.08mm 이하로 가늘고 짧으며 색소가 거의 없이 잘 보이지 않고, 모표피가 40%, 모피질이 60%의 비율로 존재하고 모수질이 없다. 취모가 모낭에서 탈락되면서 연모가 자라고 이 연모는 사춘기를 전후로 인체 부위에 따라 풍부한 색소를 갖게 되면서 대부분 굵고 튼튼한 경모로 바뀌고, 탈모 신행형 모발에서도 볼 수 있다. 남성형 탈모증이 진행될 때 앞쪽 머리에서도 볼 수 있으며 겨드랑이, 성인 남성의 턱에 자라는 연모는 사춘기 시기를 지나 성모로 바뀐다.

(3) 경모(성모)

보통 굵고 긴 털을 의미하며 0.15~0.20mm 정도로 굵고 긴 모발이며, 모낭이 생산하는 마지막 털이라 하여 종모라고도 한다. 성인에게서 볼 수 있는 머리카락, 눈썹, 속눈썹, 각 부위의 수염, 겨드랑이 털, 생식기 주변에 나는 털은 모두 종모이다. 연모가 종모로 자라는 정도는 유전적인 요인과 내분비기관의 영향에 따라 다르며 이 영향의 정도에 따라 서양인 남자에게 많은 가슴의 종모가 동양인에게도 생기게 되는 것이다. 경모는 모표피가 10%이고 모피질이 90%를 차지하고 멜라닌 색소를 가지고 있다.

2) 형태에 따른 분류

모발의 단면 형상을 크게 분리해 보면 원형, 타원형, 다양한 형태의 편형의 3종류로 분류된다. 직모가 많은 동양인의 모발은 보통 직모가 많지만 원형과 타원형의 혼합이면 약간 곱슬이며, 타원형과 편형의 혼합이면 심한 곱슬머리가 된다. 또한, 태어날 때 직모를 가지고 있다고 해도 나이에 따라 곱슬의 형태가 심해지는 모발이 있는가 하면 그렇지 않은 모발도 있다. 이러한 현상들은 호르몬의 밸런스 변화, 음식이나 환경의 영향을 받기도 하고 자율신경의 밸런스가 깨지는 것도 원인이다.

황인종(직모) 백인종(파상모) 흑인종(축모)

[그림 2-23] 모발 형태의 따른 분류

(1) 직모

직선에 가까운 모발 형태로서 아시아의 황인종, 에스키모, 아메리카 인디언 등의 모발이 포함된다. 전자 현미경에 의해 관찰된 횡단면은 원형에 가까운 모양이다.

(2) 파상모(반 곱슬모)

파상의 물결 모양을 이루는 모발로서 파상의 정도는 다양하다. 전자 현미경에 의해 관찰된 횡단면은 타원형에 가까운 모양이다. 백인, 오스트레일리아 원주민, 인도네시아인 등의 모발이 포함된다. 백인, 오스트레일리아 원주민, 인도네시아인 등의 모발이 이에 속한다.

(3) 축모(곱슬모)

흔히 곱슬머리라고 하며 모경지수가 0.5~0.6 정도로 편평하며 다양한 형태의 부정형 납작한(Flat) 형태이다. 심한 곱슬머리 모양으로 흑인(흑인종)에게 많으며 선천적, 유전적인 경향이 강하다.

9. 모발의 성질

1) 모발 밀도

모발의 밀도란 일정 넓이 안에 차지하고 있는 모발의 성김 일정 넓이에 차지하고 있는 모발의 성김 정도를 말하며 저밀도는 1cm^2 당 120본의 모발, 중밀도는 1cm^2 당 140~160본의 모발, 고밀도는 1cm^2 당 200~220본의 모발 밀도를 나타낸다.
총 모발 갯수는 동양인은 8~10만본, 서양인은 10~12만본이 평균수치 이다.

2) 모발 고착력

1가닥의 머리카락을 두피로부터 뽑아내는데 필요한 힘을 모발의 고착력이라 하며 정상모는 약 80g, 휴지기 모는 약 20g의 힘이 필요하다.

3) 모발 강도

모발을 당겼을 때 끊어지는 정도를 모발 강도라 하며 모발의 직경, 손상정도, 영양상태, 수분함량 등에 따라 다르다. 정상모는 약 150g, 손상모는 약 100g 이하의 힘이 필요하다.

4) 모발 굵기

모발 굵기는 연령, 환경, 건강상태, 탈모진행 전도, 인종, 성별 등에 따라 달라지며 남성은 평균 24세 이후, 여성은 평균 30세 이후에 변화가 진행된다. 0.08mm를 기준으로 연모와 경모로 나뉜다.

5) 모발 탄성도

모발은 모발 외부에 일정한 힘을 가했을 때 원래 모습으로 돌아가려고 하는 성질을 가진다. 이를 탄성도라고 하며 모발 수분함유량, 모발 손상도에 따라 달라질 수 있다.
특히 모발이 수분을 함유하고 있을 시에는 최대 1.5~2배 정도로 길이 변화가 가능하며 모발의 직경이 약 16% 정도 증가한다.

6) 질감

모발 표면의 감촉을 말하며 모발 손상도나 굵기에 따라 다르다, 모발 표면을 확대 관찰 시, 큐티클의 무늬가 규칙적이고 들뜨지 굴곡 없이 매끈한 모양을 띄고 있으면 좋은 질감으로 판단하여 건강모로 진단한다.

7) 다공성

모발 내부에 존재하는 빈 공기층으로 수분을 흡수하는 성질을 다공성 이라고 한다. 물리적·화학적인 요인에 의해 모발이 손상되거나 영양이 결핍되면 모발은 흡수성의 성질로 바뀌고 많은 수분을 끌어당기게 된다. 다공화 정도가 클수록 손상모로 진단한다.

8) 모발과 pH

모발을 위한 이상적인 pH는 4.5~5.5의 약산성의 수치로 음이온과 양이온의 개수가 유사해지는 시점이다. 이를 '모발의 등전점'이라고 한다.

pH의 수치가 낮아지면 산성의 성질을 띄며 모발은 수축되거나 경화되는 변화를 가진다. 너무 산성수치가 높을 경우 바스러지기도 한다.

pH의 수치가 높으면 알칼리의 성질을 띄고 모발은 팽윤되거나 연화되는 변화를 가진다. 너무 알칼리수치가 높아지면 큐티클이 부풀어 올라 탈락될 수 있다.

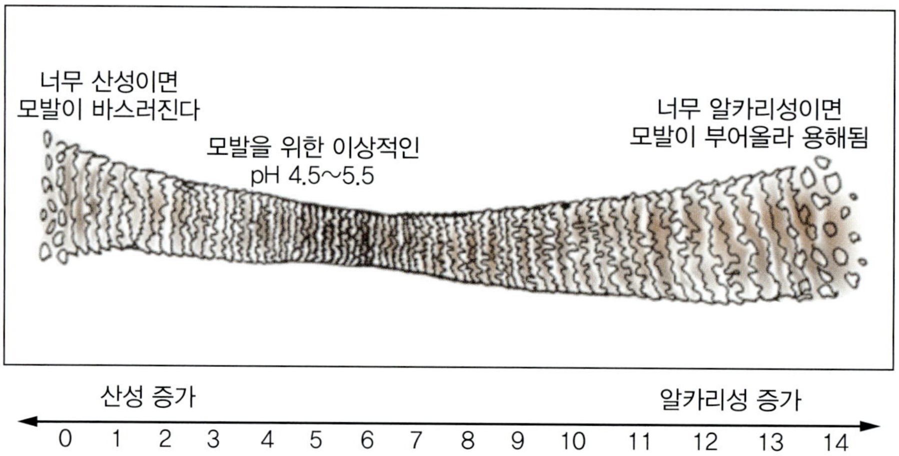

[그림 2-24] 모발과 pH

9) 대전성

모발에 물체가 닿을 때 전하에 의해 정전기가 발생하는 것을 대전성이라고 한다. 모발은 정전기에 의해 손상이 되기도 하므로 대전성을 줄일 수 있는 약산성의 성질을 가진 샴푸제를 사용하거나 나무재질로 되어 있는 브러시를 사용하면 대전성을 줄일 수 있다.

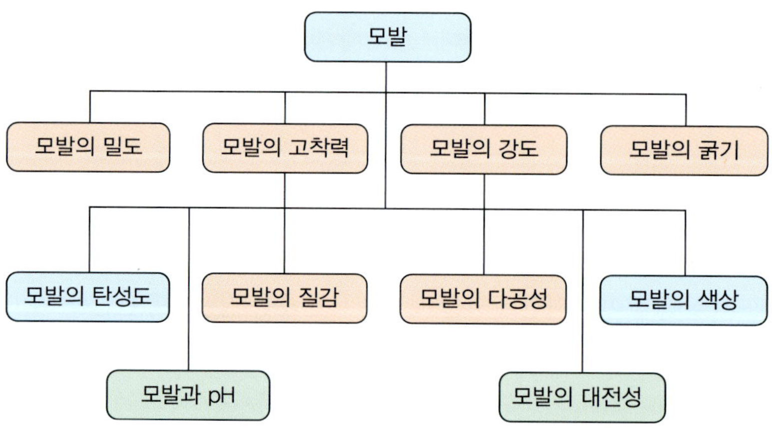

[그림 2-25] 모발의 성질

Chapter 03

모발과 관련된 인체의 계

인체는 세포(Cell)를 기본 기능단위로 이루어져 있으며, 적혈구나 정자, 난자처럼 홀로 기능을 수행하는 세포도 있지만 대부분 세포는 조직을 이루고 있다. 이러한 조직에는 상피조직, 근육조직, 신경조직, 결합조직 등 4가지로 나눌 수 있다.

인간은 이러한 조직을 이용하여 생체의 기능을 유지한다. 즉 온도, 삼투압, pH, 세포내외액 조성, 호르몬, 성장인자 등 개개의 세포 기능이 일정하게 유지되어 각 세포간의 기능이 조화를 이루게 된다. 이처럼 인체는 각 세포와 조직, 기관의 항상성 유지를 위한 다양한 인체의 계에 의해 조절되며 모발과 관련된 인체의 계는 크게 순환계, 신경계, 면역계, 내분비계가 있다

1. 순환계(Circulatory system)

순환계(Circulatory system)는 혈관, 림프관등을 통해 체액이 일정한 방향으로 흐르는 것을 말하며, 체내의 영양공급과 노폐물 배설의 통로 역할을 하여 인간의 몸의 항상성을 유지시킨다. 즉, 생체내의 균형을 유지하여 늘 같은 상태를 가질 수 있도록 하는 것이다. 이러한 순환계는 혈액순환계(Vascular system)와 림프순환계(Lymphatic system)로 나눌 수 있다. 혈액순환계는 동맥계와 정맥계로 다시 나뉘며 심장으로부터 혈액이 온몸으로 이동하는 과정과 모세혈관에서 물질교환이 이루어지는 과정으로 이루어진다.

1) 혈액순환계의 분류

심장과 폐를 도는 폐순환(허파순환, 소순환)과 심장과 신체 각 조직을 잇는 체순환(온몸순환, 대순환)으로 구분되는데, 폐순환과 체순환을 가능하게 하는 혈관들로는 동맥, 정맥, 모세혈관이 있다.

(1) 폐순환(허파순환, 소순환)

폐순환은 심장의 우심실에서 나간 정맥혈이 폐동맥을 통해 폐로 이동하고 가스교환을 거쳐 폐정맥을 통해 다시 좌심방으로 돌아오는 과정을 말한다. 즉, 산소가 부족한 혈액이 폐를 거쳐 산소를 공급받게 하기 위한 순환이다.

* 경로 : 우심실 - 폐동맥 - 폐모세혈관 - 4개의 폐정맥(양쪽 폐에서 2개씩) - 좌심방

(2) 체순환(대순환)

좌심방에 유입된 산화된 혈액이 좌심실로 보내져 동맥을 통해 온몸의 모세혈관을 돌며 산소와 영양분을 공급하고 노폐물을 제거하는 순환이다. 즉, 좌심실의 수축이 원동력이 돼서 산소가 풍부한 혈액이 온몸을 돌며 각 조직 세포에 영양을 공급하고 노폐물을 제거하기 위한 순환이다.

* 경로 : 좌심실 - 대동맥 - 동맥 - 세동맥 - 모세혈관과 동정맥(후세동맥) - 세정맥 - 정맥 - 대정맥 - 우심방

2) 혈액순환계의 3대 요소

(1) 심장

- 근육으로 된 이중 펌프
- 기능 : 정맥혈을 폐로 보내고(우심실의 수축, 폐순환), 폐로부터 받은 동맥혈을 신체의 각 부분으로 보내는(좌심실의 수축, 체순환) 작용을 함
- 구조 : 심중격 - 심장의 가운데를 나누어 혈액이 바로 섞이지 않도록 하게 한다.
  - 심방 : 혈액이 들어오는 곳
  - 심실 : 혈액이 나가는 곳
  - 판막 : 심방과 심실사이에 존재, 혈액 흐름의 역류를 방지하고 심방에서 심실로의 흐름만 허용함 이첨판과 삼첨판이 있음
  - 이첨판 : 좌심방과 좌심실 사이 판막
  - 삼첨판 : 우심방과 우심실 사이 판막

(2) 혈관

- 심장에서 시작하고 심장에서 끝나는 속이 빈 일련의 연결관으로 동맥계와 정맥계로 구성 되고, 그 구조는 크기와 기능에 따라 다양함
- 동맥계 : 심장에서 온몸으로 나가는 혈관계
- 정맥계 : 온몸에서 심장으로 들어오는 혈관계
- 모세혈관 : 세동맥과 세정맥 사이의 혈관들, 혈관 중 가장 많은 수를 가지고 있고 신체 모든 세포에 분포한다.

(3) 혈액

- 액상으로 이루어진 결합조직, 성인의 평균 혈액량은 4~6L임. 모세혈관에서 나온 혈액은 조직액의 일부가 되고 이것은 다시 림프관으로 흡수되어 림프의 주성분이 됨
- 기능: 운반, 조절, 방어 및 식균 작용, 지혈작용
- 구성: 55%의 혈장과 45%의 혈구로 구성됨

3) 혈관계의 구성

(1) 혈관의 종류

① 동맥

- 심장에서 조직으로 혈액을 운반하는 혈관
- 큰 동맥에서 점점 더 작은 혈관으로 나누어져 전신에 분포
- 명칭 : 크기에 따라 대동맥, 동맥, 세동맥(소동맥)으로 나뉨

② 정맥

- 모세혈관에서 심장으로 혈액을 운반하는 혈관
- 심장으로 향할수록 혈관의 크기가 굵어짐
- 명칭 : 크기에 따라 대정맥, 정맥, 세정맥(소정맥)으로 나뉨

③ 모세혈관

- 세동맥과 세정맥 사이의 혈관
- 모든 혈관 중 가장 많은 수를 차지 하며 신체 모든 세포에 분포되어 있음
- 산소와 생명유지에 필요한 영양분 공급, 노폐물 제거

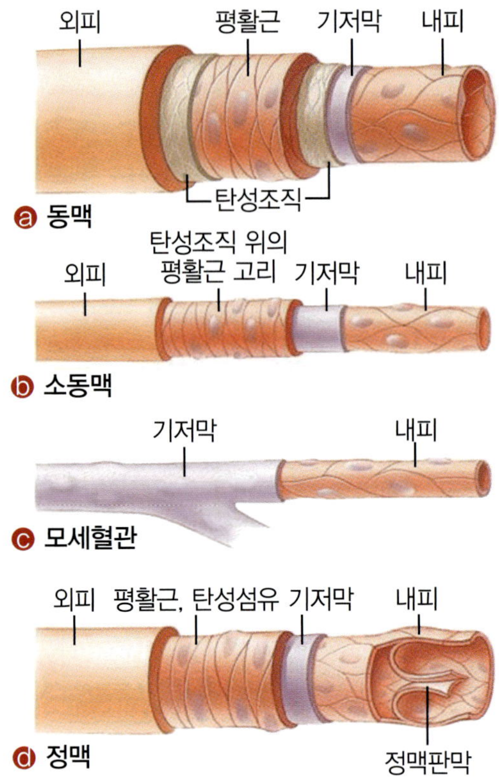

[그림 3-1] 혈관의 종류와 구조

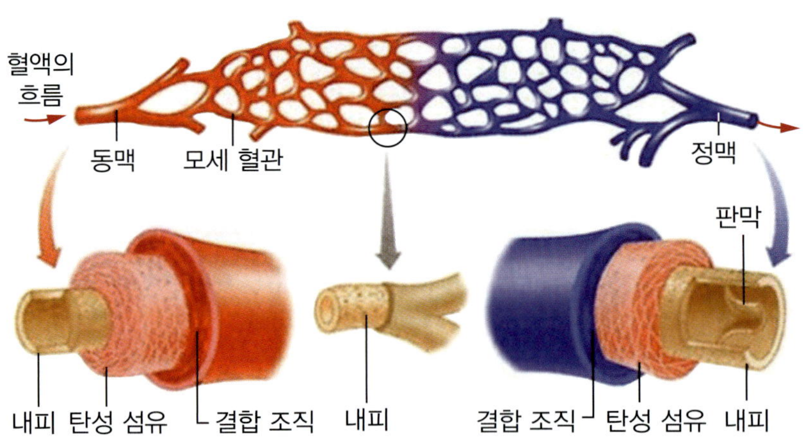

[그림 3-2] 혈관의 종류와 구조

2. 심장(Heart)

인간은 생체를 정상적으로 유지하기 위해서는 온몸의 조직에 산소와 영양분을 공급하여 세포가 살아갈 수 있도록 해야 한다. 그리고 산소와 영양분을 공급받은 조직에서 배출하는 이산화탄소나 요산 등 노폐물들을 제거하여야 한다. 이처럼 우리 몸의 각 조직들이 살아 갈 수 있도록 산소와 영양분을 공급하고, 노폐물들을 제거하는 순환계(Circulatory system)기능을 담당하고 있는 것이 심장과 혈관이다.

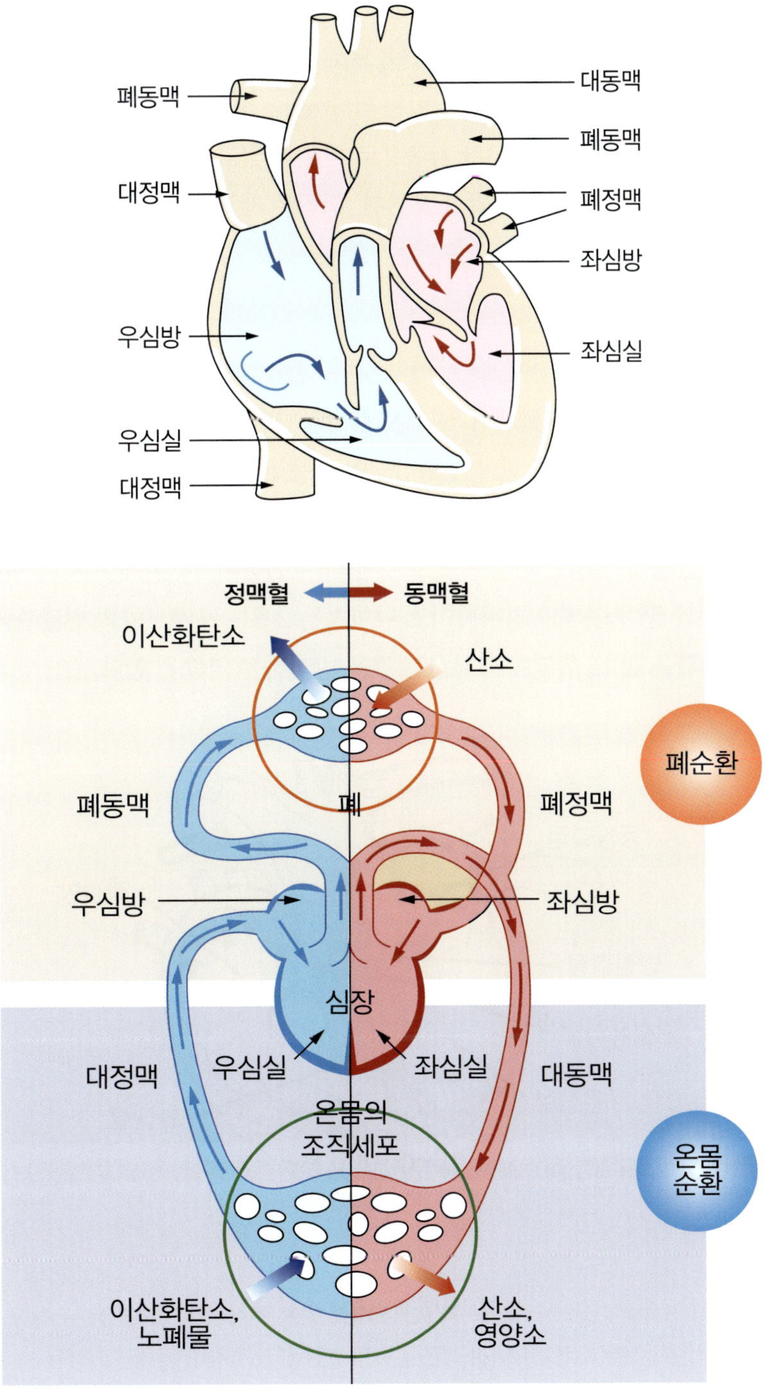

[그림 3-3] 심장

1) 심장의 기능

심장은 신체의 각 부위로 혈액을 운반하고 또한 혈액량을 조절한다. 심장으로부터 나온 혈액이 동맥을 지나 모세혈관을 거쳐 정맥을 통해 다시 심장으로 들어오기까지 끊임없이 수축과 이완을 계속하여 혈액을 방출시킨다. 이와 같이 심장은 한 개의 펌프와 같은 기능을 갖고 있으며, 건강한 성인에 있어서 심장은 1분 동안에 약 5리터의 혈액을 방출하면서, 일생동안 평균 15억 회에서 23억 회를 뛴다.

2) 심장의 위치

심장은 두 겹의 심장막에 싸인 가슴 안쪽에 있는 근육으로 구성되어 있고, 그 속안은 4개의 방으로 구획되어 있는 장기이며 무게는 약 250~300g이고 길이는 약 14cm, 직경은 8cm이다. 심장은 양쪽 폐 사이의 공간에 위치하며, 정중선상에서 볼 때 2/3가 좌측으로 치우쳐 있고 횡격막 위에 얹어져 있다. 심장의 경계는 위쪽은 제2늑연골, 오른쪽은 흉골의 약간 오른편, 왼쪽은 제3~5늑연골까지 걸쳐있다.

3) 심장의 구조

심장의 내부에는 4개의 빈 공간(Cavity)이 있다. 이와 같은 빈 공간은 심방사이막(Interatrial septum)에 의해 각각 오른심방과 왼심방으로 나뉘어 있으며, 심실은 심방사이막에 의해 각각 오른심실과 왼심실로 나뉘어져 있다. 또한 심방과 심실 사이에는 판막이 형성되어 있을 뿐만 아니라 각 심실과 폐동맥줄기 및 대동맥줄기 사이에도 판막이 형성되어 있다.
심장의 내부에는 혈액을 항상 일정한 방향으로 흐르게 하기 위하여 4부위에 판막이 형성되어 있다. 4개의 판막 중 2개는 판막의 끝이 볼록한 첨판막이고 나머지는 2개는 포켓모양의 반달판막이다. 이들 판막들은 심장이 수축과 이완을 할 때 혈액이 역류하는 것을 방지하는 역할을 한다.

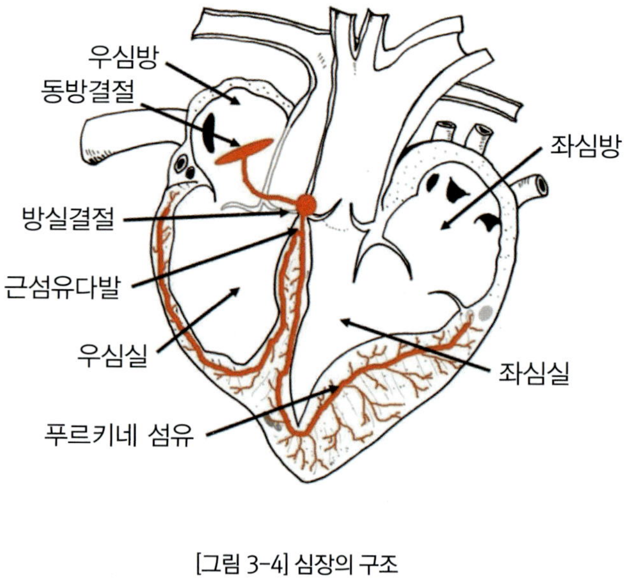

[그림 3-4] 심장의 구조

4) 심장의 자극 전도계(Conduction system)

포유류나 조류 등 심장을 가지고 있는 생물들이 가지고 있는 불수의근이라는 특수한 심장 근육을 가지고 있어 대뇌의 통제 없이 자율적으로 뛰게 된다. 이러한 자율적인 박동은 동방결절에 의해 진행이 되는데, 동방결절이라는 부위가 일정한 주기에 따라 자동으로 흥분하는 그 전기적 흥분이 주위의 심방근에 전달되어 심방근 전체를 흥분시키고, 심방의 전도로 전해지고 방실결절에 이른다. 이어 흥분은 근섬유 다발을 통과하고 심실 근육에 분포하는 망상의 심근섬유인 '푸르키네 섬유(Purkinje's fiber)'에 도달한다. 즉, 심장을 수축시키는 자극은 동방결절에서 방실결절을 거쳐 최종적으로는 심실 근육 전체에 전달된다.

5) 심장의 혈관

심장은 지속적인 수축운동을 통해 1회 박동할 때 약 50~70ml를 1분 동안 약 70회를 동맥 내로 밀어낸다. 그러나 심장의 내강에 있는 혈액으로부터 직접 산소나 영양분을 공급받지 못하기 때문에 다른 기관과는 달리 심장자체에 분포하는 특수한 혈관인 관상동맥과 심장정맥을 필요로 한다.

(1) 관상동맥

관상동맥은 심장벽을 위에서 아래로 둘러싸고 있는 좌우 두 줄기의 동맥이며, 심장조직에 산소와 영양을 공급하는 혈관으로 오른쪽과 왼쪽에서 각각 오른관상동맥과 왼관상동맥이 나와 심장에 분포한다. 오른관상동맥은 심장을 오른쪽으로 돌아 횡격막면에 이른 후 뒤심실사이고랑을 따라 심장 끝으로 가는 뒤심실사이 동맥이 되어 주로 횡격막면에 분포한다. 왼관상동맥은 앞심실상이고랑을 따라 심장 끝으로 가는 앞심실사이동맥이 되어 심장의 흉골늑골면에 분포한다.

(2) 심장정맥

심장정맥은 심장 끝에서 앞심실사이동맥을 따라 되돌아오는 큰심장정맥과 뒤심실사이정맥을 따라 오는 중간 심장정맥, 방실사이고랑 우편으로 돌아 뒤로 가는 작은심장정맥 등 3가지의 주요 정맥이 있다. 이들 정맥들은 관상정맥동에 유입된 후 오른심방의 후하벽을 통하여 오른심방으로 개구한다.

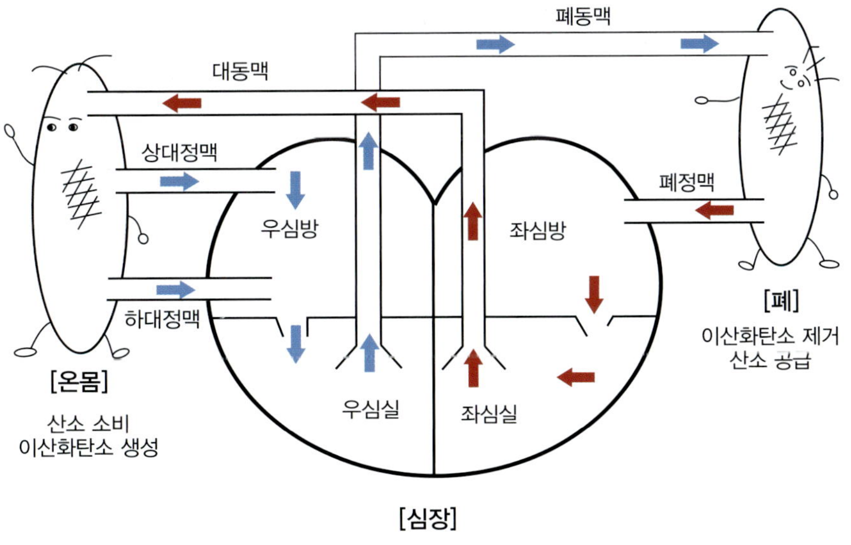

[그림 3-5] 심장의 혈관

3. 림프계(Lymphatic system)

림프계는 흉선, 골수, 비장, 편도, 충수 및 소장 내 파이어판과 함께 면역 체계에서 매우 중요한 부분이다. 림프계는 조직공간에서 조직액이 이동할 수 있는 통로를 제공하며 림프구의 활동을 도와 감염으로부터 조직으로부터 조직을 보호해준다. 이러한 림프계(Lymphatic system)는 림프액(Lymph, Lymphatic fluids), 림프관(Lymphatic duct), 림프절(Lymphatic node), 림프세포(Lymphocyte), 림프기관(Lymphatic organ)으로 구성되어 있다.

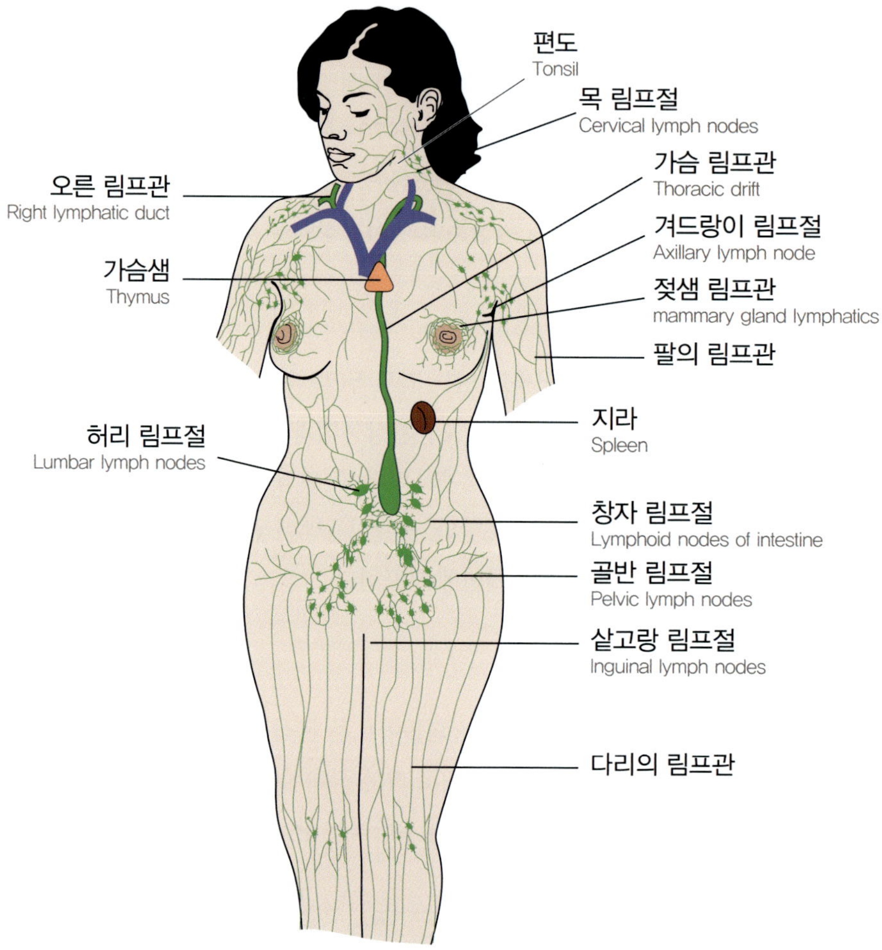

[그림 3-6] 림프계

1) 림프계의 기능

유해한 미생물과 화학물질로부터 인체를 방어한다. 이러한 방어기능에는 비특이적 방어(Nonspecific defense)와 특이적 방어(Specific defense)가 있다. 여기에서 특이적 방어(면역)는 B 림프구가 형질세포(Plasma cell)로 분화한 뒤 특정 항원(Antigen)과 결합하는 특이 항체(Specific antibody) 생산하는 체액성 면역(Humoral immunity)과 T 림프구가 관여하여 직접 외래(외계) 세포를 죽이는 세포-매개 면역(Cell-medicated immunity)이 있다.

2) 림프의 기능

림프는 인체에 고루 분포하며 신체대사에 중요한 물질로서 세포로부터 영양액을 운반하는 간질성 림프뿐만 아니라 간접적으로 수억만개의 세포원형질내를 순환하는 세포내액을 포함하기도 한다. 림프는 비타민, 호르몬, 혈종 혹은 다른 조직손상으로 인한 대사노폐물, 기초다사물질, 영양물질로서 세포에 필요한 거의 모든 혈장단백질 구성물질을 포함한다. 이러한 대 분자량의 물질은 그 어느 것도 정맥벽을 통과할 수 없으므로 림프체계에 의해서만 수송될 수 있고 이는 생명유지에 필수적인 것이다.

3) 면역계(Immune system)와 림프조직

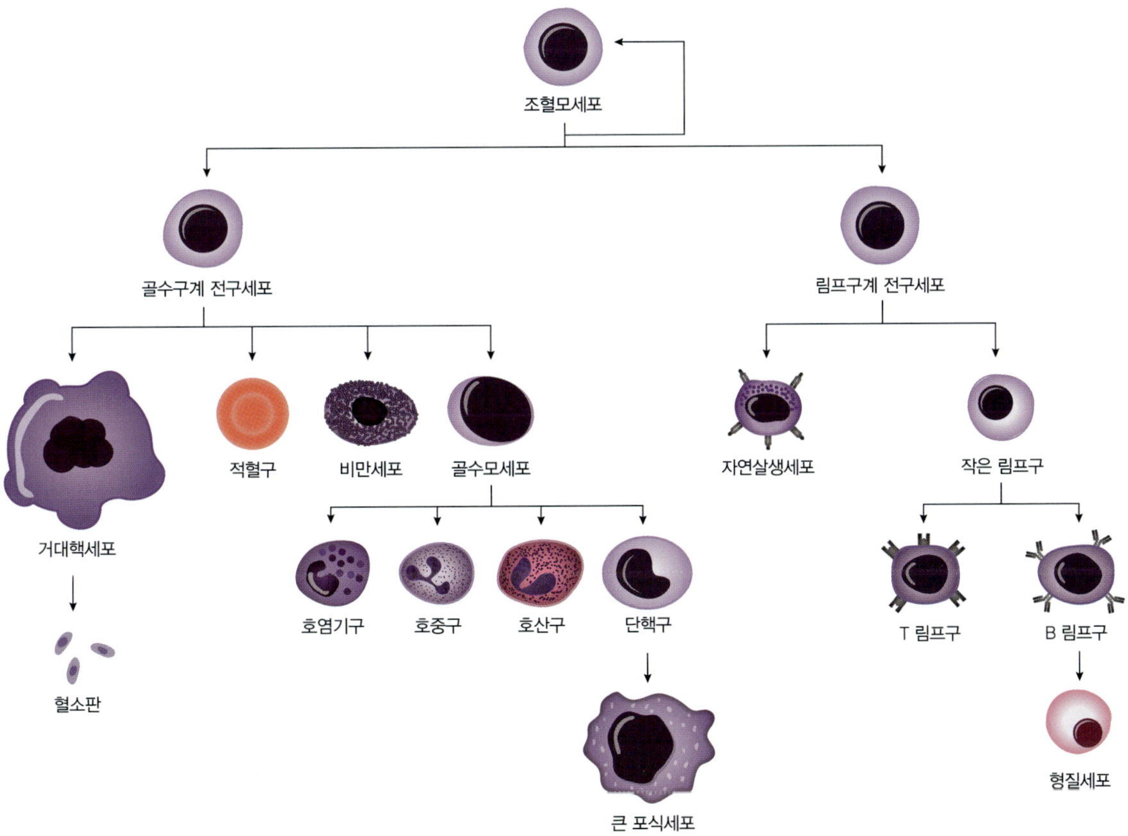

[그림 3-7] 면역계

(1) 면역계(Immune system)

인체의 면역(Immunity)을 담당하는 세포와 조직 및 그 생산물질이다. 인체 내부 또는 외부에서 유입된 외래물질(Foreign body) 또는 항원(Antigen)을 제거하여 인체를 방어하는 역할을 담당한다. 이러한 면역계는 선천면역계(Innate immunity)와 적응면역계(Adaptive immunity)로 구성되어 있다. 면역세포(Immune cell)는 면역을 담당하는 세포로 선천면역담당세포와 적응면역담당세포가 있는데, 선천면역담당세포에는 단핵구, 큰포식세포, 호중구, 호산구, 호염기구, 자연살해세포 등이 있고, 적응면역담당세포에는 B 림프구, T 림프구 등이 있다.

(2) 림프 조직(Lymphatic tissue)

면역 세포들이 모여서 만들어진 림프조직은 조직 구성에 따라 3 타입(Types)으로 나뉘어지는데, 캡슐이 없고 거의 모든 장기의 결체조직 사이에서 발견되는 산만림프조직(Diffuse lymphatic tissue), 캡슐이 없고 둥근(Oval) 모양의 덩어리이며 단독으로 또는 무리지어 발견되는 림프소절(Lymphatic nodules), 캡슐이 있고 림프절(Lymph node), 비장(Spleen), 흉선(Thymus)등에 있는 림프기관(Lymphatic organs)이 있다.

(3) 일차림프기관과 이차림프기관

1차 림프기관(Primary lymphoid organ)은 림프구 성숙과 분화가 일어나는 곳으로 생산적 림프 기관(Generative lymphoid organ)이라고도 하며 계속해서 없어지는 면역 세포를 보충하기 위해 새로운 면역 세포를 만드는 조직으로 골수(Bone marrow)와 흉선(Thymus)이 있다. 2차 림프기관(Secondary lymphoid organ)은 면역세포가 항원과 반응하여 면역반응이 일어나는 조직으로 림프절(Lymph node), 비장(Spleen), 충수(Appendix), 편도(Tonsil), Peyer's patch 등 작은 림프절(Lymph nodules)로 존재한다. 또한 특정 구조가 정해져 있지 않고 다른 조직에 흩어져 있는 산만림프조직(Diffused lymphatic tissue)들과 질병 발생 과정에 형성되는 일시적인 림프조직도 있다.

4) 림프 순환

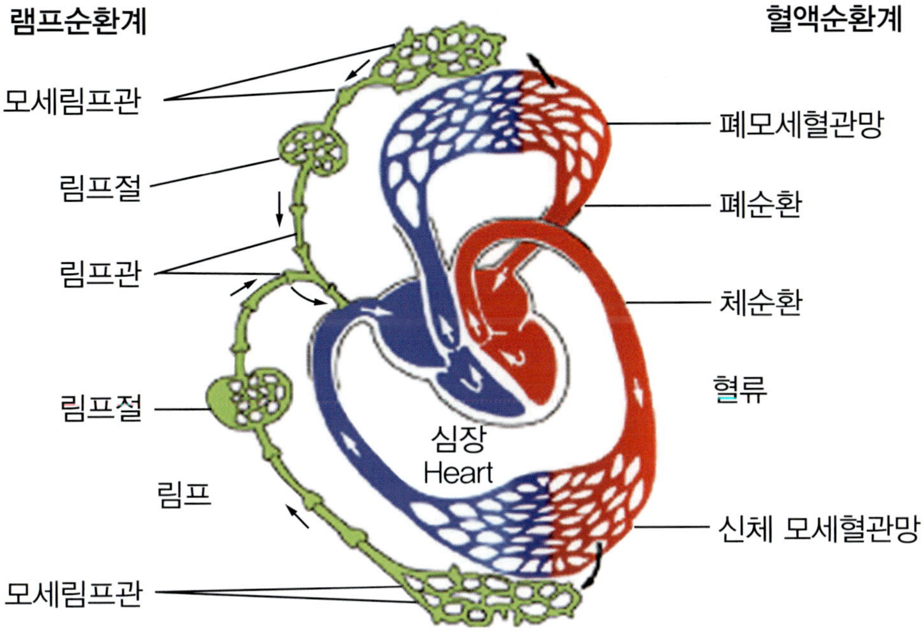

[그림 3-8] 림프 순환

혈액 내의 물 기타 물질들은 모세혈관에서 세포간질로 계속 여과되어 나갔다가 그 중 40% 정도는 모세혈관으로 유입된다. 나머지 60%는 림프계의 순환에 의하여 빗장밑정맥으로 유입된다. 말단 모세림프관(Lymphatic capillary)이 연속으로 모이고 모여서 림프관(Lymphatic vessels)이 되는데, 이러한 림프관은 정맥과 비슷한 구조로 벽이 얇고, 많은 판막으로 형성되어 림프가 역류 되는 것을 막는다. 그리고 정맥을 따라 나란히 이동하여 목 하연의 대정맥을 통해 심장으로 들어간다. 림프순환 및 배수 영역에 있어서는 좌우에서 큰 차이를 보이는데 왼림프관(Left lymphatic duct)은 신체의 80%의 림프액을 흡수하며, 최종적으로 목의 왼편 왼빗장밑정맥(Left subclavian vein)을 통해 심장으로 유입시킨다. 따라서 이곳의 관이 오른림프관(Right lymphatic duct)에 비해 크다. 유입 경로는 하체 전부와 골반, 복부와 흉곽의 일부 그리고 머리와 목의 왼쪽 부분과 왼팔에서 올라온 림프액을 모두 흡수한다. 또, 오른림프관은 오른쪽 머리와 목, 가슴 일부 그리고 오른팔의 림프액을 모아 오른쇄골밑정맥(Right subclavian vein)을 통해 심장으로 유입된다.

4. 신경계(Nervous system)

신경계는 생명조건을 유지하기 위하여 신체의 내부와 외부에서 일어나는 여러 가지 정보를 받아들이고 이를 종합, 분석하여 기능이 다른 수많은 세포의 활동을 조절함으로써 신체 활동을 상황에 알맞도록 조절, 통제하는 고도로 발달된 특수 조직계통이다. 따라서 신경계는 사고, 기억, 판단, 감각, 운동, 인지, 대화, 행동과 인격을 관장하는 중추로서 환경의 변화를 수용, 해석하고 반응하여 신체와 정신을 통합하고 조절하는 기능을 수행한다. 이러한 신경계는 크게 보았을 때 중추신경계와 말초신경계로 나눌 수 있으며, 중추신경계는 뇌와 척수로 구성되며 말초신경계는 뇌와 척수에서 들어오고 나가는 신경다발들로 구성된다. 말초신경계는 신체 내외의 정보를 중추신경계로 보내는 역할을 맡고 있으며, 중추신경계는 이를 종합, 분석하여 신체가 적절한 반응을 일으킬 수 있도록 해준다. 말초신경계는 뇌신경, 척수신경, 자율신경계로 구성되는데, 자율신경계는 다시 교감신경과 부교감신경으로 나누어진다.

(1) 신경세포(Nerve cell) : Neuron

① Neuron : **신경세포**(Nerve cell)

신경계는 신경세포로 구성된다. 각각의 신경세포는 다른 모든 동물세포의 경우와 같이 세포내용, 즉 세포질(세포액) 과 핵이 세포막으로 싸여 있다. 신경세포의 크기나 모양은 다양하지만 기본적으로는 항상 다음의 요소, 즉 1개의 세포체(Cell body or soma)와 세포체의 돌기인 1개의 축삭(Axon or neurite) 및 보통 여러 개의 수상돌기(Dendrite or protoplasmic process)를 함유하고 있다.

신경세포의 돌기는 기능에 따라 1개의 축삭과 여러 개의 수상돌기로 분류한다. 축삭은 신경세포와 다른 세포를 연락한다. 어떤 신경세포의 축삭은 다른 신경세포의 수상돌기나 세포체에 끝난다. 1개의 축삭과 여러 개의 수상돌기는 보통 세포체에서 나온 후 여러 개의 분지로 갈라진다.축삭의 분지를 측지(Collateral branch) 라 한다. 축삭 및 그 측지의 길이는 다양하다. 대부분의 경우 수 μm에 불과하지만 예를 들면 사람이나 큰 포유류 등에서는 1m를 넘는 것도 있다.

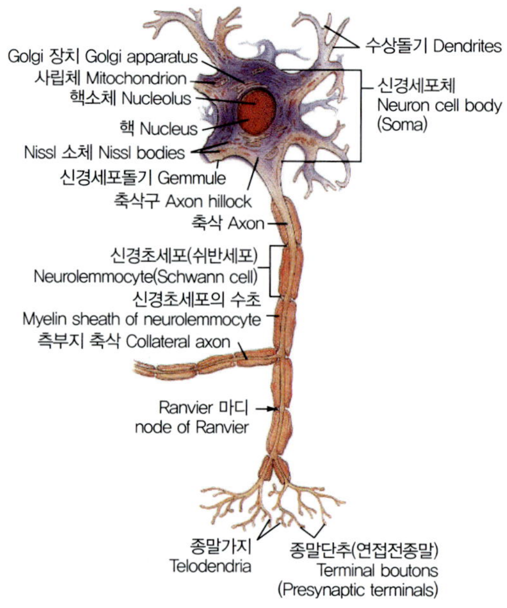

[그림 3-9] 뉴런 신경세포

② **연접**(Synapse)

축삭과 그 측지는 그 신경세포와 다른 신경세포, 근육세포 또는 선세포를 연결하는 작용을 한다. 축삭 종말부와 다른 세포의 접합부를 연접이라고 한다.

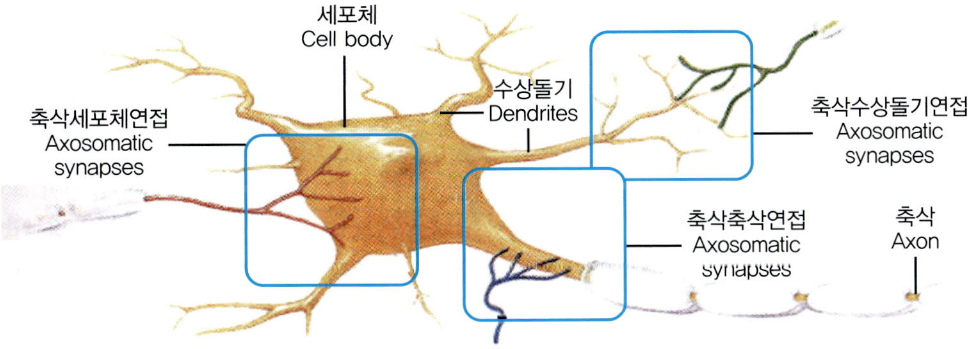

[그림 3-10] 연접

(2) 신경(Nerve)

중추신경계통(Central nervous system – CNS)은 뇌(Brain)와 척수(Spinal cord)로 구성된다. 그 외의 모든 신경조직을 말초신경계통(Peripheral nervous system – PNS) 이라고 한다. 말초신경은 축삭의 다발로 결합조직의 피복(Sheath)으로 싸여 있다.

① 신경섬유(Nerve fiber)

말초신경내의 각 축삭은 신경피복(Schwann sheath – Schwann cell)이라고 하는 특수한 신경교세포로 형성되어 있는 일종의 관 속에 있다. 다수의 신경섬유가 다발을 이루어 1 개의 신경을 구성하지만 그 신경섬유의 수는 다양하다.

② 신경섬유의 기능적 분류

전도속도 및 직경에 의한 분류 외에 기능적 특징에 의한 분류가 몇 개 사용되고 있다. 수용기로부터 나오는 신경섬유는 구심성 신경섬유(Afferent nerve fiber)는 중추로 연락되고 외계 또는 생체내에 있어서의 변화에 반응하는 수용기로부터 오는 정보를 전달한다. 내장으로부터 오는 구심성 신경섬유를 내장성(Visceral) 구심성 섬유라고 한다. 그리고 신체의 다른 모든 부분, 예를 들면 근육, 관절 및 피부, 두부에 있는 감각기관(눈, 귀 등) 에서 오는 구심성 신경섬유를 체성(Somatic) 구심성 섬유라고 한다.

(3) 척수의 구조

중추신경계의 2개 부분, 즉 뇌(Brain) 와 척수(Spinal cord)의 경우 계통발생학적으로 척수는 뇌보다는 훨씬 오래되고 구조는 비교적 단순하고 변화가 적다.

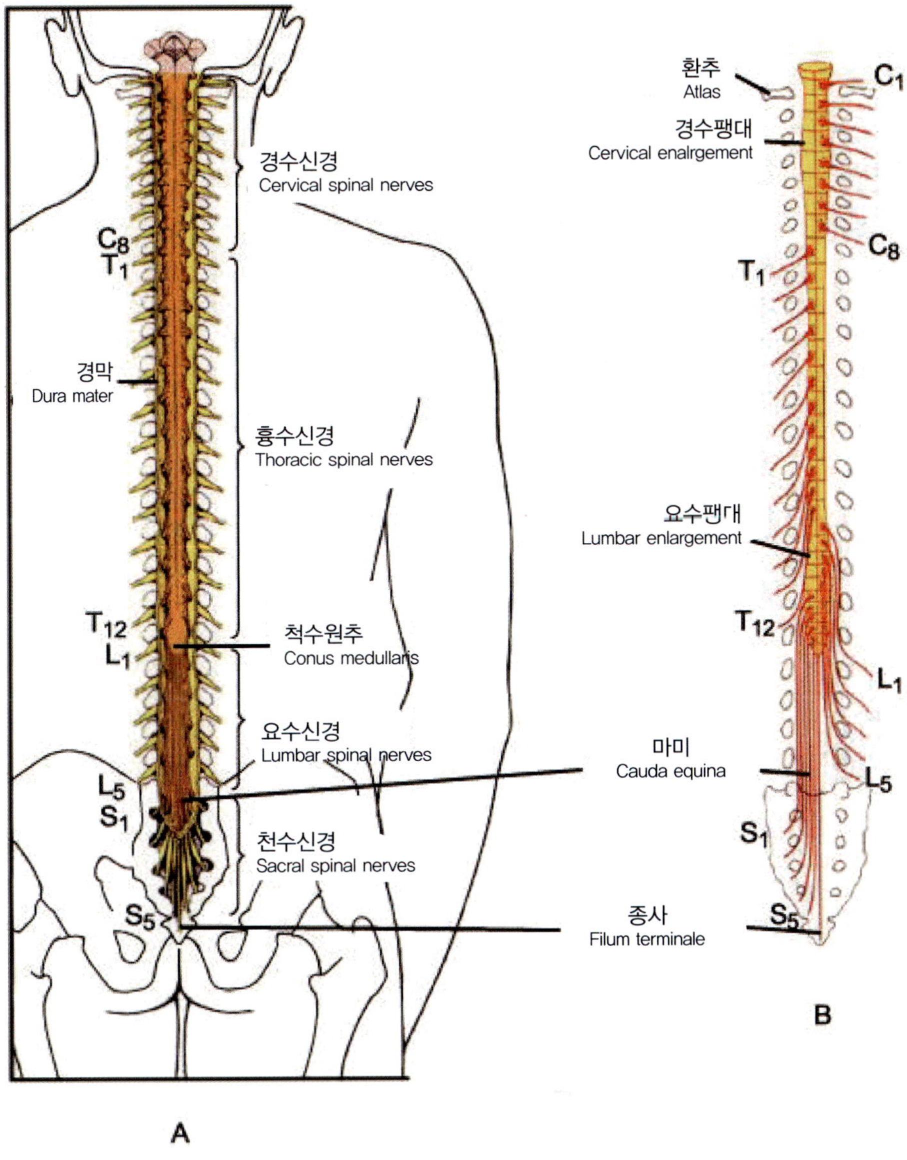

[그림 3-12] 척수의 구조

1) 뇌

(1) 뇌의 구조

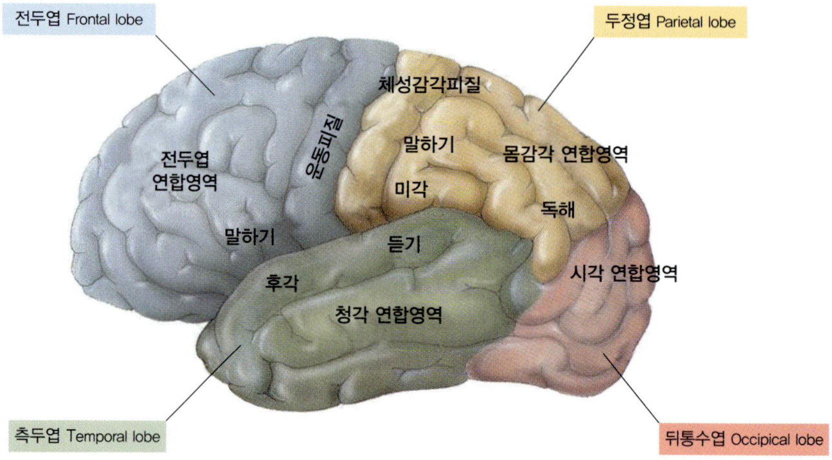

[그림 3-13] 뇌의 구조

① **후뇌**(後腦)

㉠ 연수, 교

척수의 연장, 감각을 전달하는 신경과 운동을 명령. 혈압, 심장박동, 호흡 등과 같이 생명활동과 관련되어 있다.

㉡ 소뇌

신체의 균형, 온갖 움직임의 세밀한 조정을 하는 부위다.

② **중뇌**(中腦)

㉠ 중뇌개

상구는 시각을 중계하고 하구는 청각을 중계한다.

㉡ 중뇌피개

운동의 통제에 관련하는 것들이 있다. 흑질의 뉴런이 손상되면 파킨슨씨병에 걸리게 된다.

③ **전뇌**(前腦)

㉠ 시상

대뇌피질로 가는 대부분의 감각정보들이 거쳐간다.

㉡ 시상하부

배고픔, 목마름, 체온, 성충동 등의 동물적인 행동, 자율신경계 관리, 호르몬 분비에도 관여한다.

④ **대뇌피질**

다른 동물들과 비교했을 때 인간에게 가장 발달된 영역이다. 고도의 감각, 지각, 운동, 기술, 상상력, 추리력, 언어능력, 통찰력 등은 모두 대뇌피질이 잘 발달된 덕분이다. 크게 좌반구와 우반구로 나누어져 있고 좌반구는 오른쪽을, 우반구는 왼쪽을 담당한다.

㉠ 후두엽

후두엽이 손상되면 두 눈이 멀쩡해도 시력을 잃게 된다.

㉡ 두정엽

신체감각뇌도(Sensory Homunculus). 신체부위의 민감도가 클수록 더 넓은 피질영역을 갖는다.(손가락〉팔꿈치)

㉢ 측두엽

1차 청각피질, 2차 시각피질= 복잡한 형태를 인식. 측두엽은 변연계와 잘 연결되어 있다. 따라서 시각,청각적 경험에 의해 분노,공포,욕망 등의 감정을 느낄 수 있는 것이다. 측두엽에 종양이 있거나 간질발작이 일어나면 극도의 정서적 혼란상태가 된다.

㉣ 전두엽

신체운동뇌도(Motor Homunculus). 역시 정교하게 움직이는 부위가 피질의 영역도 크다.

㉤ 변연계

기억, 감정, 사람 얼굴 인식 등이 모두 들어가 있다. 변연계는 사랑의 공장이다.

㉥ 편도체

동물의 공격행동에 중요한 역할을 한다. 야생의 사나운 동물들이 편도체를 다치면 완전 온순해진다. 종양이나 마약 등의 향정신성 약물의 남용으로 변연계가 손상될 수 있다.

㉦ 해마

학습과 기억에서 결정적인 역할을 한다. 단기기억을 장기기억으로 변환하는 아주 중요한 곳이다.

2) 뇌신경(Cranial nerves)

뇌신경은 뇌에서 온 몸에 척수를 거치지 않고 퍼지는 12쌍의 신경을 말한다. 12쌍의 뇌신경은 뇌의 아래쪽에서 뻗어나간다. 주로 머리와 목으로 뻗어나가며, 오직 1쌍(X-Vagus ; 미주신경) 만이 가슴과 복부까지 뻗어나간다.

대부분의 뇌신경은 감각신경과 운동신경을 모두 포함하지만(Mixed nerves), 3쌍의 뇌신경(I-Olfactory, II-Optic, VII-vestibulocochlear)은 감각신경밖에 없다.

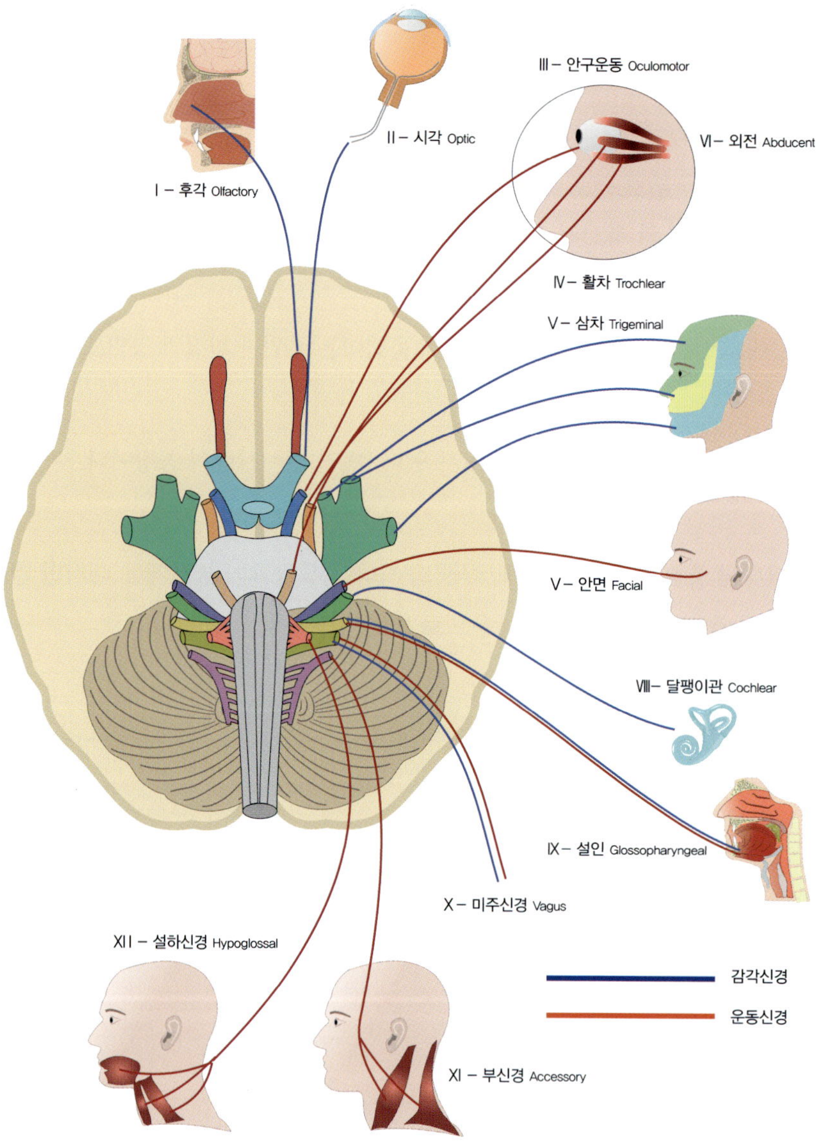

[그림 3-14] 뇌신경

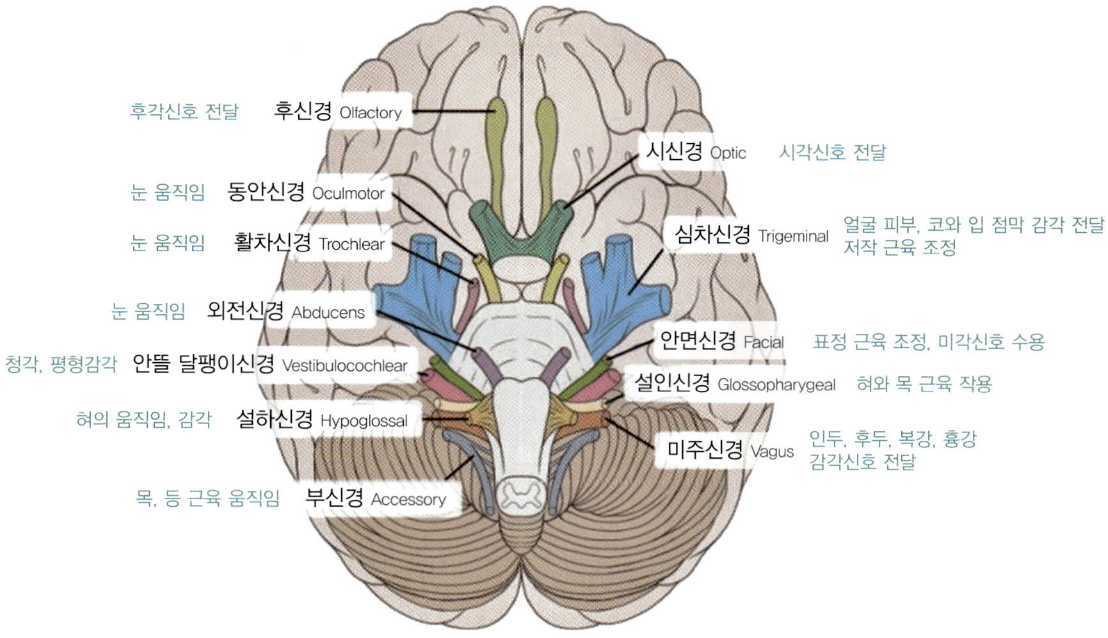

[그림 3-15] 뇌신경

(1) 후신경(I-Olfactory)

후각피질(Olfactory cortex)에서 뻗어 나온다. 감각신경 뿐이고, 후각신호를 전달한다.

(2) 시신경(II-Optic)

망막에서 나온 신경섬유들이 형성하는 신경이다. 두 시신경은 부분적으로 교차되고(Optic chiasma) 시각피질(Optic cortex)로 향한다. 감각신경 뿐이고, 시각신호를 전달한다.

(3) 동안신경(III-Oculomotor)

중뇌(Midbrain)에서 나와 눈으로 향한다. 눈의 움직임을 담당하는 6개의 근육 중 4개(Superior rectus, Inferior rectus, Medial rectus, Inferior oblique)를 담당하고, 눈꺼풀의 움직임을 조정하는 일을 맡고 있다. 자율 운동신경은 동공의 크기와 수정체의 모양을 조절한다.

(4) 활차신경(IV-Trochlear)

중뇌(Midbrain)에서 나와 눈으로 향한다. 눈의 움직임을 담당하는 6개의 근육 중 1개(Superior oblique)를 맡는다.

(5) 삼차신경(V-Trigeminal)

다리뇌(Pons)에서 나와 3갈래로 나누어져 얼굴로 향한다. 감각신경은 얼굴의 피부, 코와 입의 점막에서 오는 감각을 전달하는 역할을 맡는다. 운동신경은 씹는 작용을 할 수 있게 근육을 조정한다.

(6) 외전신경(VI-Abducens)

다리뇌(Pons)에서 나와 눈으로 향한다. 눈의 움직임을 담당하는 6개의 근육중 1개(Lateral rectus)를 맡는다.

(7) 안면신경(VII-Facial)

다리뇌(Pons)에서 나와 얼굴로 향한다. 운동신경은 표정변화에 쓰이는 근육들과 눈물샘, 침샘의 활성화에 관여한다. 감각신경은 혀의 앞쪽 2/3 부분에서 오는 미각신호를 받는다.

(8) 안뜰 달팽이 신경(VIII-Vestibulocochlear)

내이(Inner ear)의 평형감각 수용기(전정기관;Vestibulo), 청각 수용기(달팽이관;Cochlear)에서 나와서 뇌간(Brain stem)으로 향한다. 두 감각을 전달하는 감각신경 밖에 없다. 균형감각과 청각을 전달한다.

(9) 설인신경(IX-Glossopharyngeal)

연수(Medulla)에서 나와 목(Throat)으로 뻗어나간다. 체성 운동신경은 삼키는 작용을 돕는 목의 근육에 작용하고, 자율 운동신경은 침샘의 부교감작용을 맡는다. 감각신경은 혀 뒤쪽의 1/3 부분에서 오는 미각신호를 받고, 자율 감각신경은 경동맥(Carotid artery)의 혈압을 감지하는 역할을 한다.

(10) 미주신경(X-Vagus)

연수(Medulla)에서 나와 가슴(Thorax)과 복강(Abdominal cavity)로 뻗어나간다. 인두(Pharynx), 후두(Larynx), 복강(Abdominal viscera), 흉강(Thoracic viscera)에서의 감각신호를 전달한다. 많은 운동신경이 소화, 호흡, 심장활동에 관여한다.

(11) 부신경(XI-Accessory)

위쪽 척수(C1~C5)에서 나와 목과 등의 근육으로 나간다. 목과 등에 있는 근육을 움직인다.

(12) 설하신경(XII-Hypoglossal)

연수(Medulla)에서 나와 혀로 나간다. 운동신경은 혀의 움직임에 관여한다. 감각신경은 혀에서의 감각(미각이 아닌 혀에서의 촉각)을 전달한다.

3) 자율 신경계

자율신경계는 일차적으로 내장 기능을 조절하고 통제하는 중추신경계와 말초신경계의 일부분이다. 자율신경의 효과는 내장의 평활근, 심근, 외분비선을 통해서 나타나며, 내장에서 들어오는 감각성분과 이를 중추신경계에서 통합 조절하여 신체의 항상성을 유지하게 하는 시상하부, 중뇌수도관주위회색질(Periaqueductal gray), 부완핵(Parabrachial nucleus), 연수의 복측외측연수(Ventral lateral medulla) 등의 중추구조가 자율신경계를 구성하고 있다. 즉 이러한 자율신경계는 교감신경과 부교감신경으로 구성되고, 말단이 각종 내장 기관과 혈관에 분포되어 소화, 순환, 호흡 운동, 호르몬 분비 등 생명 유지에 필수적인 기능을 조절한다. 하나의 내장 기관에는 교감 신경과 부교감 신경의 한 쌍이 분포되어 있다. 이들은 기능적으로 상호 길항작용을 갖는다. 교감신경은 스트레스를 받았을 때 생명체를 보호하는 "응급기능(Emergency function)"에 관여하고 환경의 변화에 따른 항상성에 관여하기 때문에 이화신경계(Catabolic nervous system)라 한다. 반대로 부교감신경은 식불성 기능과 밀접한 관계를 가져 기관을 보호하고 에너지의 유지와 회복에 관여하기 때문에 동화신경계(Anabolic nervous system)라 한다. 내장 장기들은 일반적으로 교감신경과 부교감신경의 이중지배를 받고 있기 때문에 한편으로는 촉진되고 다른 한편으로는 억제되는 길항적 반응을 보인다. 구조적으로 자율신경은 체성신경과 동일하게 원심섬유와 구심섬유로 구성되어 있다.

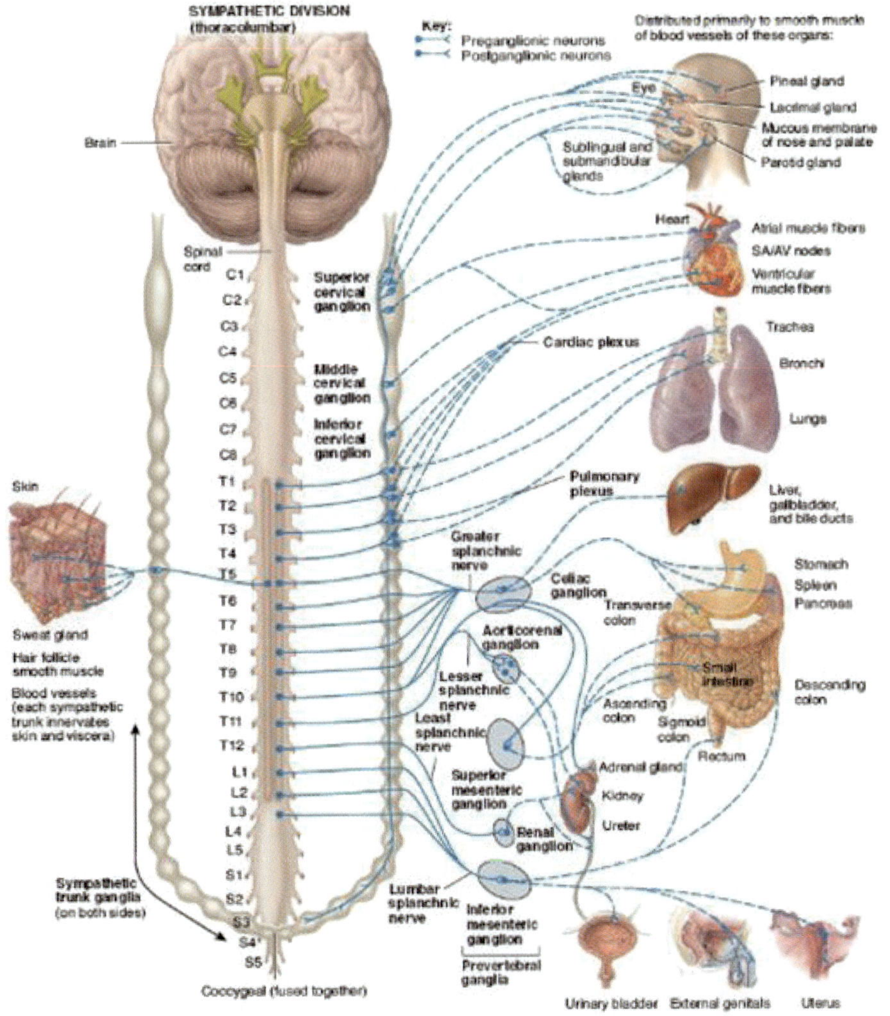

[그림 3-15] 자율신경계

(1) 교감신경계

교감신경은 척수의 흉수와 요수 사이(T1-L2)에서 절전섬유가 기시하기 때문에 Langley의 해부학적 분류에 의하여 흉요수분절(Thoraco-lumbar division)이라 한다.
교감신경의 지배영역은 T1에서 기시한 신경은 머리 부위, T2는 목 부위, T3-T5는 흉강 내 장기, T7-T11은 복강내 장기, T12-L2는 다리 부분에 각각 분포한다. 따라서 교감신경의 절전섬유는 흉수와 요수 부위에서 시작하지만 교감신경사슬은 척수 전체에 펼쳐져 있기 때문에 절후섬유는 머리에서부터 발끝까지 전신의 모든 부위에 분포되어 우리 몸 전체를 지배한다. 교감신경계의 특수부위인 부신(Adrenal gland)은 피질부위에서 스테로이드 호르몬을 분비하고, 수질부위는 교감신경에 의하여 자극받을 때 에피네프린을 분비한다. 부신수질세포는 배아신경능선(Embryonic neural crest)에서 유도되어 축삭과 수상돌기가 없어진 변형된 절후신경세포로 교감신경 절전섬유의 직접적인 지배를 받으며, 85%의 에피네프린과 15%의 노르에피네프린을 분비한다. 체내 에피네프린의 80%는 부신수질, 그리고 20%는 중추신경계 뉴런에서 분비되며, 에피네프린은 교감신경 절후섬유 말단에서 분비되는 노르에피네프린처럼 아드레날린성 수용체에 작용한다.

(2) 부교감신경계

부교감신경은 뇌간(Brain stem)과 천수(Sacrum)에서 기시하기 때문에 Lagnley의 해부학적 분류에 의하여 뇌천수분절(Cranio-sacral division)이라 한다. 부교감신경계는 시상하부의 시삭상핵에서 기시하여 뇌하수체후엽에 이르는 시삭상핵-뇌하수체로(Supraoptico- hypophyseal tract), 제 III, VII,IX, X 뇌신경과 골반신경(Pelvic nerve)으로 대부분 지배장기 또는 인접 부위에 위치한 신경절에서 시냅스를 이룬 후 매우 짧은 절후섬유가 평활근이나 분비세포를 지배한다.
동안신경핵(Oculomotor nucleus)에서 기시한 절전섬유는 동안신경을 따라 동공괄약근(Pupillary sphincter muscle)이나 눈의 모양체근(Ciliary muscle)에 분포한다. 타액핵(Salivatory nucleus)에서 기시하는 절전섬유는 안면신경(Facial nerve)과 설인신경(Glossopharyngeal nerve)을 경유하여 침샘을 지배하고, 연수의 미주신경핵에서 기시하는 절전섬유는 미주신경을 경유하여 흉강과 복강에 분포하며 전체 부교감신경의 약 75%을 포함한다. 따라서 부교감신경에서 대부분의 절전섬유는 미주신경운동핵(Dorsal motor nucleus of the vagus, DMV)과 의핵(Nucleus ambiguus)에 위치하고, IX, X 뇌신경을 통하여 경부, 흉부, 복부에 위치한 목적장기를 지배한다. 그리고 S2-S4의 중간외측핵(IML)에서 기시하는 부교감신경은 골반 내 장기에 분포한다.

(3) 자율신경계의 기능

자율신경계는 일차적으로 내장 기능을 조절하고 통제하는 중추신경계와 말초신경계의 일부분이다. 자율신경계에는 교감신경계와 부교감신경계가 있으며 장신경계와 시상하부도 자율신경계의 중요한 성분이다.
교감신경계의 신경절이전신경원은 C8, 또는 T 1에서 L 2까지의 척수 외측각에 있는 중간외측핵에 위치해 있고 신경절이후신경원은 척주옆신경절과 전척수신경절에 위치해 있다. 부교감신경계의 신경절이전신경원은 뇌신경(III, VII, IX, X)의 핵과 천수(S 2 - 4)의 중간외측핵에 위치한다. 소화관의 벽 내부에 위치해 있는 장신경얼기로 구성되어 있는 장신경계는 독립적으로 장에 미치는 장력과 화학적 환경의 변화에 따라 장과 혈관의 평활근의 수축도를 조절하고, 장분비세포의 분비활동을 변화시켜, 항상성을 유지해주는 역할을 한다. 장신경계는 반사에 의해 독립적으로 작용하지만 교감신경계와 부교감신경계의 영향도 받는다.

중추신경계에서는 시상하부를 비롯하여 중뇌수도관주위 회색질, 부완핵, 복측외측연수 등의 여러 중추 구조가 교감신경계와 부교감신경계를 통하여 내장 기능을 조절한다.

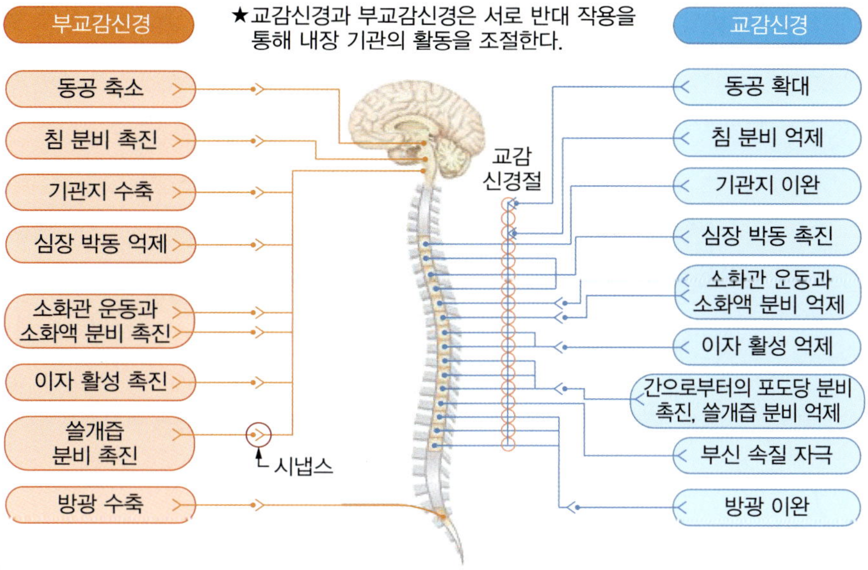

[그림 3-16] 교감신경과 부교감신경

5. 호르몬계(내분비계, Endocrine system)

내분비계는 내분비 호르몬을 만드는 몇 개의 기관으로 이루어지는데 뇌하수체, 갑상선, 부갑상선, 췌장, 부신, 고환, 난소 등이 중요한 내분비 기관이다. 뇌하수체는 여러 가지 자극호르몬을 만들어 다른 내분비 기관이 정상적으로 가능하게 하는 사령탑이며, 갑상선에서는 2종류의 갑상선 호르몬과 칼시토닌을 만든다. 부갑상선에서는 칼슘대사에 필요한 부갑상선 호르몬을 만든다. 췌장에서는 당대사에 필요한 인슐린과 글루카곤을 만든다. 부신에서는 코르티솔 및 다른 호르몬을 만들며, 남자의 고환에서는 남성 호르몬을 그리고 여자의 난소에서는 여성 호르몬을 만든다.

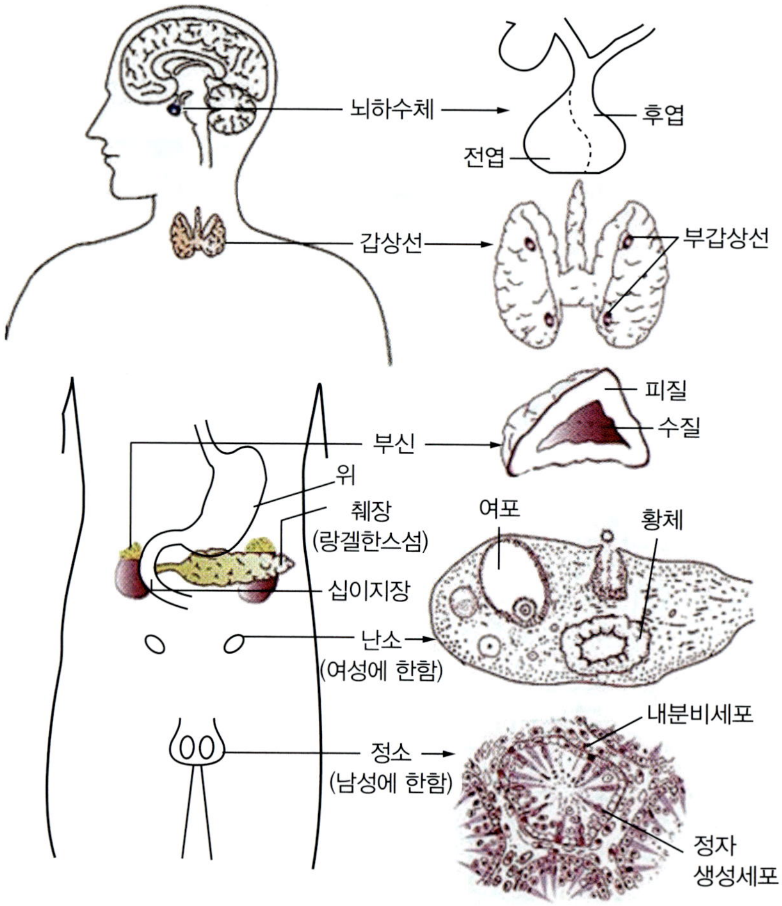

[그림 3-17] 내분비계

1) 호르몬의 정의와 성질

호르몬은 특정한 내분비선에서 생산되어 도관이 없는 선으로부터 분비되는 생리 활성물질로 표적 조직이나 기관까지 혈액이나 림프로 방출 운반되어 그 기관 의 활동을 지배하는 것이다.
이러한 호르몬은 극히 미량의 농도에서 작용하며 혈중농도가 극히 낮다.

2) 호르몬의 분류

분비장소에 따른 분류로는 갑상선 호르몬 같은 선호르몬과 아세틸콜린 같은 국소호르몬이 있다. 화학성분에 따른 분류로는 부신피질 호르몬이나 남성호르몬, 여성호르몬 같은 스테로이드 호르몬이 있고, 활성이 낮은 전구 호르몬으로 생성된 후 가수분해되어 활성화되는 시상하부나 뇌하수체에서 분비되는 호르몬인 단백질, 펩타이드 호르몬과 아미노산의 유도체로 갑상선 호르몬과 부신 수질에서 분비되는 에피네피린과 노르에피네피린이 포함하는 아민 호르몬이 있다.

3) 호르몬 작용기전

세포핵의 DNA에 작용하여 RNA합성을 증대시키고 리보솜에서의 단백질 합성을 촉진하고, 리보솜에서 mRNA의 정보진사를 촉진하여 단백질 합성능을 증대시키며 효소 합성에 필요한 기질이나 전해질 등의 물질 수송을 조절한다. 그리고 세포막의 수용체에 작용해서 cAMP합성을 증대시켜 이것이 해당 효소를 활성화시킨다.

4) 인체내의 내분비선

① **뇌하수체 전엽** : 성장호르몬, 갑상선자극 호르몬, 부신피질자극 호르몬, 난포자극 호르몬 황체화 호르몬, 황체자극 호르몬

② **뇌하수체 중엽** : 멜라닌 세포자극 호르몬

③ **뇌하수체 후엽** : 항이뇨 호르몬

④ **갑상선** : Thyroxine

⑤ **상피소체**(부갑상선) : Parathormone calcitonin

⑥ **부신피질** : 전해질(Corticoid), 당질(Corticoid), 부신(Androgen)

⑦ **부신수질** : 아드레날린

⑧ **췌장** : 인슐린, 글루카곤

⑨ **난소** : 난포 호르몬, 항체호르몬

⑩ **정소** : Androgen estrogen

⑪ **태반** : 난포호르몬, 황체 호르몬, 황체화 호르몬

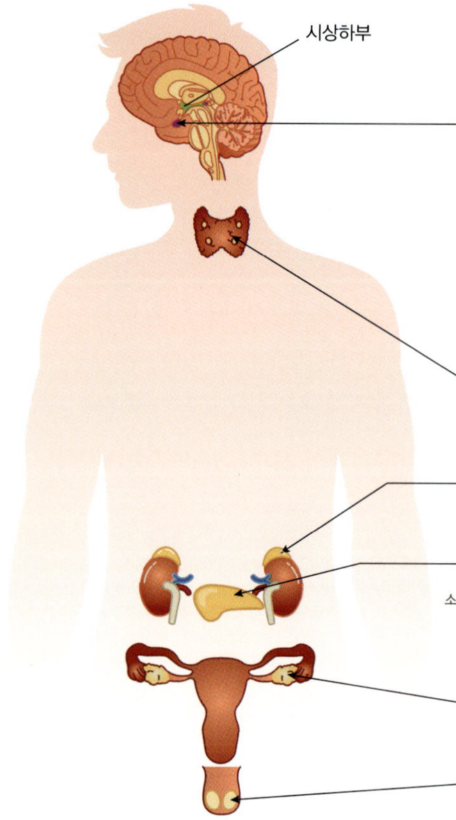

내분비샘	호르몬		결핍증과 과다증
뇌하수체	생장호르몬	뼈, 근육 등의 생장 촉진	결핍증 : 소인증 과다증 : 거인증, 말단비대증
	갑상샘자극 호르몬	- 티록신 분비 촉진 - 혈액 내 티록신 양이 적을 때, 체온이 낮을 때 분비량 증가	
	생식샘자극 호르몬	생식샘(난소와 정소)을 자극하여 생식기관의 발달과 성호르몬의 분비 촉진	
	항이뇨 호르몬	- 콩팥에서의 물의 재흡수를 촉진하여 오줌의 양과 몸속의 수분량 조절 - 체내 수분량이 적을 때(체액의 농도가 높을 때) 분비 증가 → 오줌량 감소	
갑상샘	티록신	- 세포 호흡 촉진 - 체온이 낮을 때 분비 증가	결핍증 : 갑상샘 기능저하증, 갑상샘종 과다증 : 갑상샘 기능항진증(바제도병)
부신	아드레날린	- 심장박동 촉진, 혈압 상승, 혈당량 증가 - 몸이 긴장할 때 분비 증가	
이자 소화효소(이자액) 호르몬을 모두 분비하는 기관	인슐린	- 혈당량을 감소시킴 - 혈당량이 높을 때 분비 증가	결핍증 : 당뇨병 인슐린과 글루카곤의 표적기관은 간이다.
	글루카곤	- 혈당량을 증가시킴 - 혈당량이 낮을 때 분비 증가	
난소 여성의 생식샘	에스트로겐	사춘기 때 분비되어 여성의 2차 성징 발현	결핍증 : 골다공증
정소 남성의 생식샘	테스토스테론	사춘기 때 분비되어 남성의 2차 성징 발현	

[그림 3-18] 호르몬

<table>
<tr><th colspan="3">내분비선</th><th>주요호르몬</th><th>주요기능</th><th>결핍증, 과다증</th></tr>
<tr><td rowspan="9">뇌하수체</td><td rowspan="6" colspan="2">전엽</td><td>생장호르몬(STH)</td><td>생장 단백질합성 촉진</td><td>난쟁이(-), 거인증(+)</td></tr>
<tr><td>갑상선 자극호르몬(TSH)</td><td>갑상선자극, 티록신 분비 촉진</td><td>갑상선 기능 저하(-)</td></tr>
<tr><td>부신피질자극호르몬(ACTH)</td><td>부신피질호르몬 분비 촉진</td><td>부신 기능 저하(-)</td></tr>
<tr><td>여포자극호르몬(FSH)</td><td>여포 성숙, 난자형성 촉진, 세정관 발육, 정자형성 촉진</td><td>생식 기능 저하(-)</td></tr>
<tr><td>황체형성호르몬(LH)</td><td>황체 형성, 배란 촉진,
세정관간세포 자극
(안드로겐분비 촉진)</td><td>정소. 난소 퇴화</td></tr>
<tr><td>젖분비 자극호르몬
(LTH, 프로락틴)</td><td>젖분비 촉진</td><td>젖샘 발육 부진(-)</td></tr>
<tr><td colspan="2">중엽</td><td>인터메딘(MSH)</td><td>멜라닌 색소 확산 촉진</td><td></td></tr>
<tr><td rowspan="2" colspan="2">후엽</td><td>옥시토신
(자궁수축호르몬)</td><td>자궁근 수축, 분만 촉진</td><td>난산(-)</td></tr>
<tr><td>바소프레신
(ADH, 항이뇨호르몬)</td><td>세뇨관의 수분 재흡수 촉진, 혈압 상승</td><td>유붕증(-)</td></tr>
<tr><td rowspan="2" colspan="3">갑상선</td><td>티록신</td><td>물질대사(이화작용) 촉진,
양서류 변태 촉진</td><td>크레린병(-),
바제도병(+)</td></tr>
<tr><td>칼시토닌</td><td>혈장 내 칼슘농도 증가
(뼈에 저장)</td><td></td></tr>
<tr><td colspan="3">부갑상선</td><td>파라토르몬</td><td>혈장 내 칼슘농도 증가</td><td>테타니병</td></tr>
<tr><td rowspan="2" colspan="3">이자(랑게르한스섬)</td><td>글루카곤(α세포)</td><td>혈당량 증가</td><td>당뇨병(+)</td></tr>
<tr><td>인슐린(β세포)</td><td>혈당량 감소</td><td>당뇨병(-)</td></tr>
<tr><td rowspan="3">부신</td><td rowspan="2" colspan="2">피질</td><td>당질코르티코이드
(코티솔)</td><td>혈당량 증가, 염증 감소</td><td></td></tr>
<tr><td>무기질코르티코이드
(알도스테론)</td><td>체액 중 무기질 조절</td><td>에디슨병(-)
* 혈액의 산성화,
혈압 저하,
혈당량 감소,
빈혈 유발</td></tr>
<tr><td colspan="2">수질</td><td>아드레날린</td><td>혈당량 증가, 혈압 상승</td><td>당뇨병(+)</td></tr>
<tr><td rowspan="3">생식선</td><td colspan="2">정소</td><td>안드로겐</td><td>남성의 2차 성징 발현</td><td></td></tr>
<tr><td rowspan="2">난소</td><td>여포</td><td>에스트로겐
(여포호르몬)</td><td>여성의 2차 성징 발현</td><td></td></tr>
<tr><td>황체</td><td>프로게스테론
(황체호르몬)</td><td>배란 억제, 임신 유지</td><td></td></tr>
<tr><td colspan="3">펩신</td><td>티모신</td><td>면역체계 자극</td><td></td></tr>
</table>

6. 면역계(Immune system)

면역이란 생물이 항원(외부에서 들어오는 이물질)의 공격에 저항하는 능력으로 면역계는 신체의 모든 세포와 세포조직, 기관들이 바이러스나 종양 세포, 박테리아, 진균 등 악성 물질을 감지하고 생물체내에서 자체적으로 그 악성 물질을 제거하고 면역 물질을 만들어 질병으로부터 자신의 몸을 스스로 보호하는 기능이나 기관 등을 통틀어 이르는 말이다.

즉, 주변 환경에서 미생물의 감염이나 생체 내 부적합 세포 등을 제거하고 생체를 올바르게 유지하는 것이다.

각 동물체에는 이들 병원체에 대항하여 자신을 보호하는 면역계가 있기 때문에 생체가 손상 받지 않고 생명을 유지한다.

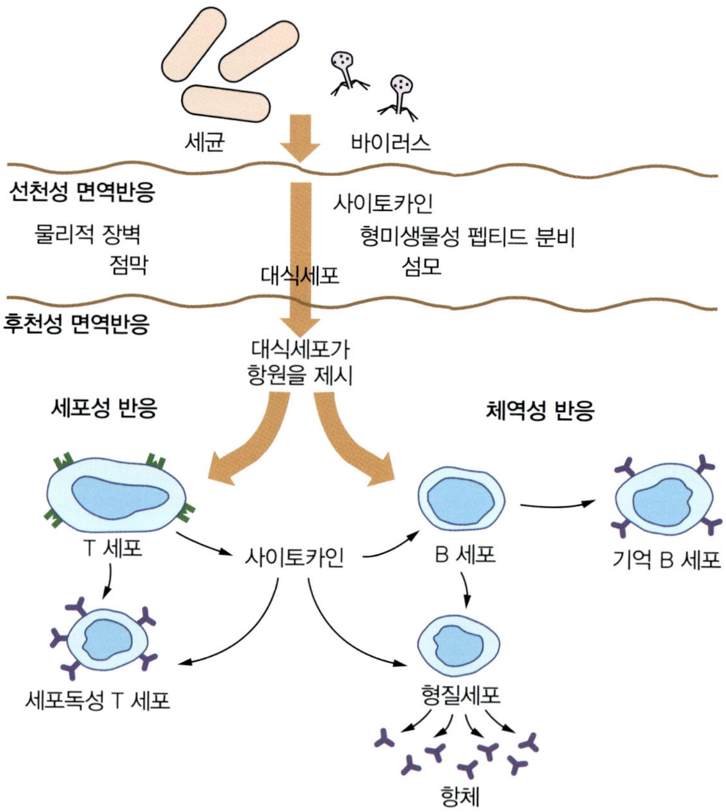

[그림 3-19] 면역

1) 면역의 종류

- 선천성 면역과 후천성 면역으로 구성됨
- 둘은 상호 협력하여 방어기능을 수행함
- 면역기억을 나타내는 특징이 있어서 면역 반응을 더욱 더 신속하고 강력하게 나타냄

(1) 선천면역(자연면역)

- 특징

① 1차적 방어(자연적인 저항)

② 대부분 유전적으로 결정됨

③ 외래물질이 생체 내로 침입하지 못하게 저지하거나 유입된 외래물질을 파괴하여 체내로의 침투를 막음

- 구성

* 생리적 방어기전 : 피부, 점막, 침, 눈물, 점액, pH 등으로 구성

* 면역학적 방어기전 : 단핵식세포, 호중구, 자연살해세포, 보체, 인터페론, 사이토카인 등으로 구성

2) 1차 방어

(1) 표피(Integument)

바이러스, 박테리아, 진균, 기생충 등 병원체의 종류를 가리지 않고 작용하는 비특이적 면역으로, 이전에 같은 병원체에 노출된 것과 상관없이 일어나는 선천적인 방어 작용이다. 감염에 대한 인체의 제1방어는 표피에서 시작된다. 표피는 죽은 세포로 이루어진 각질층이 단단한 방어벽을 형성하여 병원체가 침입하기 어렵다.

(2) 점막(Mucosa)

상피조직에서 점액선을 가진 체내상피로 눈, 콧속, 소화관, 호흡기 등과 같이 피부로 덮여 있지 않은 부위는 점막으로 덮여 보호된다. 점막은 라이소자임(Lysozyme) 등 항균 물질을 포함하는 점액을 분비하여 병원체의 침입을 막는다. 따라서 호흡 기관은 점막 주변에 분포하는 섬모가 점액에 잡혀 있는 병원체를 몸 밖으로 내보내며, 정상 소화관의 점막에는 점액층이 두꺼워 박테리아 등의 항원이 상피 세포까지 침입하지 못한다.

(3) 분비물

피부로 분비되는 땀과 지방은 약산성을 띠고 있어 세균의 생장을 억제하고, 눈물이나 침, 땀에는 라이소자임이 포함되어 있어 세균을 죽인다. 위의 점막은 강한 산성을 띠는 위산을 분비하여 대부분의 세균을 죽인다.

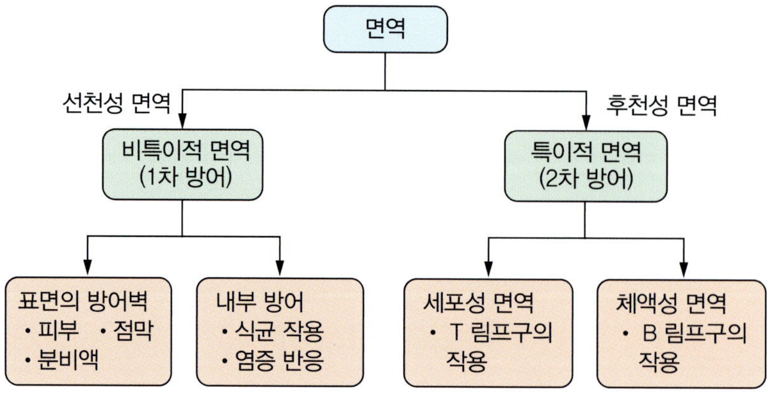

3) 2차 방어 – 비특이적 방어와 특이적 방어

비특이적 방어는 병원체가 이전에 침입한 적이 있었는지 없었는지를 구별하지 않고 화학물질과 특정 백혈구 사용하여 감염 즉시 작동하여 신속한 반응이 일어나는 선천적 방어 작용이다.

특이적 방어는 병원체에 노출된 후 활성화되어 침입한 병원체에 대한 방어 작용이 일어나는 것으로, 전에 같은 병원체에 노출된 적이 있으면 그 반응이 한층 강해진다. 특정 병원체에만 존재하는 특정 부위를 인식하여 일어나며, 방어 작용이 일어나기까지 시간이 걸린다.

(1) 비특이적 화학적 방어

비특이적 화학적 방어는 침입 당한 세포가 침입한 미생물을 죽이거나 침입 속도를 저지하는 화학물질을 분비하여 방어한다.

① **히스타민**(Histamine)

피부에 염증에 생기고 감염되면 빨갛게 부풀어 오르게 하여 상처 부위로 흐르는 혈액량을 늘려줌으로써 그 부위의 모세혈관의 투과성을 높여 여러 방어 물질이 빠른 속도로 도달할 수 있게 한다.

② **키닌**(Kinin)

혈액 순환을 활발하게 하고, 모세혈관의 투과성을 촉진시키고 신경 말단에 작용하여 통증 유발시켜 줌으로써 똑같은 상처를 내지 못하도록 심리적 영향을 준다.

③ **보체**(Complement)

병원체를 제거하기 위해 면역 작용 및 세균 파괴 기능을 보충시키는 물질로 약 20 종류의 혈장 단백질로 되어 있다. 병원체의 특정 인식부위와 결합함으로써 식세포로 하여금 박테리아 분해를 쉽게 한다.

④ **인터페론**(Interferon)

바이러스에 감염된 동물의 세포에서 생산되는 항바이러스성 단백질이다. 바이러스 표면의 단백질 합성을 방지하고, 면역기능과 염증을 억제하는 세포성장을 통제함으로써 바이러스들을 간섭한다. 또한 인터페론은 자연살해세포(Natural Killer cell)와 대식세포등의 선천면역 세포들이 일하도록 활성화 시킨다.

(2) 비특이적 세포 방어

백혈구가 침입한 미생물을 공격하는 방어다.

① **식세포**(Phagocyte)

백혈구의 일종으로 해로운 박테리아, 외부물질, 죽은 세포 또는 죽어가는 세포를 잡아먹는 면역세포다.

② **자연킬러 세포**(Natural killer cell; NK 세포)

바이러스 감염세포나 종양 세포를 공격하는데, 비정상세포를 인지하면 퍼포린을 세포막에 뿌려 세포막을 녹임으로써 세포막에 구멍을 내고, 그랜자임을 세포막 내에 뿌려서 세포질을 해체함으로써 아포토시스를 일으키거나, 세포 내부에 물과 염분을 주입해서 네크로시스를 일으킨다. 림프구가 특이적방어를 할 수 있는 부수적 기능을 갖고 있는데 반해 비특이적 방어만 수행한다.

4) 특이적 세포적 · 화학적 방어

반응이 즉각적이지 못하고 상당한 시간이 소요된다.

(1) 림프조직과 림프구

림프조직(Lymphoid tissue) - 림프구가 모여 있는 조직

- 1차 림프조직 : 흉선과 적색골수에 존재
- 2차 림프조직 : 지라, 림프절, 편도선, 아데노이드에 존재

(2) B림프구와 T림프구

- T cell : 흉선에서 분화
- B cell : 적색골수와 태아의 간에서 생성 ⇒ 림프계

Chapter

04 탈모

사회구조가 복잡해지고 문명이 발달되면서 탈모의 증가 추세는 점차 높아지고 있다. 독두(禿頭, Baldness, scalpness)의 경우 사회에서 일반적으로 받아들여지는 것일지라도 여전히 많은 괴로움을 준다. 탈모유형에 있어서 남성형 탈모, 여성형 탈모, 원형 탈모 등이 갖는 국소적 탈모와 확산성 탈모(Diffuse hair loss)등은 다양한 원인에서 기인되는 질병이 갖는 탈모증이다. 이에 탈모의 주원인을 파악하는 것이 가장 중요하다.[i]

1. 탈모 (Hair loss)의 정의

탈모란 모주기의 생리적 쉐딩 현상이 갖는 모발량보다 과다하게 빠지는 경우 또는 연모화 되는 과정을 말한다. 이는 생리적 탈모(Shedding)와 탈모증(Alopesia)으로 분류할 수 있다. 탈모의 원인으로서 스트레스, 두피의 혈액순환장애(산소, 영양공급이 잘 안됨), 다이어트나 불규칙적인 식사 등으로 인한 영양부족, 땀이나 피지, 지나친 각화 현상으로 모공이 막히거나 좁혀져 있는 경우, 잘못된 비누나 샴푸 등 사용, 모낭의 손상을 입은 경우, 호르몬의 변화 등이 있다. 특히 스트레스는 인체의 계를 총망라한 탈모증의 원인이 된다. 비특이적인 자극에 당면할 때 그 자극 종류에 무관한 일련의 개체보호반응이 갖는 스트레스는 각 개인마다 성격에 따라 민감도는 달라진다. 성격은 혈액형별, 사상체질에 의해, 심신수련법에 의해, 대인관계 기술에서의 분류 등 다양하게 종류화 할 수 있다
탈모는 탈모자에게 같은 처방으로 관리를 하더라도 같은 결과를 보이지는 않는다. 왜냐하면 사람마다 각기 다른 식습관, 환경, 체질을 가지고 있기 때문이다. 따라서 원인, 경과 과정, 결과의 탈모메카니즘을 통해 탈모가 될 수 있는 근본적인 원인들을 정확히 파악함으로서 탈모를 미리 예방하고 관리하는 노력이 필요하다.

2. 탈모 메커니즘

1) 원인(탈모 유발 요인)

(1) 유전

탈모의 주요 원인 중의 하나로 탈모를 일으키는 정보를 가지고 있는 탈모 유전자가 유전된다는 유전자 유전설과 탈모를 일으킬 수 있는 형질이 유전되는 형질유전설(체질유전설)로 구분해 볼 수 있다.

① 탈모 유전자

현대 과학으로도 탈모를 유발하는 유전자가 발견되지는 않았다. 그러나 우리 몸은 유전 정보에 의해서 만들어졌으므로 탈모 유전자가 밝혀지지 않았다고 해서 존재하지 않는다고는 말할 수는 없을 것이다. 통계적으로는 부모 중 한 사람이 탈모면 자녀가 탈모가 될 확률이 50%, 부모 두 사람이 모두 탈모면 자녀가 탈모가 될 확률이 80%라고 한다.

탈모 유전자가 밝혀진다면 유전자 치료에 의해 탈모를 치료할 수 있겠으나 현재는 연구가 활발히 진행되고 있으므로 언젠가는 유전자 치료로 가능한 미래가 있을 일이다.

정자가 난자와 수정할 때 정자는 자신의 유전 정보인 DNA만을 난자에게 제공한다. 정자의 DNA와 난자의 DNA가 융합하는 것이 수정이다. 2개의 쌍으로 이루어진 유전자는 부모에게서 각 한 쪽씩을 받은 것이다. 즉, 염색체는 46개이며, 그 중 23개는 엄마에게서, 나머지 23개는 아버지에게서 받게 된다. 따라서 인체에서 나타나는 변화들은 유전과 연관 지어서 생각하게 된다.

• 유전자 발현

유전자의 발현에 대해 간단한 예를 들어 설명하자면 밥을 한 숟가락 먹었다고 하자. 밥은 탄수화물로 구성되어 있다. 탄수화물은 덩어리가 큰 고분자이기 때문에 포도당과 같은 단당류로 분해해야만 소장에서 흡수 될 수 있다. 먼저 입에서의 변화를 보자. 밥을 먹은 것이 신호가 되어 침이 분비되고 저작작용과 함께 밥의 소화가 시작된다. 침 안의 아밀라아제 효소에 의해 고분자의 탄수화물이 작은 단위로 나뉘어진다. 따라서 탄수화물을 분해하기 위해서는 아밀라아제라는 효소가 필요하다. 아밀라아제가 필요하다는 신호는 세포의 핵 속에 있는 유전자를 자극한다. 수많은 유전 정보들 중에서 아밀라아제를 만들기 위한 유전 정보들이 작동을 시작한다. 그런데 DNA는 항상 핵 속에 존재하므로, DNA의 유전 정보를 핵 밖으로 이동시키기 위한 물질을 만드는데, 이것이 전령RNA (mRNA, Messenger RNA)이다. 아밀라아제를 만들기 위한 유전 정보가 전사되어 전령RNA가 만들어지면, 핵 밖의 세포질로 나와 번역의 과정을 통해 단백질로 합성된다. 여기서 합성되는 단백질이 아밀라아제가 된다. 이런 과정을 통하여 밥을 먹을 때 아밀라아제가 부족하지 않게 분비되는 것이다. 이처럼 내 몸이 활동하고 유지하기 위해 지금 이 순간에도 유전자는 끊임없이 무언가를 만들어내고 있다. 그렇게 만들어내는 물질들 중에 탈모를 일으키는 물질이 있다는 것이 탈모유전자설이다.

② 형질 유전

형질유전설은, 탈모는 탈모를 일으키는 유전자가 있는 것이 아니라 탈모가 될 수 있는 형질(체질)이 유전된다는 설이다.

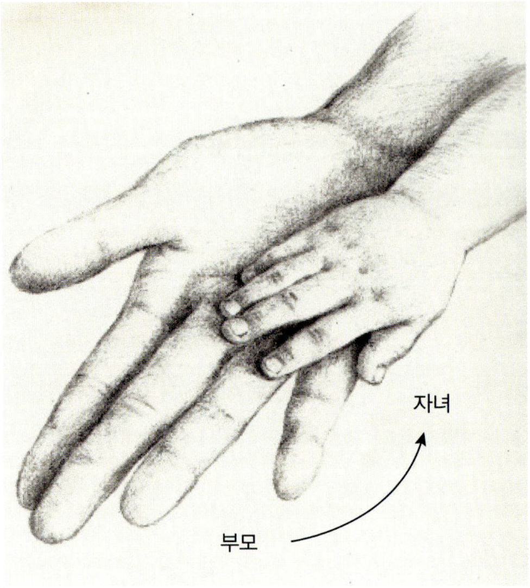

[그림 3-20] 형질 유전

예를 들어 아버지가 술을 한 잔만 마셔도 얼굴이 빨개진다고 하자. 그런데 자식 3명 중 첫째와 둘째는 술을 마셔도 얼굴이 빨개지지 않지만 막내는 술을 한 잔만 마셔도 아버지처럼 얼굴이 빨개질 경우, 술을 한 잔만 마셔도 얼굴이 빨개지는 형질이 유전되었다고 보는 것이다.

형질 유전은 유전자 유전이 아닌 탈모가 될 수 있는 형질이 유전된다고 설이다. 유전자유전설과 형질유전설의 차이점은 유전자 유전은 그 자체적으로 일생에 분명하게 그 형태가 나타나게 되지만, 형질유전은 환경, 영양, 습관 등에 의해 나타나는 시기와 형태가 결정되고 나타나지 않을 수도 있다는 차이점이 있다.

(2) 스트레스

스트레스와 트러블은 서로 뗄 수 없는 관계를 가지고 있다. 스트레스를 받으면 제일 먼저 신경계가 반응하고, 이 신경계의 반응은 내분비계를 자극하고, 이런 현상이 지속적으로 나타나면 신진대사의 이상을 가져옴으로써 인체에 여러 가지 트러블을 유발하게 된다.

일상생활에서 인체에 가해지는 스트레스 요인은 뇌하수체와 부신 등에 영향을 주어, 심장 박동수를 증가시키고, 동공 축소, 근육 수축 등을 일으키는 물질들을 분비함으로써, 혈행장애, 호르몬 불균형, 신진대사의 이상을 가져와 결국 모근에 영향을 줌으로써 탈모의 주원인으로 작용하게 된다.

① 스트레스 정의

스트레스란 원래 물리학 용어로 외부에서 물체에 힘을 가하면 스트레인(Strain)이라는 변화가 생기고, 그 스트레인에 대하여 평형을 유지하려는 작용이 일어나는데, 이 작용에 의해 내부 상호 간에 미치는 힘을 말한다.

이 이론을 생체에 응용한 사람이 셀리에(Hans Selye : 1896-1982)이다. 셀리에는 정신적, 육체적으로 내 몸에 가해지는 자극을 스트레서(Stressor)라고 하고 스트레서에 대한 내 몸의 반응이 스트레스라고 정의하였다.

② 스트레스 학설(Theory of stress)

셀리에는 생체에 스트레서(Stressor)를 가하였을 때 스트레스가 일어나는 단계를 3단계로 나누고, 스트레스의 3가지 반응단계는 다음과 같다.

- 경고반응기(Stage of alarm reaction)

생체가 스트레서에 대하여 적극적으로 저항을 나타내는 시기이며, 1~48시간 안에 반응이 나타난다. 스트레서가 가해지면 처음에는 체온 및 혈압 저하, 저혈당, 신경 기능의 억제, 혈액 농축 등의 쇼크가 나타나고, 다음에 그것에 대한 저항 즉 쇼크와는 반대의 증상을 나타낸다.

- 저항기(Stage of resistance)

경고기를 지나고도 계속스트레서를 받으면 저항기로 이동한다. 이 때는 스트레서에 대한 저항이 가장 강한 시기로서 48시간 이후에 나타난다. 그러나 다른 종류의 스트레서에 대해서는 저항력이 저하된다.

- 피폐기(Stage of exhaustion)

계속해서 스트레서가 가해지면 저항력은 떨어지고 다시 경고기에 나타난 쇼크가 나타나서 생체에 여러 가지 증상, 예를 들면 내분비 활동 저하에 의한 성장 억제 및 흉선이나 림프 조직의 위축, 혹은 부신피질 호르몬 과잉에 의한 심장혈관계. 신장 등의 질병 따위를 일으켜서 결국은 죽게 된다.

③ 스트레스와 탈모

사람이 웃으면 엔돌핀(Endorphin) 호르몬이 방출되어 즐겁게 하고 면역력을 높여 건강하게 만든다. 인간이 심리적으로 기분이 좋은 상태에 이르면 알파(α)파가 방출되는데 이때 엔돌핀이라는 호르몬이 인간의 신진대사를 항진시켜 각종 면역 세포를 활발하게 하여 인체에 해로운 병균들을 살균하고 암세포를 제거하여 정신적, 육체적으로 행복을 느끼게 한다. 하지만 너무 많은 엔돌핀이 생성되면 자가면역질환 등 오히려 인체에 해를 끼치게 된다.

알파파와는 반대로, 사람이 육체적 노동을 하거나 기억하기 싫은 현상을 떠올릴 때, 인체는 베타(β)파를 방출한다. 이때는 내분비계에서 코르티솔이나 아드레날린 등의 호르몬을 분비하여 인체의 신진대사를 저해하고 면역력을 저하시켜, 결국 신체적, 육체적으로 무기력해져 각종 신진대사의 이상 증상을 일으키게 된다.

가령 "아, 그 일만 생각하면 화가 나!"라고 할 때는 정신적인 스트레스가, 하루24시간 꼬박 쉬지 않고 일을 할 때는 육체적인 스트레스를. 또한 너무 과도하게 괴롭히는 직장상사가 있다면 환경적인 스트레스를 받게 된다.

이와 같이 우리의 생활 가운데 다양한 스트레스의 요인들이 있다. 이 스트레스가 발생하게 되면 제일 먼저 신경계가 반응하고 이 신경계는 내분비계를 자극하여 각종 신진대사 장애를 일으켜 인체의 이상현상을 가져와 각종 질환이 발생하는데, 이 중에 한 가지가 탈모이다.

정신적 스트레스	사회관계 결여, 조롱, 차별 등
육체적 스트레스	과로, 약물, 흡연, 수면부족, 상해, 질병 등
환경적 스트레스	대기오염, 작업환경 등

④ 스트레스에 대한 대책

정신적 스트레스는 우리 몸의 생물학적 변화를 초래하는데, 그 변화의 폭은 육체적인 스트레스로 인한 변화의 폭보다 훨씬 크고 지속적이다. 스트레스가 왔을 때, 그것을 해소할 수 없이 매일 다른 자극을 끊임없이 받게 된다면 질병을 얻게 되므로 만성적인 스트레스는 분명 신체의 질병을 초래하는 원인이 된다.

누구나 스트레스없이 살 수는 없다. 따라서 스트레스로 인한 심신의 질환 및 탈모를 예방하기 위해서는 적당한 휴식, 건전한 생각, 균형 잡힌 식사, 취미 생활, 오락, 자기 자신에 맞게 규칙적인 운동 등으로 심신의 스트레스를 해소할 수 있어야 하고, 필요한 경우에는 정신과 의사를 찾아 상담하는 방법도 있다.

(3) 질병

감염성 질환과 급성 열병 등의 병의 진행 상의 특징으로 탈모를 유발하는 경우도 있다.
감염성 질환에는 비강진, 지루성 피부염, 백선, 건선, 홍반성 루푸스 등 두피 표면상의 감염이 원인이 되어 탈모를 일으키는 경우와 매독, 장티푸스, 급성 열병 등으로 몸 속 장기로부터 감염되어 질환이 발생하고, 그 원인으로 탈모가 되는 경우도 있다.

(4) 약물

약물은 직접적, 간접적으로 탈모에 영향을 준다.

① 직접적으로 탈모를 유발하는 약물

피부암 등 특정 암을 제외하고는 암 자체가 탈모를 유발하지는 않는다. 그러나 암 치료 과정에서 항암제의 부작용으로 탈모 현상이 나타난다. 항암제 치료를 중단할 경우 다시 발모가 된다. 항암제는 암세포에만 선택적으로 작용하는 것이 아니라 정상세포, 특히 세포분열이 활발한 조직 세포에도 손상을 입히기 때문에 골수 기능 저하, 위장 장애, 탈모증 등의 여러 가지 부작용이 나타나게 된다. 항암제에는 세포 주기에 비특이적으로 작용하는 것과 특이적으로 작용하는 것이 있다.

- 세포 주기에 비특이적으로 작용(Cell cycle non-specific, CCNS) = 세포독성제(Cytotoxics)
  * 알킬화제(Alkylating agent) Bsulfan, Amifostine, Cyclophsphamide,
  * 항종양항생제(Antitumor antibiotics), Aclarubicin, Daunorubicin, Mitoxanthrone

- 세포 주기에 특이적으로 작용(Cell cycle specific, CCS)
  * G1 phase : L-Asparaginase
  * S phase : 항대사제(Antimetabolites), 엽산길항제 : Methotrexate(MTX)
    Purine 길항제 : 6-Mercaptopurine(6-MP)
    Pyrimidine 길항제 : 5-Fluorouracil(5-FU), Cytarabine(ara-C)
  * G2 phase and S phase : Amsacrine
  * G2 phase and M phase : Paclitaxel
  * M phase : Teniposide, Vinblastine

② 간접적으로 탈모를 유발시키는 약물

통증이 있을때 흔히 먹는 약물로 아세트아미노펜(acetaminophen), 아스피린(aspirin), 이부프로펜(ibuprofen) 등이 있는데, 이 약물들이 우리 몸에서 통증을 치료하는 방법들은 조금씩 다르다. 그러므로 통증을 치료할 때 아스피린을 먹고 부작용이 생기면 아세트아미노펜으로 대체가 가능하다. 특정 약물의 복용으로 인해 탈모가 되는 경우에는 그 약물을 다른 약물로 대체여부를 통해 대체하는 등 적극적인 대처가 필요하다.

약물의 부작용으로 인한 부작용은 대체로 5% 미만으로 탈모에 대한 염려로 질병의 치료를 늦추는 것은 옳지 않으며 오히려 적극적으로 질병을 치유하여야 하고 그 과정에서 탈모가 동반된다면 전문의와의 상담을 통해 약물이나 치료방법을 찾아야 한다.

종류	약물
여드름치료제	이소트레티노인(Isotretinoin) 등
혈전용해제	와파린(Warfarin) 등
고콜레스테롤혈증	베자피브레이트(Bezafibrate), 스타틴(Statin 계통 약물들) 등
우울증 치료제	플로오세틴(Fluoxetine), 이미프라민(Imipramine), 독세핀(Doxepin) 등
체중감소	리덕틸(Reductil), 암페타민(Amphetamine) 등
진균감염증	케토코나졸(Ketoconazole), 이트라코나졸(Itraconazole) 등
통풍	알로푸리놀(Allopurinol) 등
고혈압-베타차단제	아테놀올(Atenolol), 프로프라놀올(Propranolol) 등
호르몬	피임약 ,호르몬대체요법
파킨슨병	레보도파(Levo-dopa) 등
갑상선 항진증	메티마졸(Methimazole) 등
위산분비억제제	시메티딘(Cimetidine), 라니티딘(Ranitidine) 파모티딘(Famotidine) 등

(5) 영양 불균형(Malnutrition)

모발은 혈액을 통해 영양분과 산소를 공급받아 모기질 세포를 분열시켜서 성장한다. 그런데 영양 불균형 상태가 되면 모유두에 영양분이 충분히 공급되지 않아 모발의 성장이 지연되고, 가늘어지고 약해지면서 결국 탈모로 이어지게 된다. 모발은 케라틴과 멜라닌, 미량 원소 등으로 구성되어 있는데, 이들 영양을 제대로 섭취해주지 않으면 영양불균형으로 모발은 건강하게 성장할 수 없다.

① 영양실조

영양실조란 올바른 영양 섭취 즉, 탄수화물, 지방, 단백질, 비타민, 무기질 등의 영양소를 골고루 섭취해주지 못하여 영양 결핍이 일어난 상태로, 심한 경우 질환으로 이어질 수 있다.

② 편식

특정 식품만을 습관적으로 선호하는 현상을 편식이라고 한다. 최근에는 지나친 편식으로 인한 영양의 불균형이 나타나는 사람들이 늘고 있다. 특히나 몸에 지방으로 축적되기 쉬운 음식들을 편식함으로써 비만이나 각종 질병 등이 동반되는 경우가 있으므로 편식과 같은 잘못된 식습관은 식습관이 형성되기 시작하는 아동기 때부터 올바로 식습관을 길러주어야 한다.

③ 다이어트

외모가 곧 경쟁력인 시대에 약물의 복용, 운동 등과 함께 음식의 섭취량도 줄여 다이어트 하게 된다. 인체는 음식이 적게 들어오면 적은 만큼을 가지고 생활 하기 위해 에너지 소비를 최대한 줄이게 된다. 따라서 일시적으로 음식의 양을 줄이면 살이 빠지는 듯 하나 일정 시간이 지나면 몸무게가 유지되는 것을 볼 수 있는데, 우리 몸이 적게 들어오는 음식물의 양에 맞추어서 몸의 대사를 조절하기 때문이다.
그러므로 음식을 적게 먹는 것은 다이어트에 큰 도움이 되지 못한다. 특히나 한 가지 음식만을 섭취하는 원-푸드 다이어트(One-food diet)는 편식을 동반한 영양실조를 동반한다.

(6) 호르몬 이상

호르몬은 인체 내에서 합성되는 원료에 따라 지질 호르몬과 단백질 호르몬으로 나뉘며, DNA의 정보에 의해 또는 자의적, 타의적인 요인에 의해서 신진대사가 일어나게 될 때, 명령을 전달하는 메신저(Messenger)의 역할을 통해, 인체의 항상성을 유지시켜 준다. 그러므로 분비되는 호르몬의 양이나 이 호르몬의 정보를 전달받는 수용체의 상태에 따라 인체의 신진대사는 막대한 영향을 받게 된다.

호르몬은 내분비기관에서 만들어져 혈액을 타고 표적세포로 도달해 세포에게 명령을 전달한다. 모발은 18가지 아미노산, 무기질, 유황 등의 성분으로 되어 있으며 영양분을 혈액을 통해 공급받는다. 이때 혈액이 혈관을 통해 이동하다가 모낭 주위에 이르러 혈액과 같이 이동하는 호르몬의 명령에 따라 DNA의 정보대로 모발의 형태를 만들게 된다.

이때 호르몬의 양이나 수용체의 양 또는 상태는 모발의 굵기 즉 케라틴의 밀도나 색깔에 영향을 미치게 된다. 머리카락의 주성분인 케라틴을 만들어야 할 필요성이 있으면 호르몬이 케라틴을 만들라는 명령을 세포에 전하게 되고, 그 명령에 따라서 케라틴이 합성된다.

이렇게 호르몬의 명령을 받아들이는 곳을 수용체(Receptor)라고 하며 수용체는 세포막과 세포질에 존재한다.(p.81 호르몬계 참조)

① 호르몬 과다

인체의 항상성을 유지하기 위해서는 적정양의 호르몬이 필요하나 필요 이상의 호르몬이 분비되는 경우로 이유는 내분비기관의 종양이 호르몬을 생산하는 경우와 비내분비 기관의 종양이 호르몬을 과잉 생산하게 하는 경우이다.

② 호르몬 과소

호르몬 발생 과정에서 내분비기관에서 만들어지지 않았거나 기형인 경우 또 호르몬 생합성에 필요한 효소가 결핍된 경우, 내분비기관이 감염에 의해 파괴된 경우 정상적인 양보다 적게 만들어진다.

③ 수용체 거부증(호르몬 수용체 이상)

호르몬과 수용체가 결합하여 작용을 한다. 그러나 체내의 호르몬과 수용체가 정상적으로 존재하지만 작용을 하지 못하는 경우를 수용체 거부증이라 하고 수용체에 이상이 생긴 경우(예, 돌연변이 수용체), 세포 내 호르몬 대사 이상 등으로 나타난다.

호르몬 종류	과다증	과소증
성장호르몬(GH)	거인증, 말단비대증	소인증
갑상선호르몬(TSH)	그레이브스병(안구돌출)	크레틴병
부신피질호르몬(ACTH)	쿠싱증후군(Cushing's disease)	애디슨병(Addison's disease)
여포호르몬(FSH)	여포의 성장촉진, 정자 형성 촉진	생식 기능 저하
황체호르몬(LH)	배란 촉진, 항체 발달 촉진	생식기 퇴화
옥시토신(oxytocin)	자궁의 수축	난산
항이뇨 호르몬(ADH)	고혈압	요붕증(Diabetes insipidus)

(7) 환경

문명의 발달과 산업화로 인간이 살고 있는 환경이 오염되고, 이로 인해 각종 사회적인 문제와 새로운 질환이 생겨나고 있는 가운데, 최근에는 탈모 연령이 점점 낮아지고 젊은 사람의 탈모자가 늘어나 문제의 심각성을 더해주고 있다. 이는 우리가 살고 있는 환경 속에서 발생하는 화학적 오염과 밀접한 관련이 있다.

① 대기오염

무분별한 개발로 인한 자연환경이 파괴되어 오존층이 손상되고, 산업현장에서 발생하는 일산화탄소, 황산화물, 질소산화물, 탄화수소 등의 오염물질이 외부의 광선, 반응물질, 지형 및 습도 등에 영향을 미쳐 형성되는 스모그, 케톤, 다이옥신 등이 호흡기 질환이나 각종 피부 질환 등을 발생시킨다.

② 환경오염

- 수질오염

오늘날 생산 활동과 소비 활동이 활발해짐에 따라 각종 폐기물과 오여물질이 늘어나고, 대도시로의 인구 집중은 여러 형태의 심각한 환경문제를 일으키고 있다. 가정에서 나오는 생활폐수, 공장에서 발생하는 산업폐수로 인한 수질 오염은 생태계에 영향을 미치고, 기형물고기와 오염된 어폐물이 생겨나는 등 이러한 영향으로 각종 질환이 발생하게 된다.

- 토양오염

산업의 발달과 생산 활동에 따라 각종 유해 물질이 토양에 주입되어 각종 식물 특히 농산물이 유해한 물질을 흡수함으로써 이것을 섭취하는 인간이나 동물에게 해를 끼치거나 토양의 물리, 화학적 성질을 저해하여 그곳에 거주하는 인간의 면역력을 저하시켜 각종 질환들을 발생시키고 있다.

③ 작업환경

과학문명의 발달로 다양한 직업이 생겨났지만 거기에 따른 많은 문제점도 발생된다. 작업 현장의 소음, 먼지, 각종 중금속의 오염, 직장에서의 인간관계 등 여러 여건들이 사회적 문제와 스트레스를 유발하게 되어 탈모의 직, 간접적인 요인이 되고 있다.
무엇보다 스타일링에 사용되는 각종 스타일링 제품, 무스, 젤, 스프레이 등의 과도한 사용과 과도한 탈·염색, 펌 등의 영향으로 모발이 극도로 손상되고 있다.

2) 경과(탈모 요인에 의한 생리적인 변화)

탈모를 일으키는 주요 원인인 유전, 스트레스, 약물, 질병, 호르몬 이상, 영양 불균형, 환경 등의 탈모 원인들이 인간의 생체 내에서 어떠한 반응들을 나타내는지 살펴보면

(1) 혈행장애

인간의 생명을 유지하게 하는 혈액은 혈관을 타고 인체를 순환하게 되는데, 심장에서 동맥을 타고 조직으로 들어가 영양분을 공급하고, 이산화탄소와 노폐물을 받아 다시 정맥을 타고 심장으로 돌아온 뒤, 폐로 들어가 산소교환을 하고, 심장으로 돌아와 다시 동맥을 통해 조직으로 들어가는 순환을 하고 있다. 인체를 구성하는 세포를 한 줄로 늘어놓으면 축구장 1/4 정도의 면적이 되고, 우리 몸의 혈관을 한 줄로 길게 늘어놓으면 지구를 한 바퀴 돌 수 있을 정도의 긴 길이이다.

이렇게 긴 길이로 혈액을 보내기 위해서는 심장이 아주 강력한 힘으로 펌프질을 해야 동맥을 통해 우리 몸의 말단에 있는 세포에까지 골고루 영양분과 산소가 공급될 수 있다.

동맥은 심장이 펌프질 하는 힘으로 순환하며, 이런 큰 압력을 견디기 위해 동맥은 세 개 층의 두껍고 탄력이 좋은 근육이 감싸고 있으며, 혈액이 잘 통과하도록 내벽은 매끈하게 되어 있다. 동맥에서 모세혈관을 통해 각 세포로 영양분과 산소를 공급한 혈관은 정맥을 통해 다시 심장으로 돌아오게 된다. 이 때 정맥은 근육이 수축 이완하는 힘을 통해 심장으로 돌아올 수 있게 되며, 순환된 혈액이 다시 돌아가지 못하도록 혈관 내벽에 판막이 붙어 있다.

동맥과 정맥에서의 혈액의 흐름에 문제가 생기게 되면 모발의 경우, 모유두까지 영양분의 공급이 원활하게 이루어지지 않아서 탈모로 이어지게 된다. 이와 같은 혈행장애를 일으키는 요인으로는 크게 동맥경화, 혈액응고, 근육 긴장 등이 있다.

① 동맥경화(Arteriosclerosis)

혈관 내벽에 콜레스테롤 등의 이물질이 쌓여 혈액의 흐름을 방해하는 현상으로 대표적인 것이 동맥경화이다. 원인에는 유전, 스트레스, 고혈압, 칼슘, 운동 부족, 지방질의 과다 섭취 등이 있고, 두통, 두중, 현운, 피로감, 불면증, 건망증, 신경 쇠약, 주의력 저하, 정신이 산란해지는 등의 증상이 발생한다.

스트레스를 받으면 인체는 혈관을 수축시키는 물질을 분비하게 되고, 혈관이 수축되면 혈액이 흐르는데 저항이 커지므로 혈압이 높아지게 된다.

이러한 현상이 반복될 경우 혈관 안쪽의 내피 세포는 상처를 입게 되고, 상처 난 혈관 내피세포로 혈소판이 모여들면서, 콜레스테롤 등의 지방 침착물이 쌓이게 되고 결국 동맥벽이 두꺼워지고 탄력이 상실되는 동맥경화가 생기게 된다.

심장의 관상동맥에 동맥경화증이 생기면 산소공급이 제대로 되지 않아 심근의 일부가 괴사되는 심근경색증을 일으킬 수 있고, 뇌혈관에 동맥경화증이 생기면 뇌로 가는 혈액순환이 방해를 받아 의식을 잃고 팔다리가 마비되는 뇌졸중을 일으킨다.

② 혈액 응고

혈액이 혈소판 수치의 이상으로 지나치게 끈끈해지면 유속이 늦어지거나, 혈전이 생겨 혈관을 막는 현상이 생긴다. 신체에 부담이 가해지거나 정신적으로 불안정한 상태가 계속되면 혈전이 생기기 쉬워진다. 혈전은 혈관 안의 혈액이 굳어져서 생긴 덩어리로 혈액 순환의 장애를 초래하여 조직의 괴사를 일으키게 된다.

건강한 사람의 혈액은 혈관 속에서 응고하는 일이 없으나 혈관 내피가 염증, 동맥경화 등으로 손상을 받으면 그 부분에 응고물이 생기게 된다. 뇌혈관에 혈전이 생기면 뇌 조직으로 영양분과 산소가 가지 못하게 되고, 마침내 뇌세포가 죽어버리는 뇌졸중(중풍) 등의 뇌혈관장애를 일으키게 된다.

③ 근육 긴장

혈액은 심장이 펌프질 하는 힘으로 동맥을 지나 조직으로 유입되며, 근육의 긴장과 이완의 힘을 빌려 정맥을 통해 심장으로 되돌아온다. 이처럼 혈관은 인체 근육의 사이사이를 지나가게 되는데, 지나친 운동이나 급격한 충격으로 인해 발생하는 근육의 이완과 수축은 혈행장애의 중요한 원인이 된다. 근육이 수축하면 근육 사이로 지나는 혈관들이 압력을 받아 혈액이 원활하게 이동하지 못하는 장애가 발생하게 된다.

혈관은 근육에 의해 둘러싸여 있다. 동맥은 세 개의 두껍고 탄력이 있는 근육층으로, 정맥은 그보다는 얇은 세 겹의 근육층으로 둘러싸여 있다. 그런데 스트레스를 받으면 근육이 수축되고 혈관도 압력을 받아 수축되므로 혈액이 원활하게 이동을 못해 세포로 영양분과 산소의 공급도 원활하지 못하게 된다.

뇌는 전두근, 측두근, 후두근, 모상건막 등의 각종 근육으로 둘러싸여 있다. 우리가 스트레스를 받으면 머리가 지끈지끈하면서 두통이 동반되는 것을 경험하게 되는데, 이것은 두피의 근육들이 긴장하면서 혈행장애가 발생하여 뇌의 산소가 부족하다는 것을 호소하는 신호를 발생시키기 때문이다.

이처럼 두피에 동맥경화, 혈액의 응고, 근육의 긴장 등 문제들이 발생하면 혈액을 통한 영양분이 제대로 공급되지 않아 모발이 가늘어지면서 성장이 지연된다.

(2) 발열

앞에서 열거한 탈모를 일으키는 요인들은 인체에 열을 발생시킨다. 인간은 생명을 유지하기 위해 36.5℃~37℃의 체온을 유지해야 하는데, 인체의 체온조절중추가 정상체온보다 높은 열이 발생하면 땀을 배출하거나 운동량을 줄여 체온을 떨어뜨리고 정상체온 이하의 열로 떨어지면 혈관을 확장시키거나 근육을 떨어 열을 발생시켜 정상 체온을 유지시킴으로서 정상적인 신진대사가 일어나도록 하고 있다. 인체 내에서 발생하는 모든 질환은 체온과 매우 밀접한 관계가 있다. 예컨대, 인체를 구성하고 있는 단백질은 40℃이상이 되면 응고되기 시작하고 그 이상의 열이 발생하면 파괴되어 단백질로서의 역할을 하지 못하게 된다. 이런 고온 현상은 인체의 신진대사에 영향을 미치게 되며 특히 남성호르몬의 활발한 활동을 일으키는 요인도 된다.

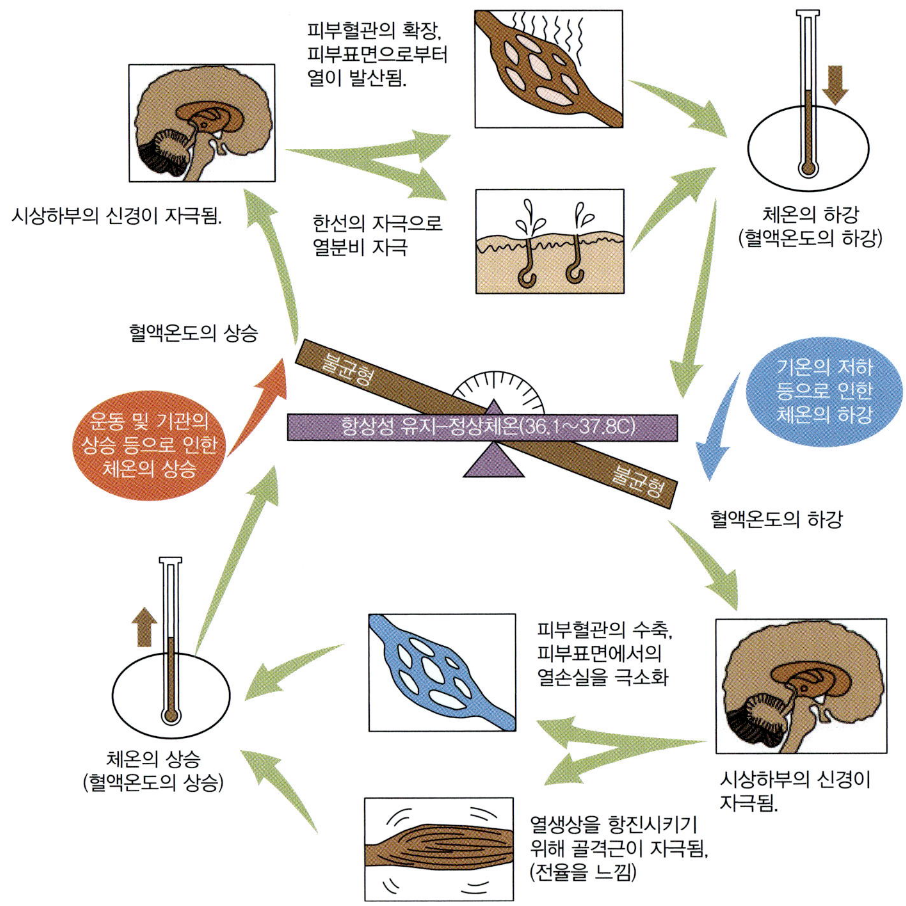

[그림 4-2] 인체 체온조절

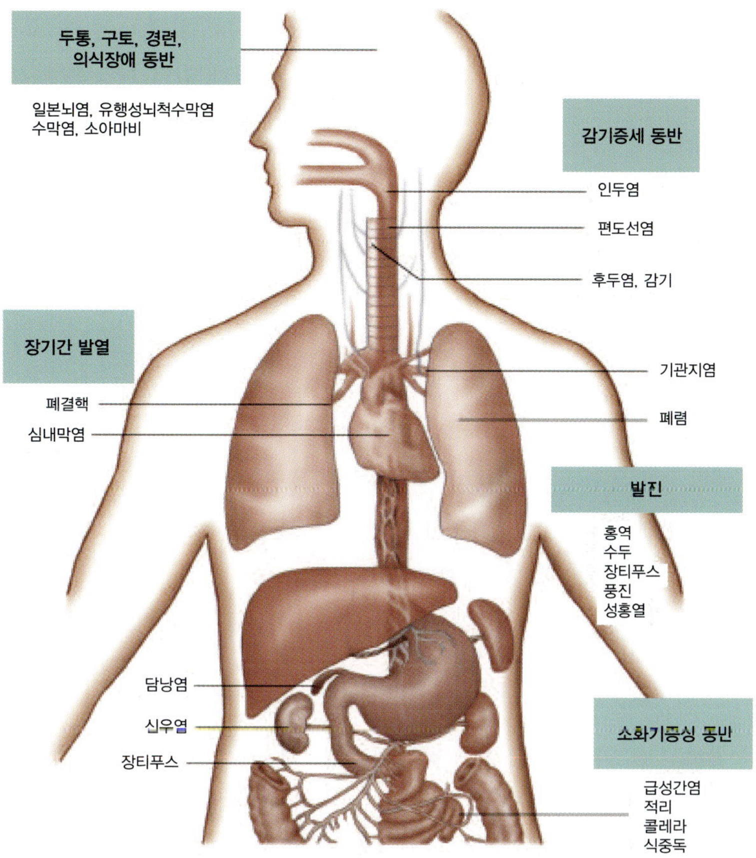

[그림 4-3] 질병과 체온의 관계

남성 호르몬의 활성은 두피에 과다한 피지를 발생하게 하고, 그로 인해 지루성 피부염, 모근 손상 등 탈모의 원인이 되기도 한다.
인간은 일상생활을 자연적으로 유지하더라도 기본적으로 생리활동을 통해 발생하는 열이 있으며, 여러 가지 요인에 의해 발생하는 체온 변화는 인간의 신진대사를 항진시키는 요인도 되지만, 급성열병이 발생하면 생명을 잃을 수도 있는 중요한 변화를 가져오게 된다.

① 근육 운동

각종 스포츠 경기를 통해 운동선수들이 많은 땀을 흘리는 모습을 보게 되는데, 이와 같이 인간의 주요한 열 생산 방법 중 하나가 근육 운동이다.
인간은 같은 근육 운동을 하더라도 인체의 유전형질이나 후천적 발전에 따라 땀을 배출시키는 부위가 다를 수 있다. 예를 들어, 10명의 사람들을 러닝머신에 15분 동안 같은 속도로 운동을 하게 했을 때, 운동에너지가 발생하면서 열이 발생하게 되는데, 이때 배출되는 땀의 발생부위를 보면 사람들마다 그 부위가 다르게 나타난다. 가슴에서부터 먼저 땀이 나는 사람, 등에서 먼저 땀이 나는 사람, 머리에서 먼저 땀이 나는 사람도 있을 것이다. 이 경우 머리에서 먼저 땀이 나는 사람은 운동으로 인해 발생하는 열이 두피 쪽으로 먼저 발산하고 있음을 알 수 있다.

우리는 주변에서 시원한 냉면을 먹으면서도 머리에서 땀을 줄줄 흘리는 사람을 가끔 볼수 있는데 이런 사람들은 일반 사람들 보다 쉽게 탈모가 될 수 있는 형질을 가지고 있다고 할 수 있다. 실제적으로 (주) 다모생활건강에서 960명의 탈모 고객을 대상으로 조사해본 결과 이런 현상을 자각하는 사람이 60% 이상이나 되었다.

② 질병

인간이 감기에 걸리거나 장티프스와 같은 질병에 걸렸을 때 열이 나는 것을 볼 수 있는데 질병으로 열이 날 때 36.5~37.5℃보다 약간 높은 미열은 백혈구의 활동력을 높여주어 체내의 면역력을 높여준다. 그러나 38℃ 이상의 고열이 나면 해열제를 복용하거나 병원치료를 받아서 빨리 열을 내리도록 해야 한다.

③ 과도한 신진대사

인간이 정상적인 하루 생활을 하는데 필요한 열량은 성인의 경우 2,000~2400Kcal정도이다. 하지만 힘든 일을 하거나 스트레스를 받으면 그 보다 더 많은 열량을 필요로 하게 된다. 열량을 생산하기 위해서는 섭취한 음식물을 열량(에너지)으로 바꾸는 대사과정을 거쳐야 하므로 과도한 신진대사는 열을 발생시키게 되고, 이 열이 대사되는 과정에서 각종 신진대사 이상으로 이어져 심하면 탈모를 유발하는 원인도 된다.

④ 다이어트

최근의 다이어트 경향은 음식물의 섭취를 줄이고 운동을 하는 외에도 약물을 복용하거나 주사를 맞는 경우도 많다. 한약 성분의 다이어트약이나 양약 성분의 다이어트약이나 체내에서 체중감량을 하는 원리는 비슷하다. 아마 다이어트 약을 복용한 경험이 있다면 가슴이 두근두근하고, 땀이 나며, 심하면 손발이 떨리고, 밤에 잠이 잘 오지 않는 등의 증상을 경험했을 것이다. 이 모두가 식욕을 억제하거나, 몸에서 지방을 연소시키면서 나타나는 부차적인 증상들이다. 이런 증상들은 휴지기 탈모나 원형탈모를 일으키는 원인이 되기도 한다.

(3) 내분비 이상

스트레스가 발생하면 신경계가 반응하고, 다음에 내분비계가 반응하면서 신진대사의 이상으로 이어지게 된다. 그러므로 내 몸이 감당할 수 있는 이상의 스트레스가 지속적으로 오게 되면 내분비계의 이상이 나타나게 된다.
탈모와 관련된 호르몬은 뇌하수체호르몬, 갑상선호르몬, 부신피질호르몬, 성호르몬이 있다. 탈모와 관련해 어떤 변화가 생기는지를 알아본다.

① 뇌하수체호르몬

인체 내에서 일어나는 모든 상황은 신경을 통해 뇌로 전달한다. 뇌는 정상적인 대사와 문제의 상황을 인지하여 뇌하수체 호르몬들을 분비함으로써 신진대사를 조절한다. 뇌하수체 전엽에서는 호르몬의 분비를 자극하거나 직접 분비하는 곳으로 모발과 관련된 갑상선, 부신피질, 성선을 자극하는 호르몬을 분비한다. 이런 뇌하수체의 기능에 이상이 생기면 탈모가 발생한다고 보고되어 있으며 뇌하수체 호르몬을 투여하면, 모발생장이 촉진된다는 실험 결과도 있다.

② 갑상선 호르몬

갑상선 호르몬은 인체의 성장과 화학 반응(대사) 속도를 조절하는 것으로, 인체의 모든 세포 기능에 요구되는 필수 요소이며, 갑상선 호르몬의 대사 이상은 항진증과 저하증으로 나타난다.

• 갑상선 기능 항진

갑상선 호르몬이 과잉분비 되면 기초대사량이 증가하며 가슴이 두근거리고 땀이 많이 나며 손발이 떨리는 현상이 나타난다. 두피에 심한 지루가 생기고 머리카락이 가늘어지며 탈모가 동반되는데, 일부 환자들에게서는 옆 측두부에서 탈모가 생기기도 한다. 20-40대 여성에게서 흔히 발생하며 심한 정신적 충격, 머리외상, 감염, 중독, 내분비 장애(임신, 사춘기, 월경 장애, 인공유산 등), 약제남용(요오드제, 갑상선제제, 비타민D) 등이 원인이 될 수 있다.

• 갑상선 기능 저하

유전적 요인, 스트레스, 바이러스 감염 등으로 염증이 발생하여 수술을 통해 갑상선을 많이 잘라냈거나 임파구의 변화로 인해 자가면역질환이 발생했을 경우 갑상선 호르몬의 기능 저하로 갑상선 호르몬의 분비가 저하된다. 갑상선 기능 저하의 증상은 기초대사량과 식욕이 저하되고, 수분대사가 안되어 부종이 생기면서 살이 찐다. 피부는 건조해지고, 빈혈이 생기며, 모발은 건조하고 윤기가 없어져서 푸석푸석해지고 잘 갈라지며 모발의 성장속도와 직경이 감소된다. 눈썹은 바깥쪽 1/3이 잘 빠지고, 손톱과 발톱은 자라는 속도가 저하되고 얇아지면서 잘 부러지게 된다.

③ 부신피질 호르몬

부신피질 호르몬은 생명활동에 있어서 필수적이며, 특히 스트레스 상태에서 중요한 역할을 한다. 운동선수가 근육을 강화시키고 경기력을 향상시키기 위한 방편으로 스테로이드를 사용한다.
또한 인체에 병이 들었을 때 항염증 효과로 스테로이드를 사용하게 된다. 즉, 종류에 따라 근육을 강화시키기도 하고 백혈구를 증가시켜 항염증 효과를 나타내기도 한다. 인간은 신체에 손상이 오거나 이상이 생겼을 때 그것을 바로잡고자 하는 항상성이 있다. 부신의 피질에서 분비되는 호르몬은 이 항상성을 항진시켜주는 호르몬이다.

체내에는 두 개의 부신(선)이 있는데, 이들은 양쪽 신장의 윗 부분에 고깔모자 모양으로 위치해 있으며, 바깥쪽의 피질과 안쪽의 수질로 구성되어 있다 . 부신피질호르몬 종류로는 무기질-코르티코이드, 당질-코티코이드, 남성 호르몬(Androgen) 같은 것이 있다.
스테로이드는 의학계에서 만병통치약처럼 사용되었었고, 지금도 중요한 치료제이다. 하지만 효과가 분명한 만큼 부작용도 심각해 위장질환, 부종, 탈모, 각종 자가면역질환도 생길 수 있으므로 반드시 전문가의 처방을 통해서 사용해야 한다.

④ 성 호르몬

성 호르몬은 남성 호르몬과 여성 호르몬이 있으며, 이 중 남성 호르몬이 탈모에 미치는 영향에 대한 연구가 활발히 진행되고 있다.

• 남성 호르몬과 탈모

정소에서 분비되지만 일부는 부신피질과 여성의 난소에서도 분비된다. 그 작용은 다음과 같다.

가. 정낭선, 전립선(Prostate), 음경, 부고환 등 남성 부성기(副性器)의 발육 촉진
나. 성대, 근육발육, 중심선상의 강모(剛毛)발육 등 2차 성징
다. 성욕항진 및 정자 조성 촉진
라. 단백동화(Protein assimilation) 및 성 분화에 대한 효과
마. 뇌하수체 전엽의 LH 등 성선자극 호르몬의 분비억제

남성 호르몬을 총칭하여 '안드로겐(Androgen)'이라 하며, 남성호르몬에 의해 발생하는 탈모증을 안드로게닉성 탈모(Androgenic alopecia)라고 한다.
안드로겐(Androgen)에는 Testosterone, Androstenedione, Dehydroepiandrosterone, Dihydrotestosterone등이 있고, 이 중에서 남성 호르몬으로서의 생리적 능력이 큰 것은 Testosterone과 DHT이다
안드로겐성 탈모증은 Testosterone이 5알파-리덕타제(5α-reductase)와 결합하여 디하이드로테스토스테론(Dihydrotestosterone)이 합성되는데, 이때 감수성이 예민한 모낭에 작용하여 모근의 단백질 합성을 저해하여 모근을 손상시키고 모낭을 축소시켜 탈모를 유발하는 것으로 알려져 있다. 경구복용약인 Finasteride(프로페시아(Propecia)는 Testosterone이 5알파-리덕타제와 반응하지 못하도록 해서 DHT가 생성되지 못하게 함으로써 발모를 유도하는 발모제이다.
모낭이 남성 호르몬과 반응하는 정도는 다음과 같이 부위에 따라 다르게 나타나고 있다. 성 호르몬과 무관한 털은 눈썹, 속눈썹, 후두부, 팔꿈치 이하와 무릎 이하에서 자라는 것이며, 저농도의 남성 호르몬과 관련 있는 털은 음모의 아래쪽 삼각형, 겨드랑이 털을 예로 들 수 있다.
고농도의 남성 호르몬은 수염, 가슴털, 귀 및 코털의 성장을 촉진시키고, 이마와 정수리 부위의 모발에 대해서는 성장을 억제하는 역할을 하는 것으로 보고되고 있다.

• 여성 호르몬과 탈모

여성 호르몬은 난소에서 주로 분비되고, 남성은 부신과 정소에서 소량 합성된다.

여성호르몬의 종류로는 난포 호르몬(Estrogen)과 황체 호르몬(Progesteron)이 있는데, 난포를 성숙시키며, 황체를 형성하고, 황체 호르몬을 생산하여 배란과 월경이라고 하는 여성의 생리적인 특징을 규칙적으로 반복되게 한다.

갱년기 여성들의 호르몬 대체요법에서 여성 호르몬을 투여하면 모발이 많아지는 사례가 보고되고 있는데, 이로 미루어볼 때 여성 호르몬도 탈모와 연관이 있다고 볼 수 있다.

여성의 황체 호르몬은 임신 시에 임신을 유지시키기 위해 증가하며 이로 인해 모발의 휴지기가 연장되므로 임신 중에는 모발이 빠지는 량이 감소되었다가 출산 후에 호르몬의 분비가 정상적으로 되돌아오면서, 일시적으로 빠지지 않고 있던 모발이 한꺼번에 빠지게 되는 것으로 보고되고 있다.

(4) 감염증

인체에 내외적으로 각종 병원성 균에 의한 감염 및 증식으로 비듬, 피부염, 매독 등과 같은 트러블과 질병을 일으킨다. 두피에 감염을 일으키는 미생물은 세균, 곰팡이, 바이러스, 모낭충 등이 있다.

① **모낭충**(Demodex)

모낭에 기생하는 병원충으로 모근을 손상시켜 탈모를 유발하는 기생충이다.

• 모낭충의 연구

최근 들어 부각되고 있는 모낭충은 탈모의 또 다른 원인으로 알려지고 있다. 모낭충에 대한 논문은 이미 모낭충이 피부에 미치는 영향을 중심으로 중국과 미국에서는 수백 편이 넘게 발표되고 있으며, 모낭충이 탈모에 대해 미치는 영향에 대한 논의가 일부 이루어지고 있다.

• 모낭충의 형태

전체적으로 체형이 기묘하게 생긴 거미강목에 속한 진드기로, 머리부분은 3마디로 된 4쌍의 짧은 다리를 가지고 있으며, 케라틴을 간직한 박리된 피부세포를 가지고 있다. 그리고 몸통 부분은 길고 좁으며 수많은 줄무늬 형태를 보이고 있다. 단 하나의 모낭에 많게는 50여 마리가 존재하고 있으며, 크기는 0.1~0.4mm이고, 주로 모공 안의 피지와 모근을 갉아 먹고 산다.

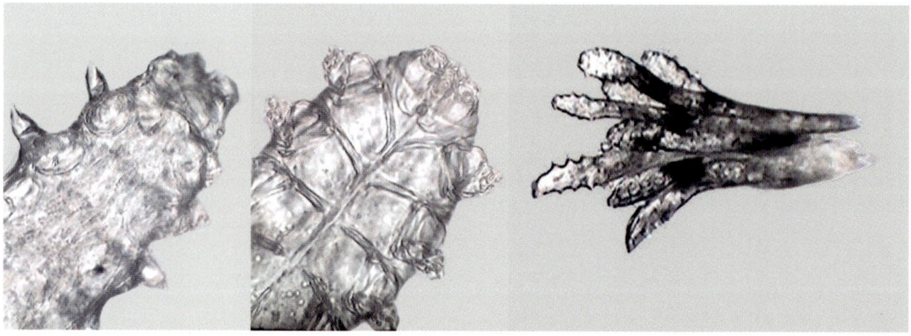

[그림 4-4] 모낭충의 형태

• 모낭충의 분류

모낭충은 모낭에 서식하는 꼬리가 긴 모낭충(Demodex folliculurum)과 피지선에 서식하는 꼬리가 짧은 모낭충(Demodex brevis)으로 구분된다.

• 모낭충의 생태

모낭충의 생태를 간략히 설명하면, 우선 모낭충은 바늘처럼 생긴 입으로 표피의 모낭과 피지선으로 뚫고 들어가 모낭과 피지선에 자리를 잡고 모근과 피지를 갈아먹고 산다. 또한 반복적 출입을 통하여 모공을 확대시키면서 두피에 손상을 주게 된다.

모낭충은 일생 동안 알을 2~80개 낳으며, 사체가 된 뒤에는 액화된다.

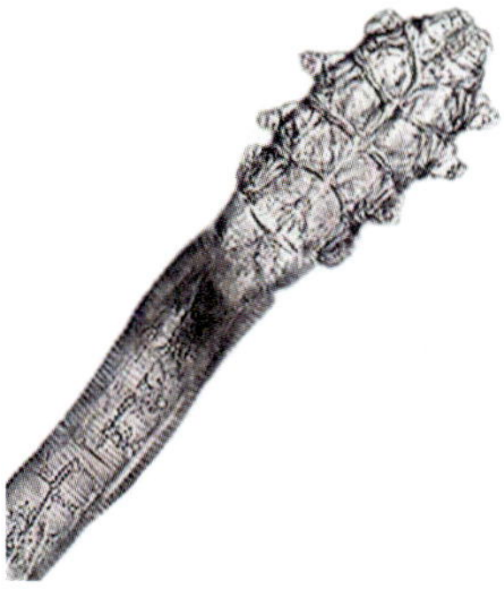

[그림 4-5] Folliculurum

[그림 4-6] Brevis

• 모낭충의 성장주기

모낭충의 성장주기는 4단계 혹는 5단계로 나누는데, 본서에서는 다음의 그림과 같이 4단계로 나누었다.

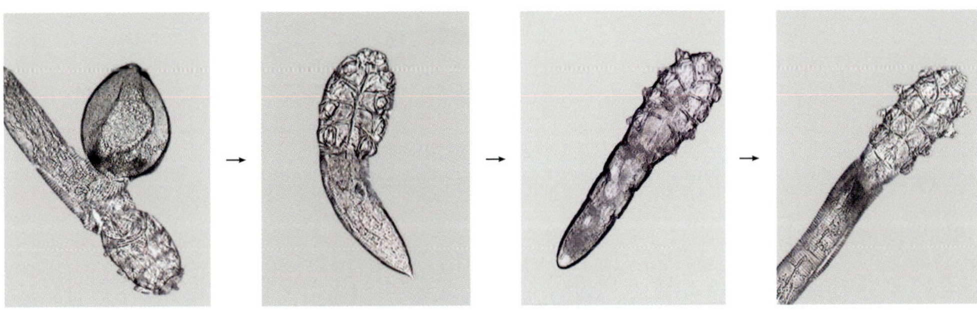

알(Ovum) → 유충(Larva) → 약충(Nymph) → 성충(Adult)

[그림 4-7] 모낭충의 성장주기

알은 50um 정도의 크기로 방추(Spindle) 형태를 보이고 있으며, 유충은 100um의 크기로 3쌍의 다리를 가졌고, 약충은 200um의 크기로 4쌍의 다리를 가졌으며, 성충은 300~400um의 크기로 약충과 마찬가지로 4쌍의 다리를 가졌다.

• 모낭충에 의한 탈모

모낭충이 일정한 수 이상으로 존재할 경우 모낭에 심각한 피해를 일으킨다. 따라서 모낭충이 존재한다고 해서 모두 탈모를 유발시키는 것이 아니라 일정 수 이상의 모낭충이 존재하는 경우 탈모가 발생할 가능성이 높다. 모낭충이 탈모에 미치는 영향에 대한 견해로는, 현재까지의 연구결과를 종합하여 크게 다음과 같은 네 가지로 나누어서 살펴볼 수 있다.

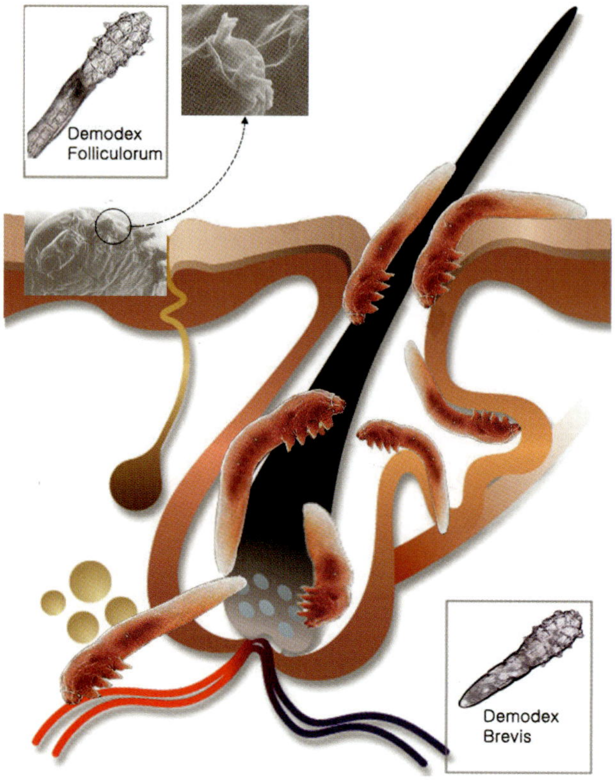

[그림 4-8] 모낭의 모낭충

가. 리파아제(Lipase)

모낭충은 리파아제(지질분해효소)를 분비하여 피지와 모근의 지질성분을 분해시켜 영양분으로 사용한다. 그러므로 모근에 손상을 주어 탈모를 발생시킨다. 또한 과도한 양의 피지를 가진 두피는 모낭충이 군락을 이루기 좋은 환경이다.

나. 염증 유발

모낭충의 존재는 모낭염과 관계가 있는데, 이것은 모주기를 단축시킨다. 모낭충은 분비물과 사체로 인한 오염 그리고 피부 밖 불순물을 피지 속으로 전이시켜 염증을 유발시킨다. 한편 염증과 감염은 많은 수의 모낭충이 하나의 모낭에 서식할 때 발생한다는 견해가 있다.

다. 모근 손상

모낭충은 모근벽을 갉아먹으면서 모근을 약화시키고 모발과 피부 사이의 공간을 만들고 모근이 약해지면서 뿌리가 흔들리고 모발이 피부에 단단하게 붙어있지 않고 느슨하게 되여 모발이 쉽게 빠지게 된다.

라. 면역 기능

모낭충은 단순히 약한 면역체계를 가진 숙주에 존재하는 것이 아니라, 모낭충이 면역기능을 약화시키고 피부에 알러지를 일으킨다.

• 모낭충이 매개하는 질병

지금까지 모낭충을 매개로 하여 발생하는 것으로 알려진 질병으로는 모낭염(모포염, Folliculitis), 안검염(Blepharitis), 주사(발적,Rosacea), 맥립종(Hordeolum), 검판선염(Meibomianitis), 산립종(Chalazion) 등이 있다.

② **곰팡이**(Fungi)

곰팡이는 효모균과 진균류로 나뉘며, 진균류는 매우 가는 사상의 균사로 되어 있는데, 이상각화증의 원인이 된다. 곰팡이는 빛에 민감하지 않으나 강한 빛에 의해서는 성장이 저해된다.

Physarumpolycephalum　Stemonitis　Hemitrichia

[그림 4-9] 곰팡이

대부분의 곰팡이들은 상대습도가 95~100%일 때 가장 잘 자라고, 10~40℃에서 살아가며, 최적 온도는 25~35℃이다. 곰팡이의 최적 산성도는 pH 5.0~5.5로 약산성인 상태에서 잘 자란다. 곰팡이에 의한 감염증으로는 비듬, 백선 등이 있다.

③ **세균**(박테리아, Bacteria)

병원성 세균에 감염되어 나타나는 증상을 염증이라고 한다. 세균이 자라기 위해서는 양분과 알맞은 온도, 습도 및 산소가 필요하다. 20℃ 이하에서 잘 자라는 것을 저온성 세균, 55~60℃에서 잘 자라는 것을 고온성 세균이라고 하며, 그 중간 온도에서 자라는 것을 중온성 세균이라고 한다.

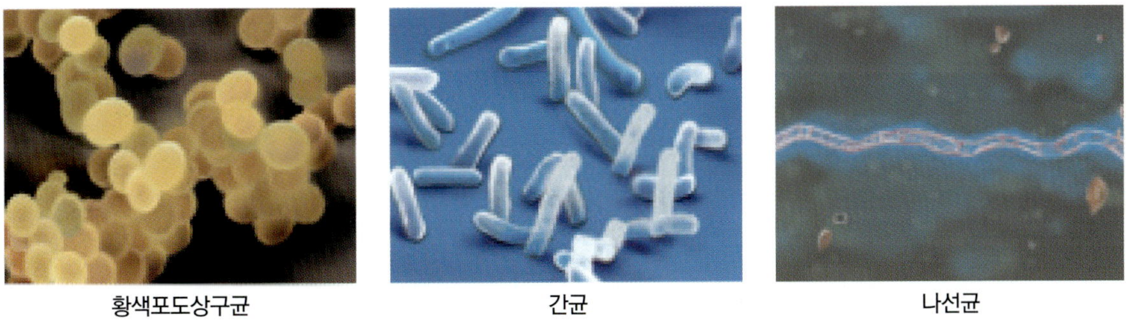

황색포도상구균　간균　나선균

[그림 4-10] 세균

사람의 병원균들은 37℃가 최적 온도이고, 세균의 최적 pH는 7.0근처이다. 두피에 지루성 피부염을 일으키는 원인이 되고 심하면 건선 등의 피부질환을 일으킨다.

④ **바이러스**(Virus)

바이러스에 감염되어 나타나는 증상을 포진이라고 하고, 수포를 형성하며 통증을 동반한다. 바이러스는 세균보다 작은 미생물로, 스스로 살아갈 수 없으므로 숙주에 기생하여 살아가는데, 인체가 바이러스에 감염된 경우엔 인체가 숙주가 되고 바이러스는 인체를 이용해 바이러스가 살아가는데 필요한 것들을 얻는다.

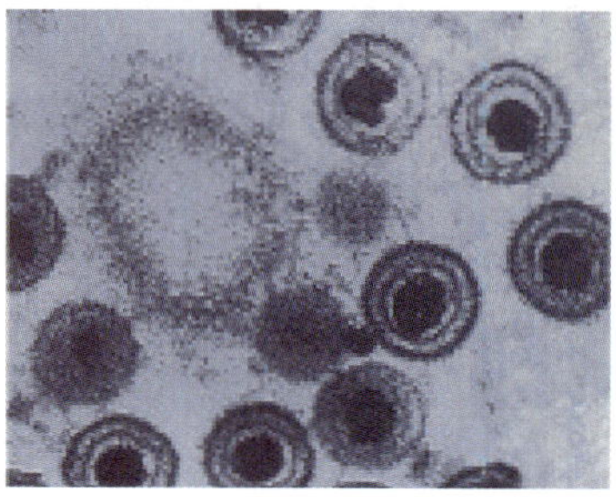

포진바이러스

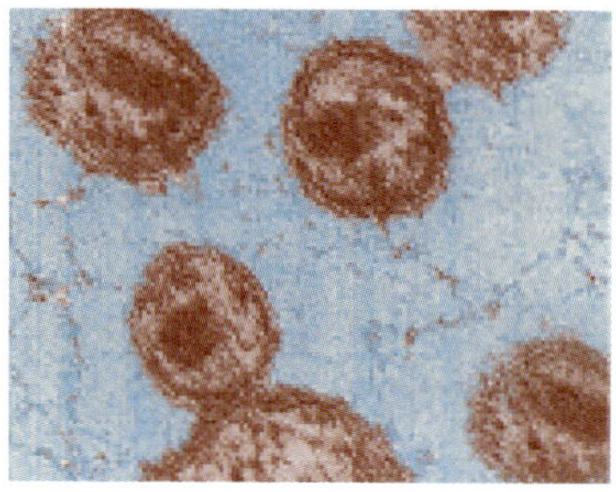

에이즈바이러스

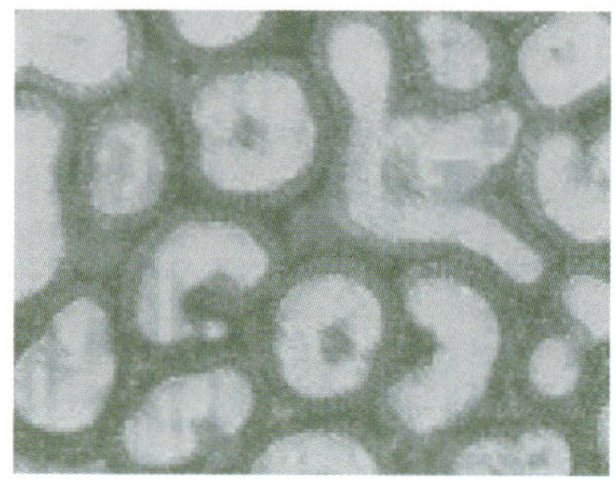

독감바이러스

[그림 4-11] 바이러스

예컨대, 헤르페스 바이러스는 입 주변에 기생하고 있다가 스트레스 등으로 몸이 피곤해지고 면역력이 저하되면 활동을 시작하여 입 주변에 조그만 수포들을 만들게 되는데, 이것을 포진이라고 부른다.

3) 진행(탈모의 진행)

탈모의 원인인 유전, 스트레스, 약물, 질병, 영양 불균형, 호르몬 이상, 모낭충, 환경 등의 문제로 인해 인체에 혈행장애, 발열, 내분비 이상, 감염증 등의 증상이 나타나고, 이 후 모발 발육의 저해를 가져와서, 모근과 두피를 손상시키며, 모주기의 변화를 가져와 결국 탈모로 이어지게 된다. 그러므로 탈모를 치료하기 위해서는 두피에 직접 약물로 치료하는 외치적인 치료 뿐 만 아니라 내 몸 안에서 탈모를 유발하게 하는 문제들도 함께 치료하고 관리하여야 한다.

(1) 모발의 발육이상

탈모가 되기 전에, 모발이 가늘어지고 잘 안 자라는 현상이 먼저 나타나게 된다. 혈액을 통해 영양분과 산소를 충분히 공급받아야 하는 모발은 혈행장애로 인해 영양분을 충분히 공급받지 못하면 점점 모발이 가늘어지고 약해지며 모발의 성장속도가 지연된다.

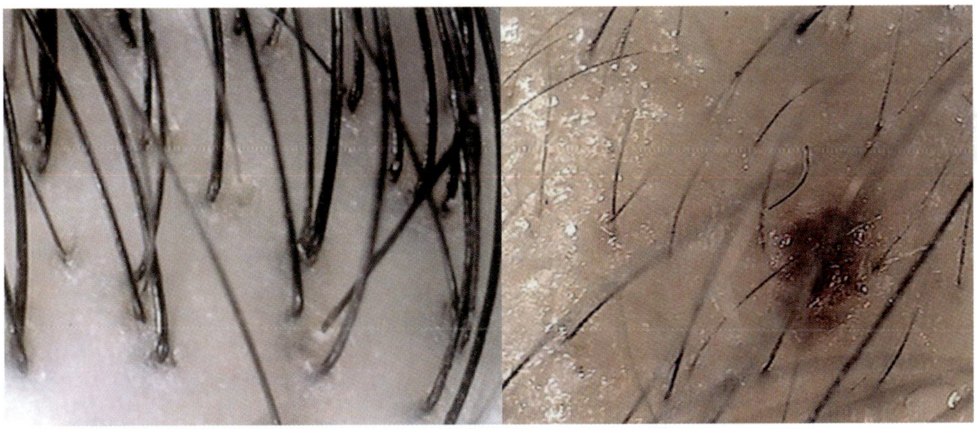

[그림 4-12] 발육 이상

(2) 모근의 손상 (Hair Root Damage)

탈모가 진행 중이거나 이미 탈모가 된 사람들 중에 지성두피를 갖고 있는 사람들이 많다. 피지가 하는 기능은 여러 가지가 있지만 그 중에 내 몸의 지방대사에서 나오는 독소물질을 배출시키는 기능도 하게 되는데, 모공은 모발이 두피로 나가는 통로이면서 피지선에서 피지가 배출되는 통로이기도 하고 대한선의 땀이 배출되는 통로이기도 하다.

그러므로 두피의 피지분비량이 증가하면 모공을 열어서 땀과 피지를 배출시키고 평상시에는 다시 모공을 닫아 외부로부터 이물질이 침입하는 것을 차단하게 된다. 그러나 탈모가 진행될수록 배출되는 피지분비량이 많아지게 되고, 그러면서 대사의 중간물질인 프리라디칼(free radical)에 의해 활성산소가 만들어진다, 그 활성산소에 의해 과산화지질이 생성되면서 모공 주위의 피부가 과산화지질에 의해 노화되고, 모공을 막게 되고, 모공을 통해 배출되어야 할 노폐물이 모낭 안쪽으로 역류하면서 모근을 손상시키는 주요한 원인이 된다.

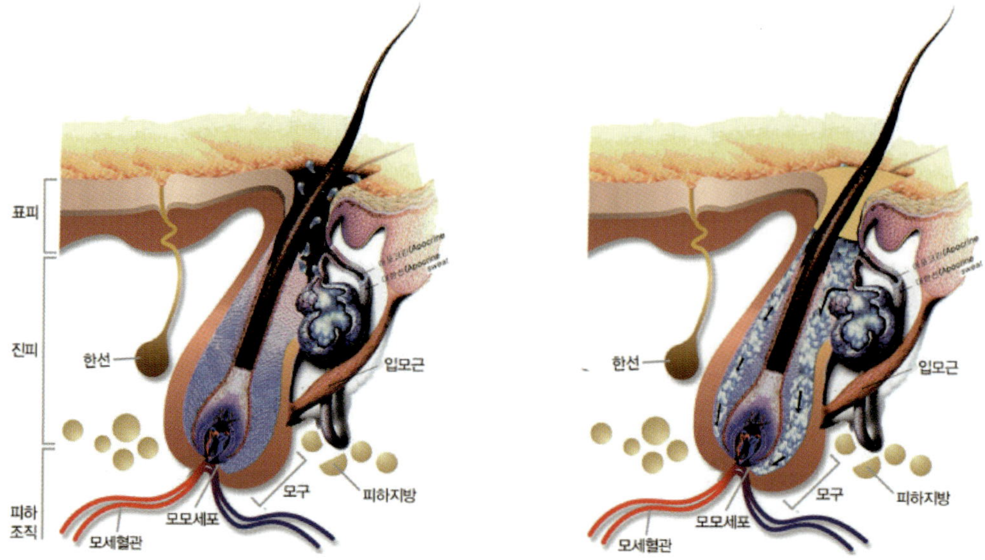

[그림 4-13] 모낭 손상

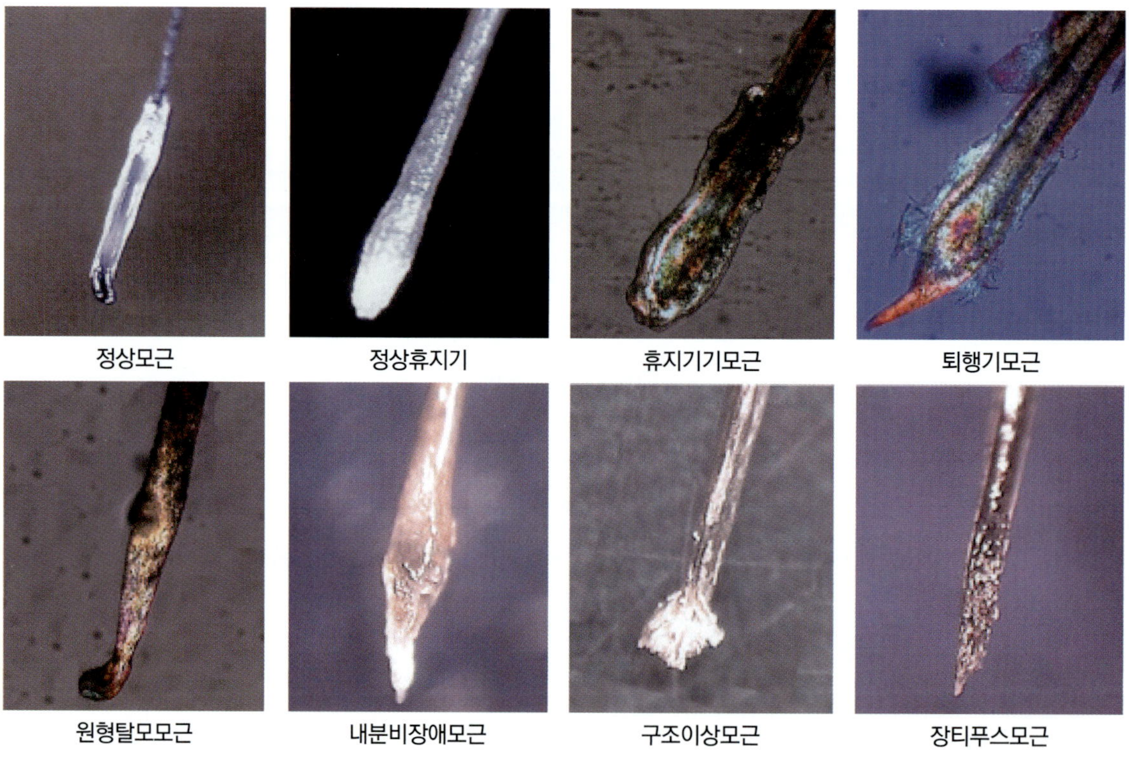

[그림 4-14] 유형별 모근 손상

모근의 손상은 탈모의 중요한 원인이지만, 모발이 성장하면서 나타나는 여러 가지 손상요인은 [그림 4-14]과 같은 여러 가지 형태로 나타나게 되며, 나타나는 형태를 유심히 관찰하게 되면 케라틴의 형성 과정에서 오는 문제점들을 추정할 수 있다.

(3) 두피의 손상

탈모인들 중에는 비듬, 염증, 건선, 백선, 모낭염 등의 두피의 문제점을 가지고 있는 사람들이 많다. 두피의 트러블로 인해 면역력이 저하되고 환경의 악화로 인해 모발의 손상이 점점 가속화된다.

지루성두피염 건선

[그림 4-15] 두피의 손상

(4) 모주기의 변화

모발의 모주기는 3~6년으로, 이 주기를 기준으로 자라고 빠지기를 반복한다. 그런데 탈모가 진행되면 모낭이 퇴화되면서 모발이 3~6년을 자라지 못하고 빠지게 되는데, 이것은 모낭이 섬유화되기 때문이다. 모낭의 섬유화는 모주기의 변화를 의미한다.

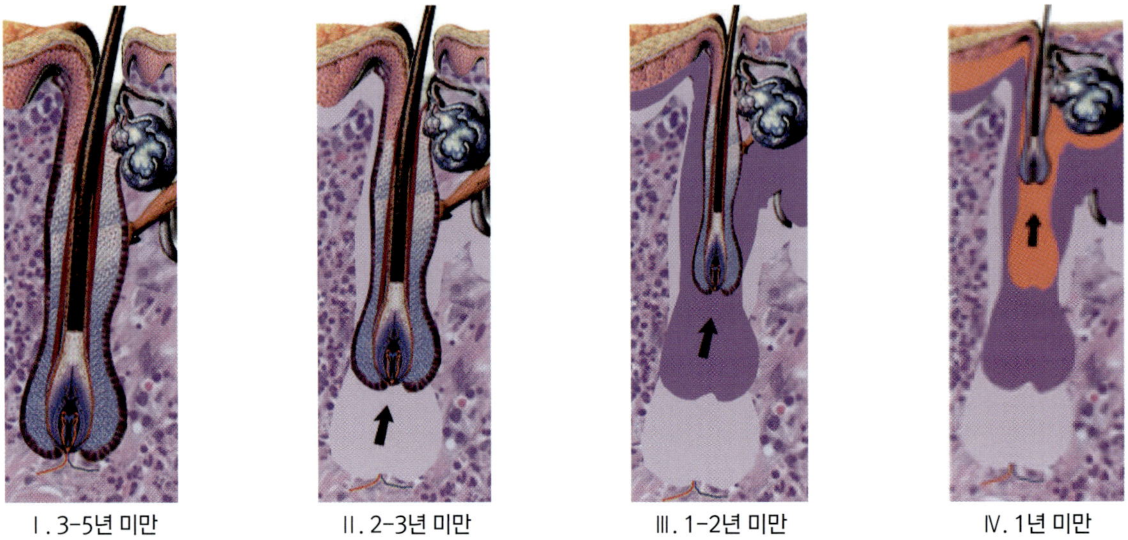

[그림 4-16] 모주기 변화

모주기는 신체 부위에 따라 다양하다. 정상인의 모발은 3~5년 동안 성장하는 모주기를 갖고 있어서 길고 굵게 성장하지만 눈썹의 경우는 성장기가 1~6개월로 짧기 때문에 모발처럼 길게 성장하지 못한다. 탈모의 원인들이 모주기의 변화를 가져와 모발의 성장기가 점점 짧아져 탈모가 진행된 만큼 모발이 솜털화 되어 간다.

암을 진행 정도에 따라 1기, 2기, 3기, 4기로 구분하듯 탈모도 1기, 2기, 3기, 4기로 구분할 수 있다. 탈모1기에서는 모발의 주기가 3~5년 미만으로 줄어들게 되고, 탈모2기는 2~3년 미만, 탈모3기는 1~2년 미만, 탈모4기는 1년 미만으로 줄어들게 된다. 두정부 부위에 솜털 같은 머리카락들만 자라는, 흔히 우리가 대머리라고 부르는 독두상태는 그 부분의 모낭이 퇴화되어 머리카락이 아무리 오래 자라도 1년 미만으로 밖에 자랄 수 없기 때문에 솜털 정도의 길이 밖에 자라지 못한다. 눈썹의 모주기는 1~6개월이다. 즉 머리카락의 모주기가 눈썹과 유사하게 변해버린 것이다. 눈썹은 아무리 길게 자라도 어느 한계이상 자라지 않는 것을 생각해보면 이해에 도움이 될 것이다. 암도 조기발견과 조기치료를 하였을 경우 완치율이 높듯이 탈모도 조기에 치료해주는 것이 바람직하다.

모낭의 주기는 한번 바뀌면 다시 돌아가기가 힘들다. 모발이 전체적으로 빠른 시간에 탈락한 탈모유형은 정상으로 돌아갈 확률이 높은 반면 서서히 진행된 탈모유형은 정상으로 복귀하기가 시일도 오래걸리고 어려워진다.

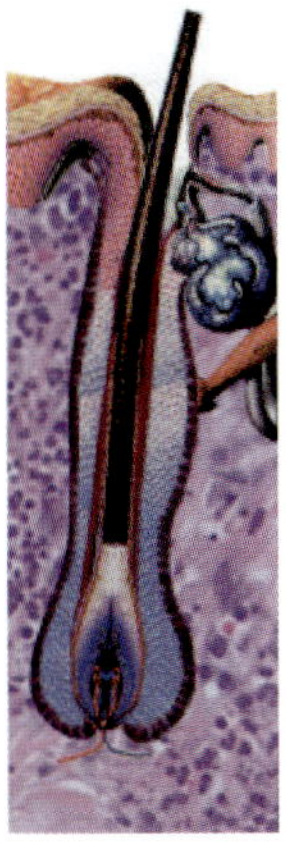

Ⅰ. 3-5년 미만

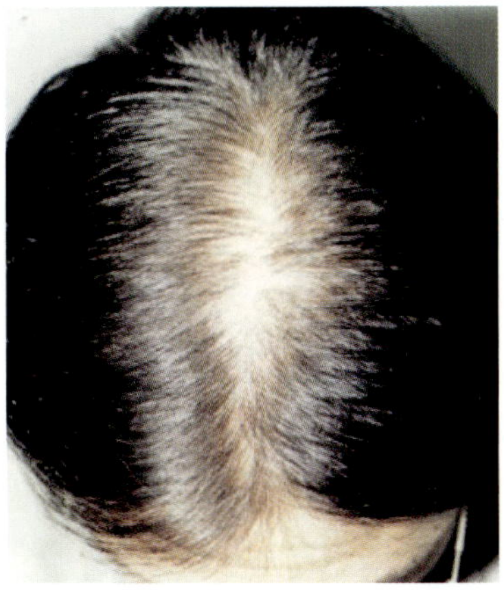

남성형탈모 1기

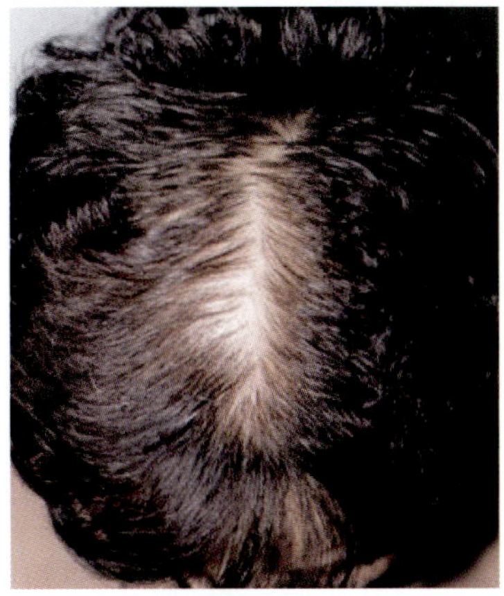

여성형탈모 1기

탈모초기

모발이 3~5년 이상 자라지 못하고 하루 60~80개 이상의 모발이 탈락하는 모습이 보이며 모발의 전체 볼륨이 감소하는 듯한 느낌을 받는다.

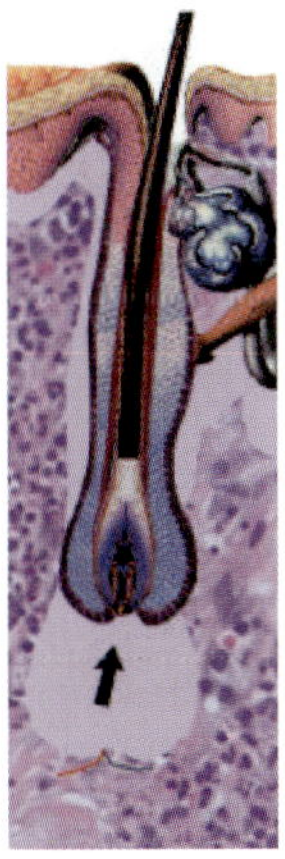

Ⅱ. 2-3년 미만

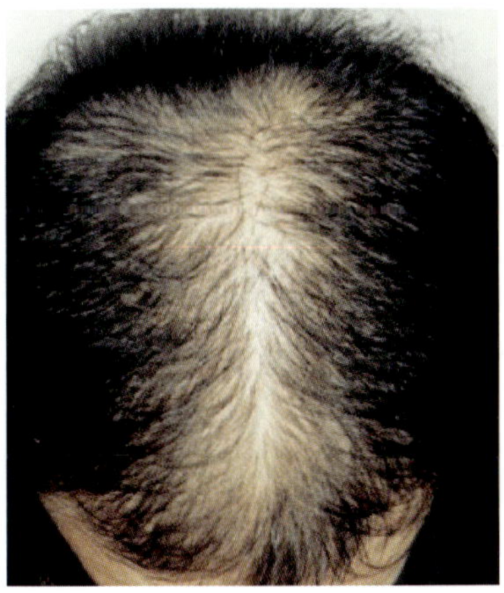

남성형탈모 2기

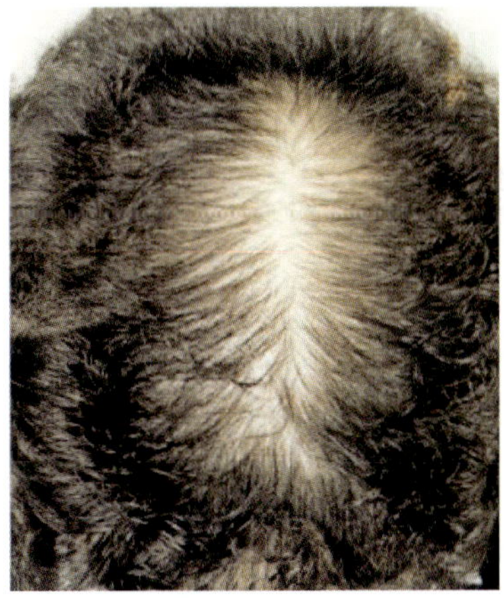

여성형탈모 2기

탈모 2기

모발의 주기가 2~3년 미만으로 줄어들고 모낭의 크기가 위축되고 주변의 피지선의 발달로 인해 피지분비량이 증가한다. 전체적으로 두피가 당겨지는 느낌과 모낭의 끝이 아픔을 느끼는 단계이다.

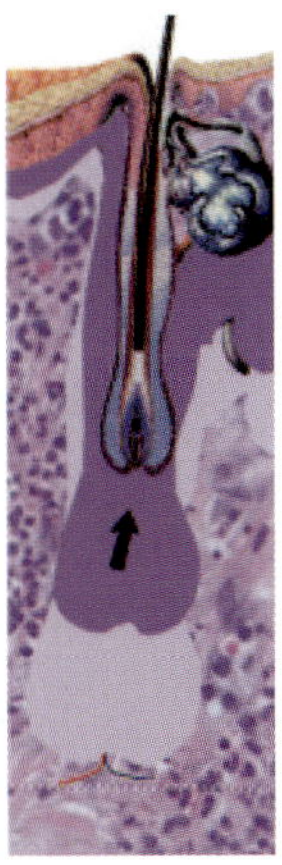

Ⅲ. 1-2년 미만

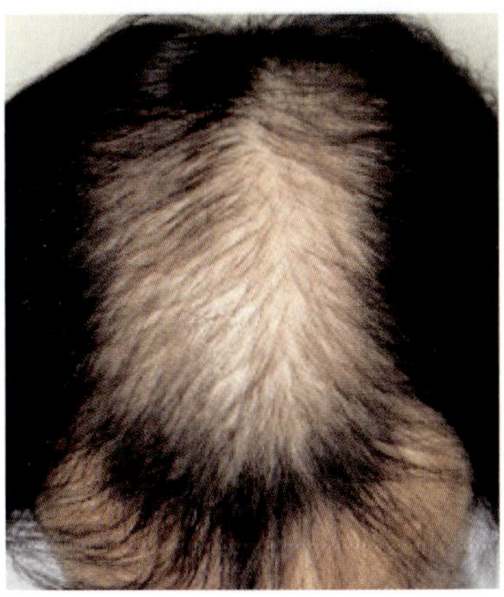

남성형탈모 3기

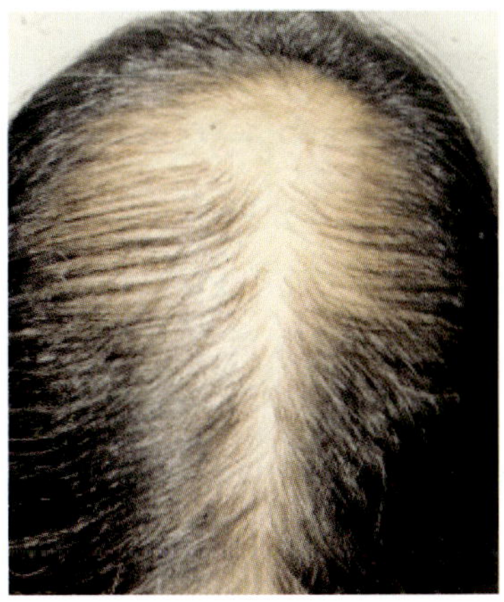

여성형탈모 3기

탈모 3기

모발의 주기가 1~2년으로 줄어들고 모낭 위축의 폭이 커지고 두피가 얇아지는 느낌을 받는다. 두피 속이 들여다보이고 탈모반이 뚜렷하게 보이며 탈모의 진행이 확실하게 보인다.

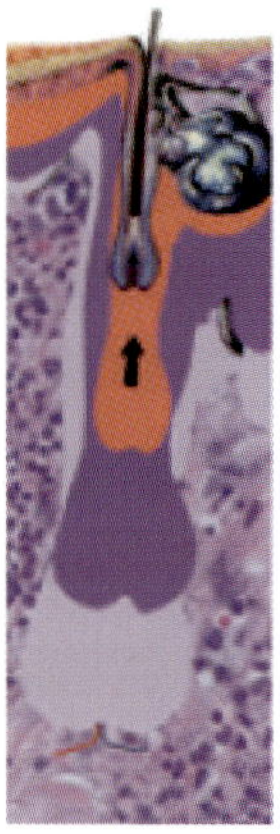

l . 1년 미만

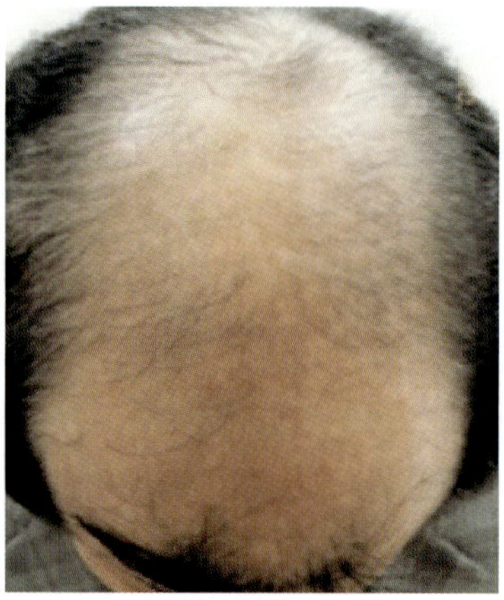

남성형탈모 4기

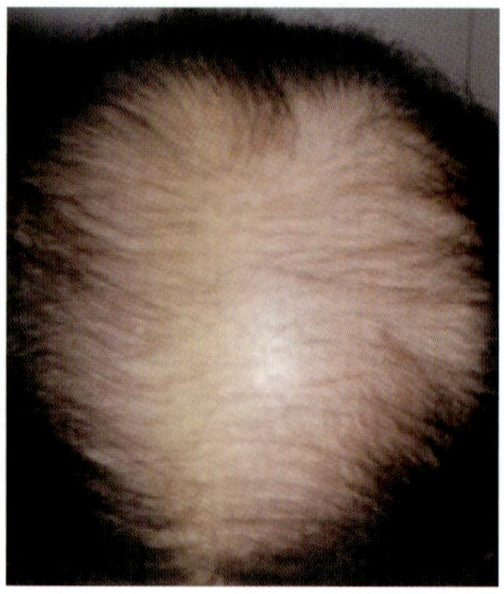

여성형탈모 4기

탈모4기
모발의 주기가 1년 미만으로 줄어들고 두피의 탄력이 없어져 늘어지는 현상을 보이고 모발이 솜털화 되어가는 현상을 보인다. 두피의 저항력이 떨어져 가벼운 충격에도 손상이 발생한다.

4) 결과(탈모 메커니즘의 결과)

탈모 메커니즘은 다양한 탈모의 원인이 내 몸에 적용될 때(원인) 그로 인해 내 몸에 변화를 가져오고(경과) 그 변화에 의해 탈모가 진행된다.(진행) 그리고 샴푸, 브러싱, 타올 드라이 등의 물리적 자극에 의해 손상된 순서대로 모발이 빠져 나가게 된다.(결과)
많은 사람들이 표면에 나타난 증상들만 보고 탈모를 진단하고 관리를 시도한다. 하지만 근본적으로 내부의 다양한 원인들이 있을 수 있으며 그 원인을 해결하지 않고 표면에서만 탈모를 관리하거나 발모를 시도한다면 그만큼 효과를 보지 못하고 힘들어진다.
기존의 탈모관리가 성공적이지 못한 이유 중 하나가 탈모관련 증상치료에만 전적으로 의존해왔던 것이 관리의 한계가 된다. 현대과학으로서 나타날 수 있는 증상과 문제점을 근본적으로 진단하고 처방, 시술함으로써 호전시키고 개선시키는데 관리의 중점을 두어야 한다
탈모 메커니즘을 통해 탈모의 원인, 경과, 과정, 결과를 이해함으로서 우리의 신체 내부에서 일어나는 화학적인 변화들을 이해하고 그 변화를 해결하는 동시에 표면적인 문제를 관리한다면 보다 빨리, 원하는 만큼의 회복이 가능하다.
탈모의 현상을 보고 내외적인 요인들을 분석하여 관리하고 예방할 때 중요한 것은 성급한 생각과 성급한 대응을 하지 말라는 것이다. 성급한 대응으로 인한 부작용을 초래할 수 있기 때문이다.
인체는 고유의 면역력을 가지고 있다. 좀 더 빠른 회복을 위한 화학적인 약물요법의 남용은 자가면역 질환을 야기할 수 있으며, 심지어는 모발을 형성하는 메커니즘에 손상을 가져와 정상적인 모발의 형성과정에 지장을 초래할 수 있다. 따라서 좀 더 신중한 분석과 대응이 필요하다.
정확한 검사와 분석을 통해 관리를 하면서 평상시 생활 속에서의 습관 등 손상 요인들을 없애고, 생활 패턴의 변화를 통해 손상 요인을 줄여주는 것이 두피와 모발의 손상을 예방하고 탈모의 공포에서 벗어날 수 있는 지름길일 것이다.

3. 탈모증 분류

모발이 빠질때는 어느 정도 일정한 형태와 패턴을 가진다. 모발은 일정한 모주기에 의해 성장하고 빠지는 과정을 반복하게 되며, 유전, 호르몬, 생활습관 등등의 요인들에 의해 모주기의 변화가 생기고, 이로 인해 여러 형태의 탈모증이 나타나게 된다. 같은 육모제나 발모제를 사용하더라도 모발이 많이 나는 사람, 별로 변화가 없는 사람, 때로는 더 빠지는 사람도 있다. 이러한 것을 예측하기 위한 가장 기본이 되는 것이 탈모증의 분류이다. 분류에 따른 탈모의 진행 정도를 살펴보면 그 사람의 모낭 상태나 모주기 등 여러 가지 손상 요인을 예측하는 것이 가능하다. 그러므로 탈모를 올바르게 진단하고 관리하기 위해서는 탈모를 정확하게 분류하는 것이 우선적이다. 탈모증의 분류는 크게 의학적 분류, 병리형태상의 분류, 증상에 따른 분류로 나누어 볼 수 있다.

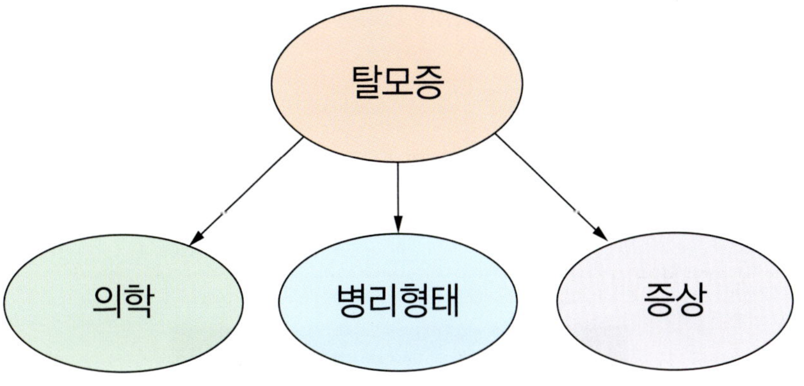

[그림 4-17] 탈모증 분류

1) 의학적 분류

모발은 모낭이라는 조직에서 만들어지고 성장한다. 이러한 모낭조직이 유전적인 요인 또는 후천적인 여러 요인에 의해 손상되거나 소실되는 경우로써, 두피에 모낭의 존재 유무에 따라 탈모증을 분류하는 것으로, 반흔성 탈모와 비반흔성 탈모로 구분된다.

(1) 반흔성 탈모증(Cicatrical alopecia)

반흔성 탈모란 모낭이 파괴되거나 그 기능을 잃어 모발이 성장할 수 없는 상태가 되는 탈모증을 말한다. 모낭이 없이는 모발을 만들어낼 수가 없다. 두피의 모낭 개수는 출생 시 결정되어 그 숫자가 이미 정해져 있어서 태어난 이후에는 새로운 모낭이 더 늘지는 않는다.
반흔성 탈모증의 경우 두피조직의 상태에 따라 이식으로 치료가 가능한 경우도 있지만, 수술이 불가능한 경우도 있다. 반흔성 탈모증은 선천적 반흔성 탈모증과 후천적 반흔성 탈모증으로 분류한다.

① 선천적 반흔성 탈모증

선천적 반흔성 탈모증은 아래 그림처럼 선천적 또는 유전적으로 표피, 진피 혹은 피부부속 기관의 기형으로 발생하며 태어날 때부터 정상적으로 모낭이 존재해야 할 부분에 모낭이 없이 태어나는 탈모증을 말한다.

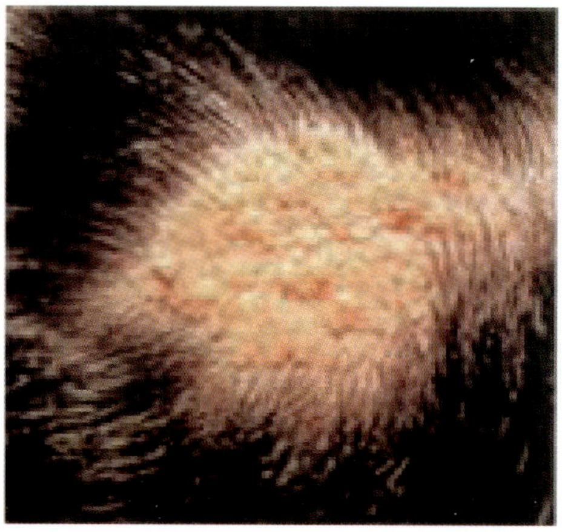

[그림 4-18] 선천적 반흔성 탈모증/표피모반

② 후천적 반흔성 탈모증

화상, 상처, 염증, 수술 등으로 모낭이 파괴되고 섬유화되어 두피에 반흔 조직만이 남은 상태의 탈모증이다. 두피에 발생하는 질환성 염증은 모낭 상부를 침범하여 모낭 상부의 관이 파괴되는 경향이 있기 때문에 두피검사를 하면 아래 그림처럼 모공이 잘 보이지 않고 두피가 매끈매끈한 것을 관찰할 수 있다. 또한 염증으로 인해 붉은색 구진 같은 홍반이 나타나고 탈모가 동반되는 경우처럼 반흔성 탈모증이 의심될 때에는 조직검사를 통해 확진할 수도 있다. 임산부에게 주로 발생하는 산후 휴지기 탈모증에서도 오랫동안 모발이 재생되지 않고 빈 모낭의 상태가 지속되면 모낭의 상피세포가 그 기능을 잃어 공피증처럼 반흔성 탈모가 되는 경우도 있다.

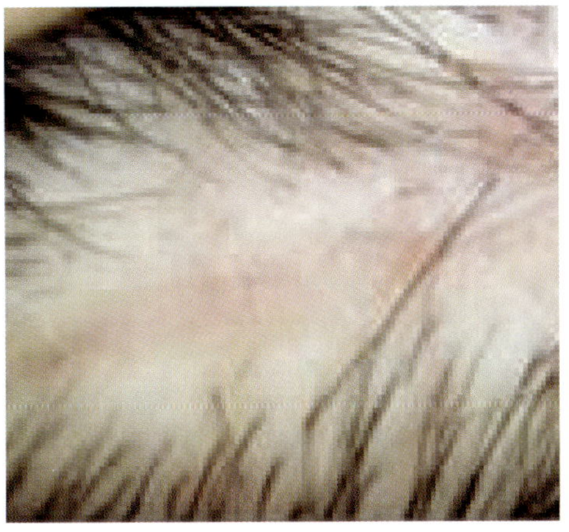

[그림 4-19] 후천적 반흔성 탈모증/상처

(2) 비반흔성 탈모증(Non-cicatrical alopecia)

비반흔성 탈모증은 조직이 섬유화되지 않고 모낭도 그대로 보존되어 있는 상태에서 여러 가지 손상요인으로 인해 모발만 빠져나간 탈모증을 말한다. 약물 치료나 물리적인 관리에 의해 복구될 확률이 비교적 높은 탈모증으로, 남성형 탈모, 여성형 탈모, 원형 탈모, 휴지기 탈모, 생장기 탈모 등이 여기에 속한다.

2) 병리형태상 분류

암에 걸려 항암치료를 진행하면 대부분의 사람들이 2~3주 후부터 모발이 전체적으로 탈락하는 경우를 종종 본다. 이 경우처럼 특정한 요인에 의해 일정한 형태로 진행되는 병리형태상의 특징에 따라 탈모증을 분류하는 방법을 병리형태상 분류라고 하고, 국소성 탈모증과 미만성 탈모증이 여기에 속한다.

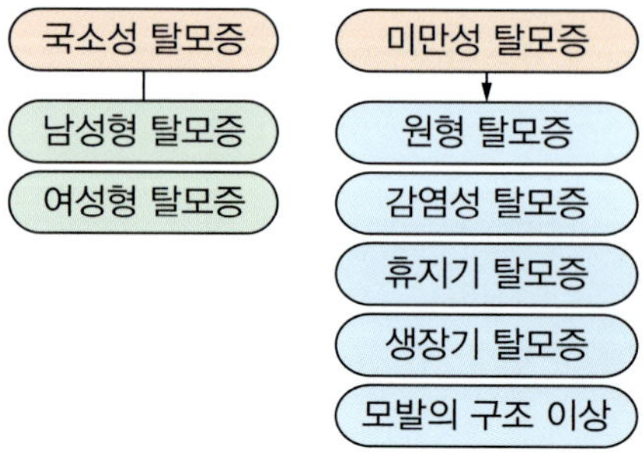

(1) 국소성 탈모(Topical Alopecia)

국소적으로 좁은 범위에서 발생하는 탈모를 이르는 말로, 남성형 탈모의 M 자형의 경우 양 미간 부분이 뒤로 후퇴하며 탈모가 진행되어 대부분 정수리 부분까지 모발이 빠져나가게 된다. 그런데 탈모가 많이 진행되어 이미 모발이 많이 없어진 상태라도 그 처음 시작점은 정해져 있었다. 이와 같이 빠져나가는 경로가 고정적으로 정해진 경우의 탈모증을 국소성 탈모증이라고 한다. 국소성 탈모증으로는 남성형탈모증(Male Pattern Alopecia, MPA)과 여성형 탈모증(Female Pattern Alopecia, FPB)이 있다.

(2) 미만성 탈모증(Diffuse Alopecia)

탈모증이 국소성 탈모증처럼 발생하는 장소가 일정하게 정해져 있지 않고 두피 전반부에서 불규칙적으로 나타나는 형태를 미만성 탈모증이라고 한다.

① **원형 탈모증**(Alopecia Areata, AA)

② **감염성 탈모증**(Alopecia Infection, AI or IA)

③ **휴지기 탈모증**(Telogen Effluvium, TE)

④ **성장기 탈모증**(Anagen Effluvium, AE)

⑤ **모발 구조 이상**

유전, 스트레스, 호르몬 등의 불균형으로 인해 모근의 구조에 이상이 생겨 모발이 쉽게 탈락되거나 탈염색제로 인한 모간의 손상으로 발생하는 탈모증이다.

3) 증상별 분류

증상별 탈모증을 보면 남성형 탈모, 여성형 탈모, 원형 탈모, 감염성 탈모, 휴지기 탈모, 생장기 탈모증으로 구분할 수 있다.

(1) 남성형 탈모증(Male Pattern Alopecia, MPA)

① 남성형 탈모의 정의

남성형 탈모증이란 남성에게서 주로 나타나는 탈모 형태를 말한다. 과거에 남성형 탈모증이란 안드로겐성 탈모증을 이르는 말이었으나 최근에 탈모의 원인이 다양하게 밝혀지고 있으므로 안드로겐성 탈모증(Androgenetic Alopecia)은 안드로겐이 원인이 되어 나타나는 탈모형태로 남성형 탈모의 가장 대표적인 유형이다.

② 남성형 탈모의 분류

남성형 탈모의 분류는 크게 해밀턴 분류법, 해밀턴-노우드 분류법, 오가타 분류법이 있다. FDA에서 발모제로 승인받은 미녹시딜은 오가타 분류법에 의하여 임상을 실시하였고 프로페시아는 해밀턴-노우드 분류법에 의하여 임상을 실시하였다.

• 해밀턴 분류법(Hamilton)

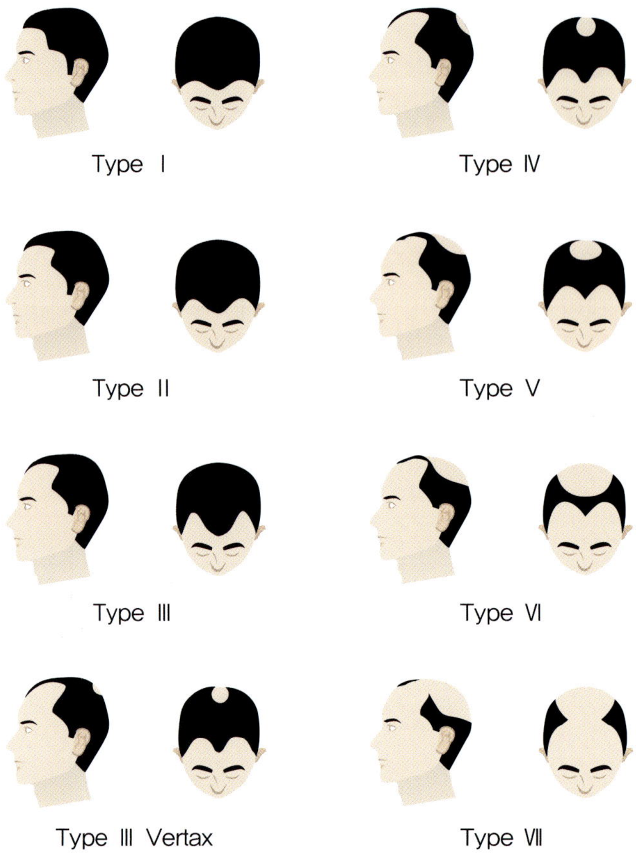

[그림 4-20] 해밀턴 분류법(Hamilton)

일반적으로 공인된 최초의 탈모 분류법으로 1951년 닥터 해밀턴(Dr, Hamilton)이 남성형 탈모는 7단계의 순서를 거쳐 진행된다고 발표함으로써 해밀턴 분류법으로 불리게 되었다. 해밀턴은 안드로겐 호르몬, 유전, 나이 등의 요소들의 상호작용을 남성형 탈모의 원인으로 언급하면서 탈모에 대한 임상적 평가를 위한 도구로서 분류법을 작성하였다.

• 해밀턴-노우드 분류법(Hamilton-Norwood)

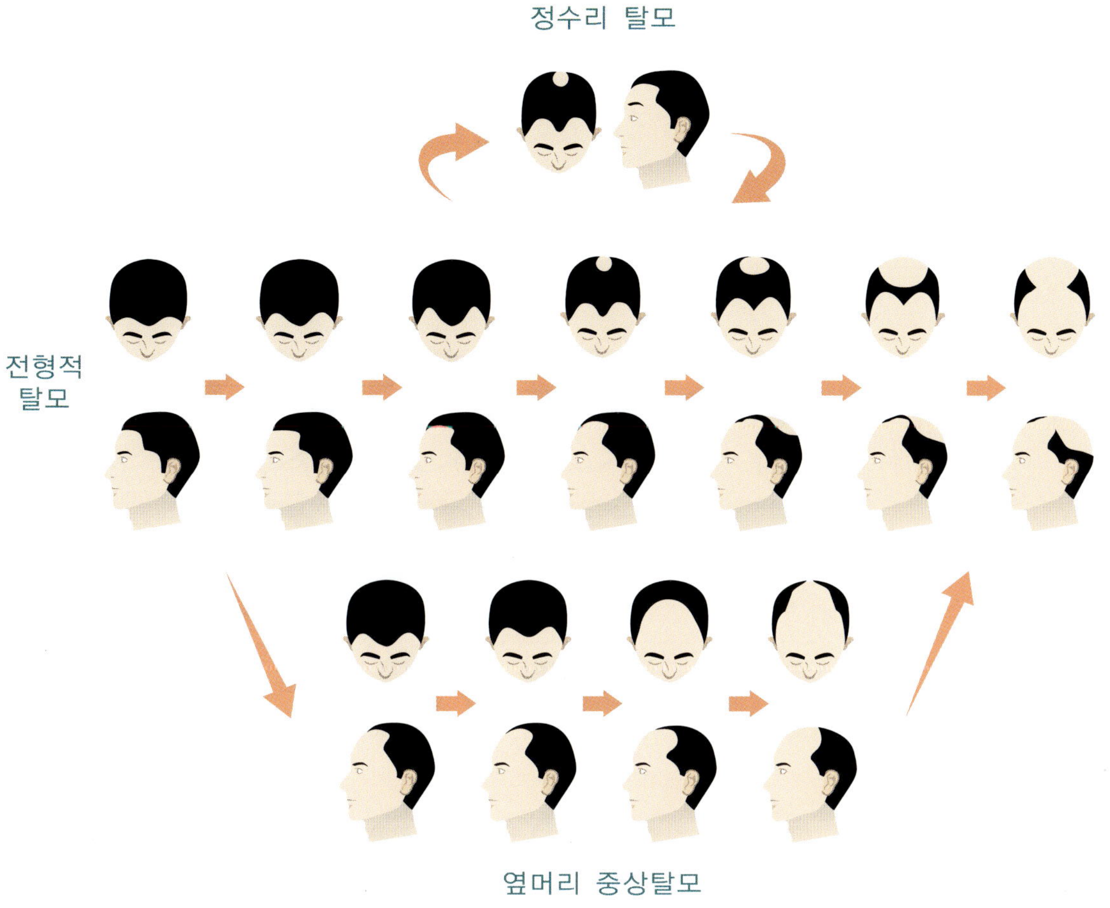

[그림 4-21] 해밀턴-노우드 분류법(Hamilton-Norwood)

해밀턴-노우드 분류법은 남성형 탈모가 다양한 형태로 분류되어야 한다는 견해가 제기되면서 나타난 분류법으로 해밀턴 분류법을 좀 더 세밀하게 노우드(Norwood)가 분류한 것이며, 전형적 탈모, 정수리 탈모, 앞머리 중심 탈모로 구분하였다. Finasteride(상품명 Propecia : 프로페시아)를 국내에 수입할 때 Hamilton-Norwood 분류법에 따라 탈모된 사람들을 분류하여 임상을 실시하였다.

• 오가타 분류법(Ogata)

일본인 오가타가 분류한 방법으로 탈모의 형태를 6가지로 분류하였고, 진행 정도에 따라 초기, 중기, 말기로 세분하였다. 국내에 미녹시딜(Minoxidil)이 들어올 때 오가타 분류법에 의해 분류하여 임상을 실시하였다.

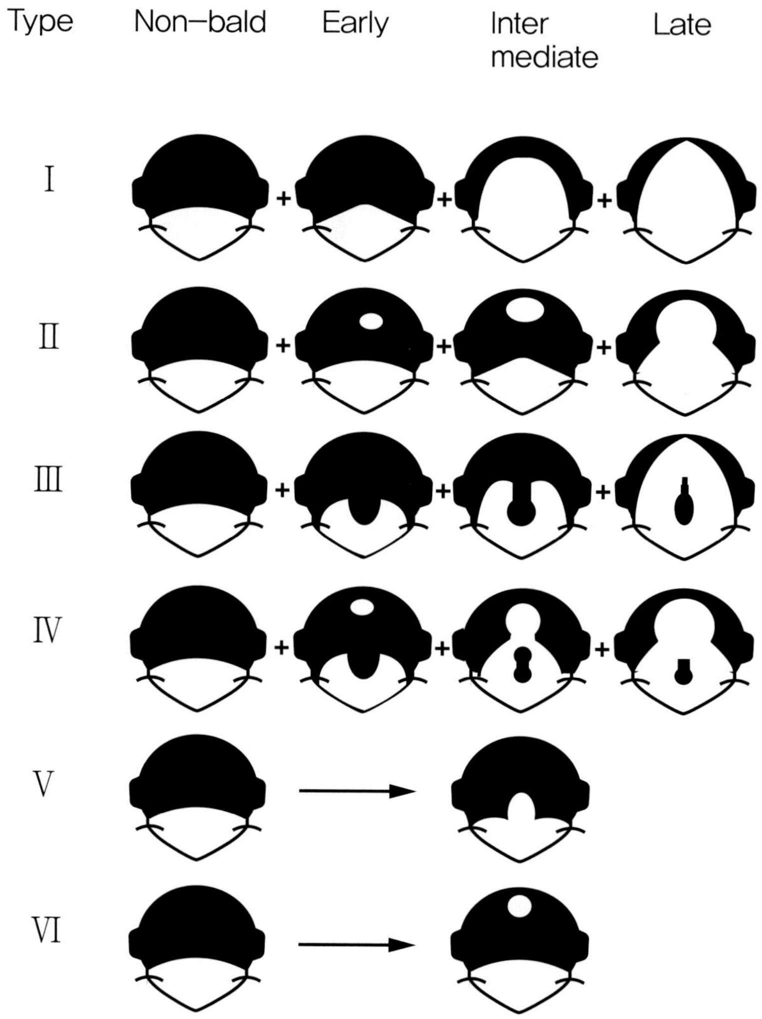

[그림 4-22] 오가타 분류법(Ogata)

• YKS 분류법

모주기 변화

I기 : 3~5년 미만

II기 : 2~3년 미만

III기 : 1~2년 미만

IV기 : 1년 미만

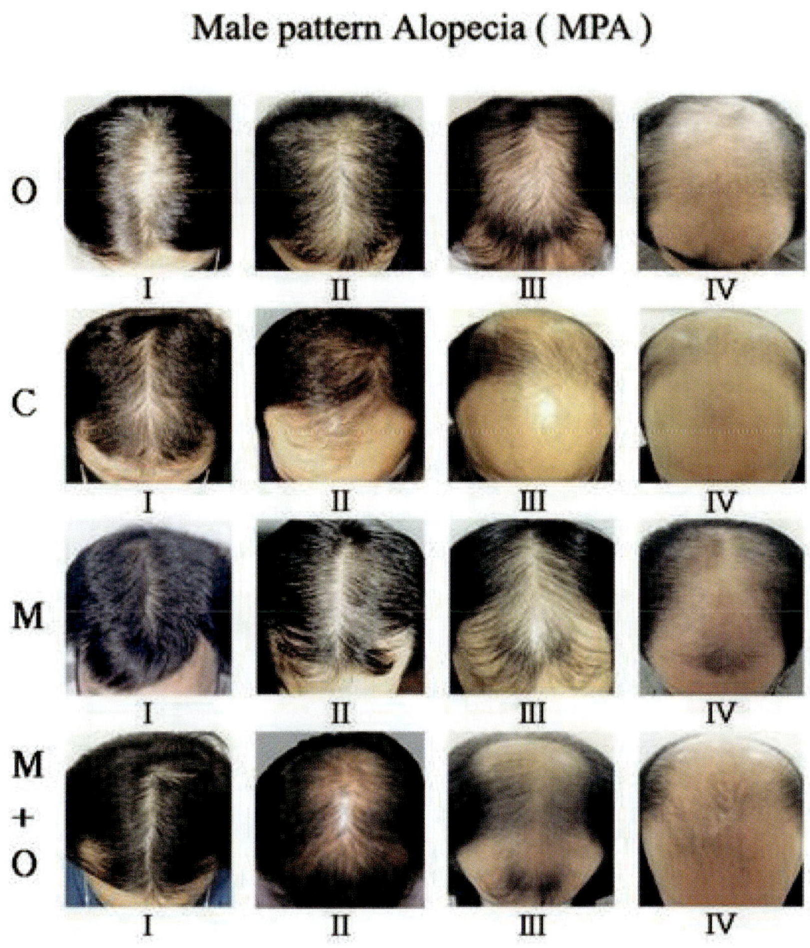

[그림 4-23] YKS 남성형 탈모 분류법

YKS 분류법은 오가타 분류법을 기반으로 조금 더 세분화하고, 모발의 성장주기를 탈모 진행 단계에 따라 기간별로 구분해 놓은 것으로, 모낭의 퇴화 정도에 따라 필자가 분류한 방법이다. 탈모의 형태는 O형, C형, M형, M+O형의 4가지로 구분하였으며, 각 유형을 탈모의 진행 정도에 따라 1(Ⅰ)기는 모주기가 3~5년 미만인 경우, 2(Ⅱ)기는 모주기가 2~3년 미만인 경우, 3(Ⅲ)기는 모주기가 1~2년 미만인 경우, 4(Ⅳ)기는 모주기가 1년 미만인 경우로 구분하였다. 이와 같은 분류법은 모낭의 퇴화도(탈모메커니즘의 '모주기의 변화' 부분을 참조)와 비교하여 공부하면 탈모를 이해하는 데 도움이 될 것이다.

㉠ O형

탈모가 두정부에서 시작하여 점차 확대되어 가며 흔히 '속알머리 없다'라고 표현되는 탈모의 형태로 둥근 원형 모양으로 점점 확대되어 나타나는 탈모증이다. 다른 유형보다 모낭의 섬유화가 적고 회복률도 높다. 가끔 탈모반이 둥근 원형이라 원형탈모증과 혼동하는 경우가 있으나, 원형 탈모증과는 분명히 구분된다.

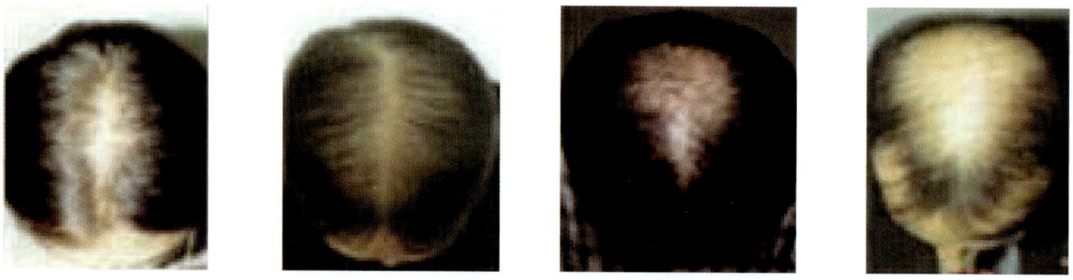

(a) (b) (c) (d)

㉡ C형

앞이마에서 시작하여 점점 뒤쪽으로 빠져 들어가는 C자형은 U자형 혹은 총퇴각형이라고도 표현된다. C자형은 탈모가 진행되는 모습을 거울을 통해 쉽게 확인할 수 있기 때문에 조기 발견이 가능하여 노력하면 예방하기 쉬운 형이나, 이미 탈모가 진행된 경우에는 복구에 많은 시간이 걸린다.

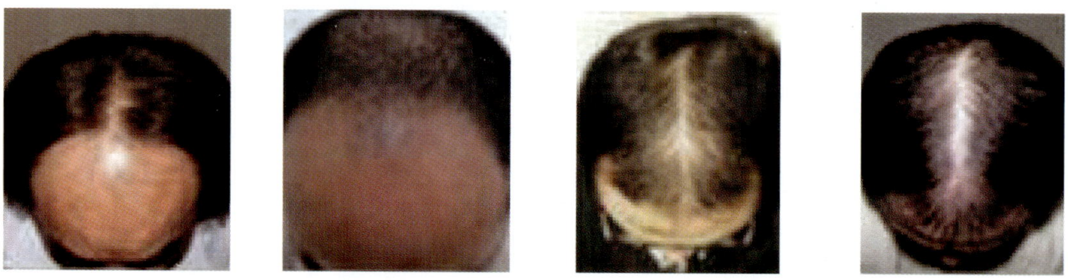

(a) (b) (c) (d)

ⓒ M형

양쪽 이마 부위에서 시작하여 점점 뒤쪽으로 진행되어 가는 형태로, M자형 탈모는 오랜 기간 표시가 나지 않게 천천히 진행되어 어느 정도 진행되고 나서야 이마가 넓어진다는 인상을 받게 된다. 탈모 부위와 탈모가 진행되지 않은 부분의 경계가 뚜렷하고 탈모된 부위의 모낭은 빠른 모낭의 섬유화를 보여 복구가 좀처럼 힘들다.

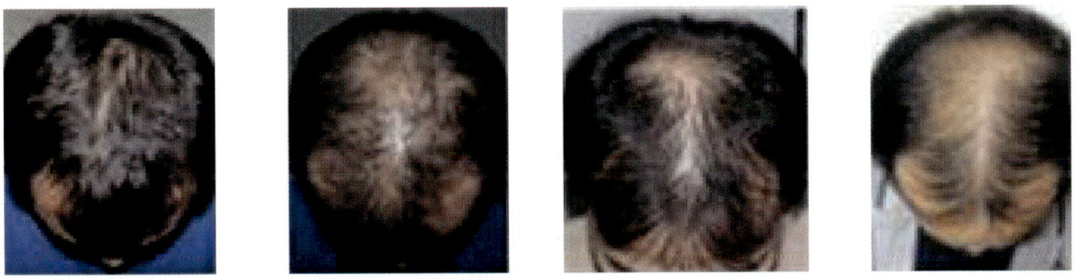

(a) (b) (c) (d)

ⓓ M+O형

양쪽 미간과 뒷부분에서 탈모가 동시에 진행되어 가는 형태로 남성형 탈모증 중 빠른 탈모 현상을 보여 급성으로 분류되고, 유전적인 요인과 환경적인 요인이 복합되어 나타나는 경우가 많다. 탈락되는 모발이 많음을 자각할 수 있을 정도로 증상이 심한 경우가 많이 있다.

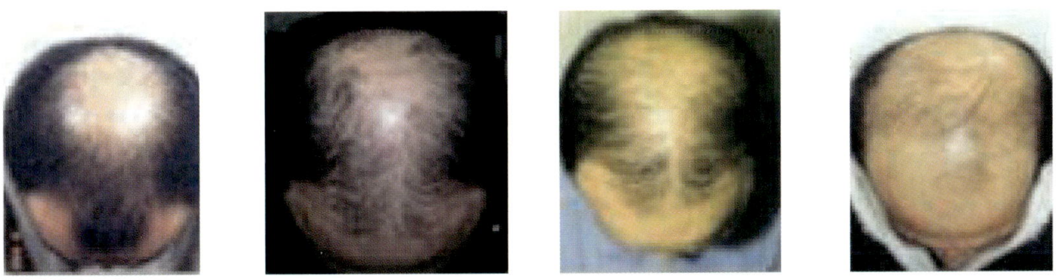

(a) (b) (c) (d)

(2) 여성형 탈모증(Female pattern baldness, FPB)

여성형 탈모증은 여성에게서 나타나는 탈모증으로 헤어라인은 유지되지만, 가르마를 기준으로 점점 넓어지면서 두정부 부위가 빠져나가는 형태를 보인다.

① 여성형 탈모의 분류법

- 루드비그(Ludwig) 분류법

루드비그는 여성형 탈모를 탈모의 진행 정도에 따라 3단계로 구분해 놓았다.

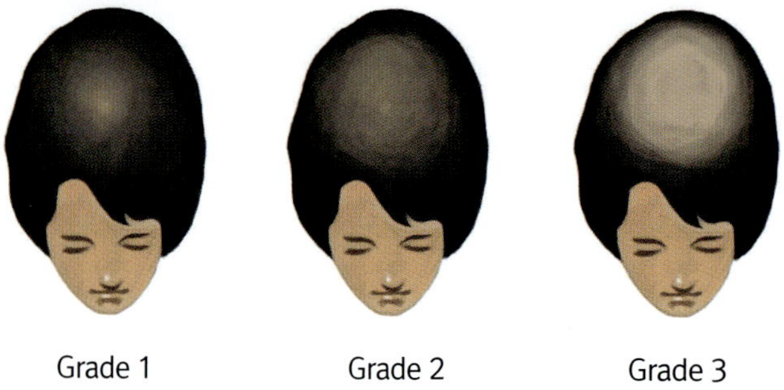

[그림 4-24] 루드비그(Ludwig) 분류법

- Grade 1 : 두정부의 모발이 가늘어졌다.
- Grade 2 : 두정부의 모발이 더욱 현저하게 감소되었다.
- Grade 3 : 두정부의 모발이 거의 다 소실되었다.

• YKS 분류법

모주기 변화

I기 : 3~5년 미만

II기 : 2~3년 미만

III기 : 1~2년 미만

IV기 : 1년 미만

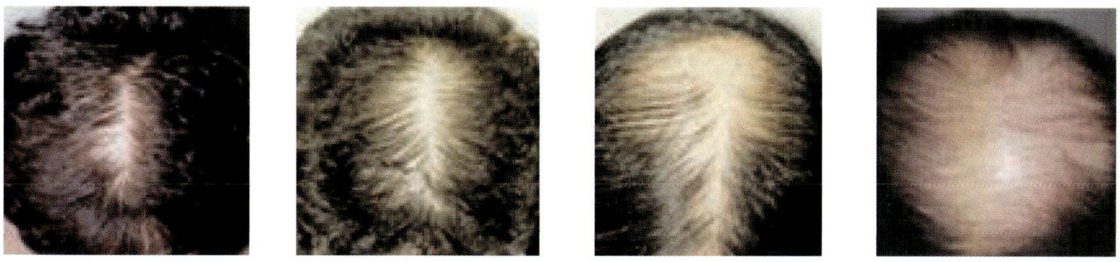

Ⅰ Ⅱ Ⅲ Ⅳ

[그림 1-57] YKS 여성형 탈모증 분류법

YKS 분류법은 필자가 분류한 것으로, 사진 아래에 Ⅰ, Ⅱ, Ⅲ, Ⅳ로 표시되는 것은 모낭의 퇴화 정도에 따라 탈모가 진행되는 정도를 1(Ⅰ)기, 2(Ⅱ)기, 3(Ⅲ)기, 4(Ⅳ)기로 구분하였다. 여성형 탈모와 여성의 휴지기 탈모의 구분을 잘못하는 경우가 많은데, 물론 모주기 검사를 통해서 쉽게 구분할 수 있으나, 육안으로의 구분방법은 모발이 많고 적음에 상관없이 가르마를 타서 가르마가 넓게 나타나면 모주기의 변화에 의해 여성형 탈모가 진행되는 것이고, 머리숱이 아무리 적어도 가르마가 확실하게 타지면, 머리숱이 전체적으로 감소하는 휴지기 탈모증이다.

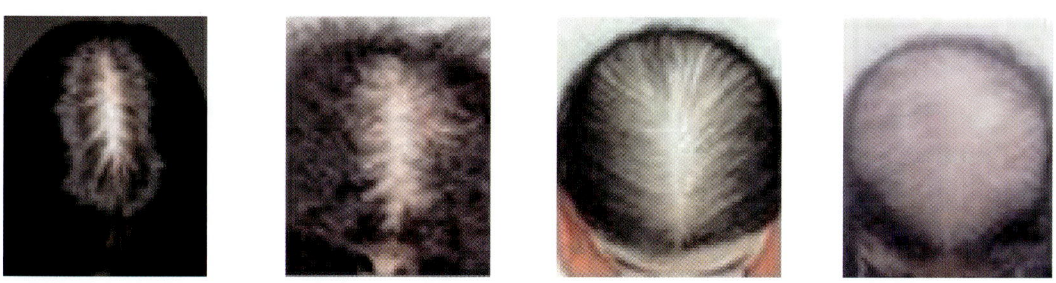

(a) (b) (c) (d)

(3) 원형탈모증(Alopecia Areata, AA)

원형 탈모증은 이름처럼 500원짜리 동전만 한 크기로 원형이나 타원형의 형태로 모발이 빠져 나가는데, 처음 시작될 때의 탈모된 부위는 매끄럽고 잔털도 동반 탈락하는 현상을 보이게 되며, 관리방법에 따라 변형된 형태로 여러 유형으로 나타나며 신중한 관리가 필요한 형이다.

① 원형탈모증의 분류법

일반적으로 탈모가 1~2cm 이내의 원형 또는 난상원형으로 국소적으로 발생하는 경우를 원형탈모증(Alopecia areata)이라 부른다. 여기저기에 흩어져서 빠져나가 그물의 형태처럼 보이는 경우를 망상 원형 탈모증(Reticular alopecia areata), 측두부나 후두부에서 띠 모양으로 빠져나가는 것을 사행성 두부 탈모증(Ophiasis), 두피 전체의 모발이 빠져버리는 전두 탈모증(Alopecia totalis), 전신의 모발이 모두 빠지는 범발성 탈모증(Alopecia universalis) 등으로 구분한다.

- YKS 분류법

그림에서 Ⅰ, Ⅱ, Ⅲ, Ⅳ로 표시되는 것은 탈모를 진행 정도에 따라 1(Ⅰ)기, 2(Ⅱ)기, 3(Ⅲ)기, 4(Ⅳ)기로 구분한 표시이다.

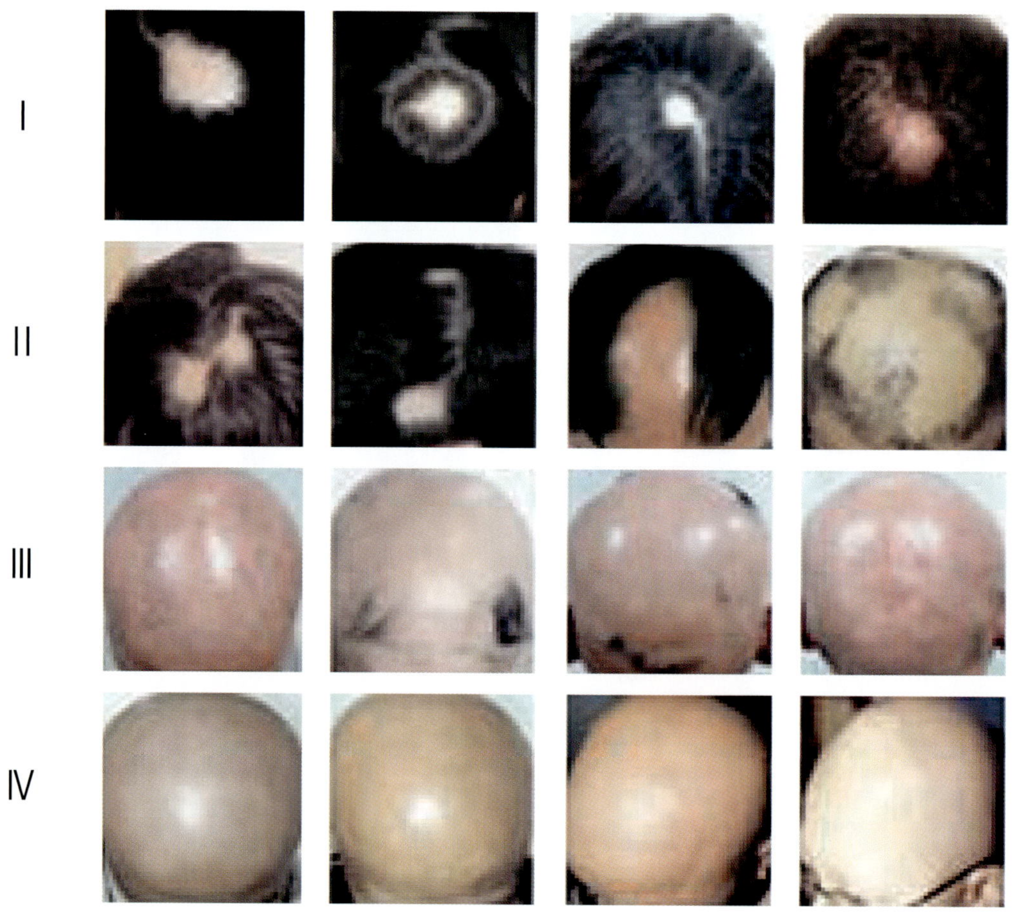

[그림 4-25] YKS 원형탈모증 분류법

남성형 탈모나 여성형 탈모에서의 분류에서의 1기, 2기, 3기, 4기의 분류는 모낭의 퇴화 정도와 관련이 있지만 원형탈모증에서의 1기, 2기, 3기, 4기의 구분은 병의 진행 상태에 따른 분류이다. 즉, 원형탈모증은 원형으로 빠진 하나의 병변에서 시작하여 두 개, 세 개로 늘어나면서 다발성이 되고, 다발성이 띠 모양으로 이어지면 사행성이 되며, 더 진행되면 두피의 모든 모발이 빠지고, 결국에는 온몸의 털까지 모두 빠지는 4기로 진행된다.

㉠ 유형별 특징

• 원형탈모증 1기(AA-Ⅰ기)

원형 탈모증이 발생되는 초기에는 본인이 자각하기 힘들며 타인에 의해서 발견되거나 우연히 발견되는 경우가 많으며, 원형이나 타원형 형태가 많고 환부가 매끄럽고 잔털도 없다.

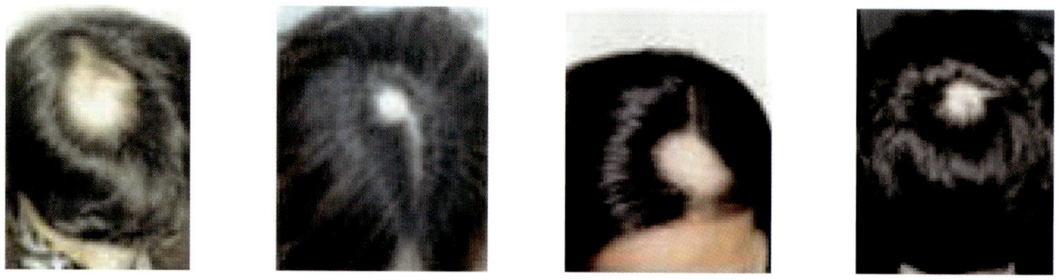

(a) (b) (c) (d)

• 원형탈모증 2기(AA-Ⅱ기)

원형탈모가 시작되어 진행된 형태로 원형의 병변이 다발성으로 여기저기에 생기거나 사행성으로 변형된 탈모 병변을 보인다. 처음 시작 부위는 잔털이 성장하는 모습을 보이는 것도 있고, 지금 현재 탈모가 진행되는 부위는 솜털도 없이 탈락되는 모습을 보인다.

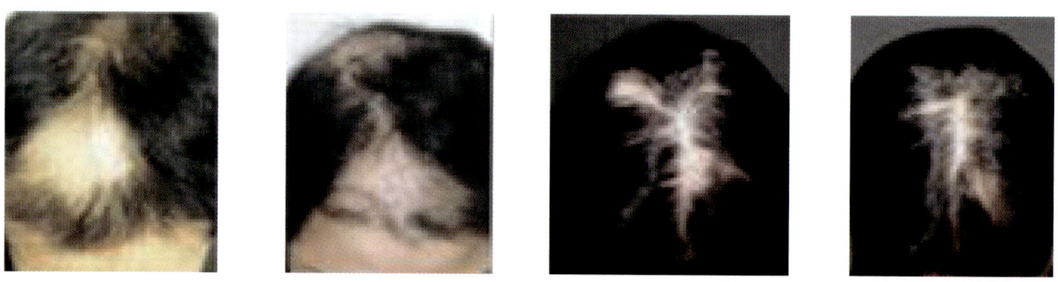

(a) (b) (c) (d)

• 원형탈모증 3기(AA-III기)

원형탈모로 시작하여 눈썹과 체모는 남아 있지만 두피 전반에 모든 모발이 탈락하는 증상을 보이므로 전두성 탈모라고도 한다. 두피 전반에 뚜렷한 반흔이나 염증은 보이지 않으며 잔털은 남아 있는 경우가 있고, 대부분의 모발은 탈락되어 있다. 현미경으로 관찰하면 모발이 갈라지거나 부러진 모습을 쉽게 발견할 수 있다. 원형 탈모 환자의 5~10% 정도(특히 어린이의 경우)가 전두성 탈모로까지 확대되어 간다.

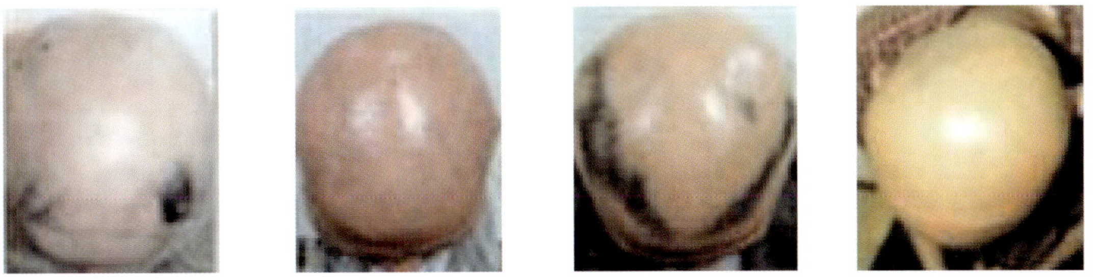

(a) (b) (c) (d)

• 원형탈모증 4기(AA IV기)

원형탈모로 시작하여 전신의 모발이 모두 탈락하는 현상으로 전신성 탈모라고도 하며, 심하면 손톱, 발톱도 동반해서 발육부전, 기형 등 이상 현상을 보인다.

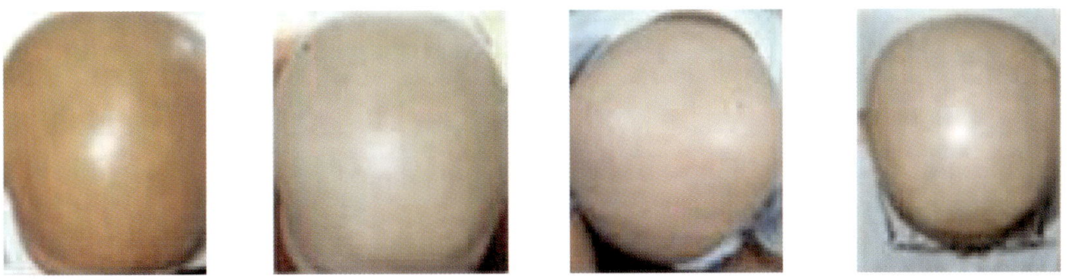

(a) (b) (c) (d)

(4) 감염성 탈모증(Alopecia Infection, AI)

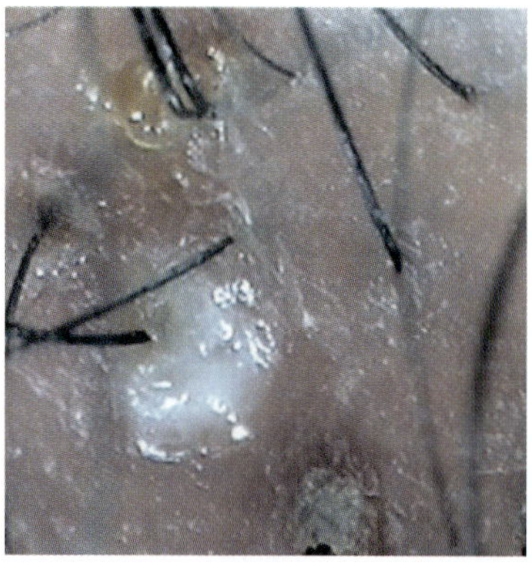

지루성

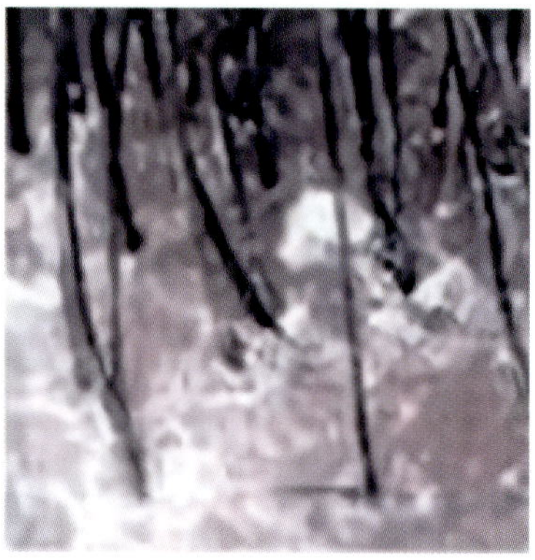

지루성

건선

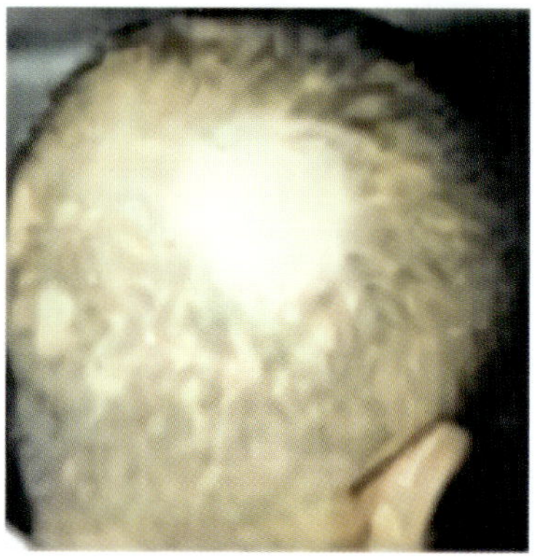

매독

[그림 4-26] 감염성 탈모증

두피에 흔하게 감염을 일으키는 미생물은 곰팡이, 세균, 바이러스, 모낭충 등이 있다. 감염균의 종류, 발병기간에 따라 여러 유형의 트러블을 발생시키는데, 두피에 염증이나 비듬 등의 트러블이 발생하는 경우, 발생 범위나 부위에 따라 모발의 탈락하는 증상이 다르며, 심한 경우 모낭 자체가 소실되어 반흔성 탈모를 일으키는 경우도 있다. 체질적인 원인으로 두피에 감염성 질환이 발생하는 경우는 두정부 부위보다 후두부의 주변에 주로 병변이 나타나고, 면역력이 저하되어 쉽게 감염되며, 감염이 국소 부위에 나타나는 경우에도 그 부위를 치료하면 바로 다른 부위를 감염시켜 지속적으로 두피가 감염되어 있다. 치료 과정에서 오는 트러블도 있는데, 이런 트러블은 두피 전반에 걸쳐 두꺼운 각질이나 아토피성 피부염처럼 각질과 지루가 함께 트러블로 나타나는 심각한 경우도 있다. 감염성 탈모증은 그 감염원이 인체의 내부에 있는가 외부에 있는가에 따라 외인성 감염증과 내인성 감염증으로 구분한다.

① 외인성 감염에 의한 탈모증

인체 외부로부터 병원성 세균에 감염이 되어 생기는 탈모증이다.

㉠ 비듬(비강진, Pityriasis simplex, Furfuracea)

비듬은 곰팡이 종류의 일종인 Malassezia(=Pityrosporumovale)라는 효모균의 이상증식으로 생기는 표피의 이상각화현상이다. 말라세시아(Malassezia)는 인간의 두피에 살고 있는 정상균총이다. 그런데 말라세시아가 번식하기 좋은 환경이 되면 이상증식을 하여 비듬을 만들어낸다. 정상적인 피부 세포의 주기는 15~28일이지만 말라세시아에 오염된 경우에는 피부세포 주기가 10~20일 이하로 짧아지면서 세포들이 미성숙한 상태로 각질층까지 도달하기 때문에 덩어리의 형태를 나타내게 된다. 비듬균이 피지를 먹고 난 후 배출한 부산물 때문에 가려움증을 느끼게 되어 두피를 긁게 되는데, 이는 두피를 더욱 자극할 뿐만 아니라 상처가 발생하여 2차 감염이 될 수도 있다. 비듬이 심해지면 진피층과 피하지방층에도 영향을 미쳐 면역력 저하를 가져와 각종 피부 트러블로 나타나며, 특히 진균 감염증인 백선은 모발이 부러지고 탈모가 동반된다.

㉡ 백선(Trichophytia, Tinea)

백선은 백선균(Trichophyton)이라는 곰팡이의 일종인 진균에 감염되어 생기는 질병으로, 백선균이 케라틴을 손상시키기 때문에 모발이 꺾이거나 끊어지면서 탈모가 된다.

㉢ 모낭염(Folliculitis)

모낭염은 주로 세균에 의해서 발생하는 증상으로, 두피 전반에 모낭염이 넓게 퍼져 있어도 표피 표면에 발생하는 경우에는 모발이 탈락하지 않는 경우가 많으나, 모낭하부로 균이 침입하여 생기는 경우는 범위가 좁아도 모발의 탈락을 일으킨다. 남성들이 짧게 머리를 잘랐을 경우 둥근 형태로 모발이 없는 곳을 볼 수 있는데 기계충에 의한 모낭에 염증이 생기고, 그로 인해 모낭이 소실되어 모발을 만들어내는 기능을 잃어버려 모발이 영구적으로 나지 않게 된 것으로, 이것이 염증으로 인해 후천적 반흔성 탈모증이 된 경우이다. 모낭충에 의해 두피에 염증이 생긴 경우에는 모낭 안에 많은 모낭충의 무리군이 있으며, 모낭충의 의해 일어나는 염증은 대부분 모낭의 하부에서 염증이 발생시키므로 탈모를 일으킬 확률이 크다.

㉣ 건선(Psoriasis)

건선은 그 원인이 아직 알려지지 않고 있으며, 치료가 쉽지 않고, 재발도 잘 되는 만성 피부질환이다. 건선은 작은 발진이 생기면서 발진 위에 피부 각질이 겹겹이 쌓여 나타나는 표피의 각질층이 비늘처럼 벗겨져 떨어져 나가고 심한 소양증을 일으킨다.

② 내인성 감염에 의한 탈모증

감염원이 인체 내부를 감염시켜 질병을 일으키고, 그것이 탈모로 이어지는 경우의 탈모증이다.

㉠ 매독(Syphilis)

매독은 병의 진행상태에 따라 1기, 2기, 3기로 구분할 수 있다. 매독 1기에서는 탈모가 발생하지 않으나, 매독 2기에서 탈모가 발생한다. 매독에 의한 탈모의 형태는 모낭이 두서너 개가 빠진 것 같은 작은 원형형태로 빠져나가게 되어 다발성 원형탈모증과 비슷해 보이나 다발성 원형탈모증은 시간의 흐름에 따라 차차 진행되어 환자 자신이 병의 진행상황을 알고 있지만 매독에 의한 탈모증인 경우는 불규칙한 형태로 탈모가 진행되기 때문에 언제 빠졌는지 잘 알지 못하는 경우가 많다.

(5) 휴지기 탈모증(Telogen Effluvium, TE)

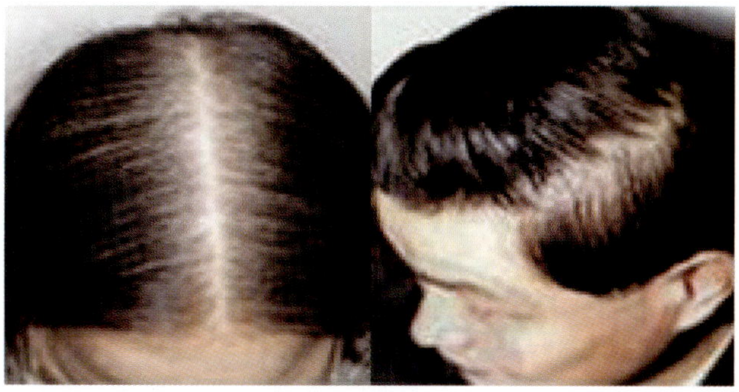

[그림 4-27] 휴지기 탈모증(Telogen Effluvium)

탈모가 없는 정상적인 상태에서의 휴지기 비율은 10~14%이며, 휴지기 상태에서 3~5개월을 두피에 붙어 있다가 탈락되는 것이 정상적인 모발의 생리이다. 그런데 환절기, 수술, 병중, 병후, 약물 부작용, 출산 등의 원인에 의해 휴지기 모발의 비율이 증가하고, 휴지기 모발이 3~5 개월을 채우지 못하고 일찍 탈락되는 경우와 성장기가 빠르게 휴지기로 전환되어 탈락되는 현상을 휴지기 탈모증이라고 한다. 휴지기 탈모증은 두피 전반부에서 발생하므로 전체적으로 숱이 감소하는 듯한 느낌을 받는다.

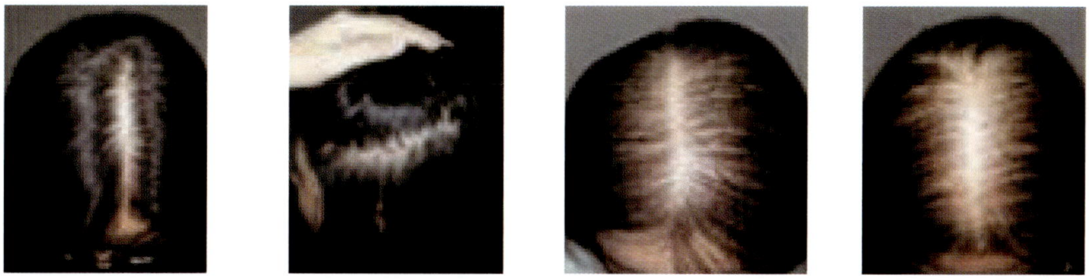

(a) (b) (c) (d)

두 번째 사진에서처럼 측두부나 후두부의 모발의 밀도가 떨어지는 경우를 흔하게 발견할 수 있다.

(6) 성장기 탈모증(Anagen Effluvium)

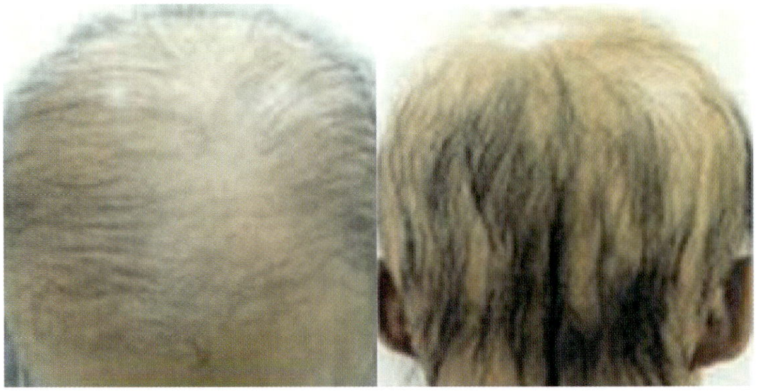

[그림 4-28] 성장기 탈모증(Anagen Effluvium)

성장기 탈모증은 두피의 성장기 모발이 특정 원인에 의해 일시에 휴지기 모발로 바뀌면서 급성으로 탈락하는 현상을 보인다. 성장기 탈모증은 시간이 지남에 따라 신체 전반부나 두피 전반에 점차 솜털이 나거나 띄엄띄엄 모발이 성장하는 모습을 보인다. 성장기 모발은 그 발생 원인에 따라 질병에 의한 것과 약물에 의한 것으로 구분할 수 있다.

① 질병에 의한 성장기 탈모증

장티푸스, 이질 등 급성 열병 시에 모발의 단백질이 파괴되어 발병 후 2~3일 내 급성으로 탈모가 진행된다.

② 약물에 의한 성장기 탈모증

약물치료 2~3주 후부터 발생하며, 항암제 등의 약물에 의해 성장기 모발이 휴지기 모발로 바뀌면서 탈모가 진행된다.

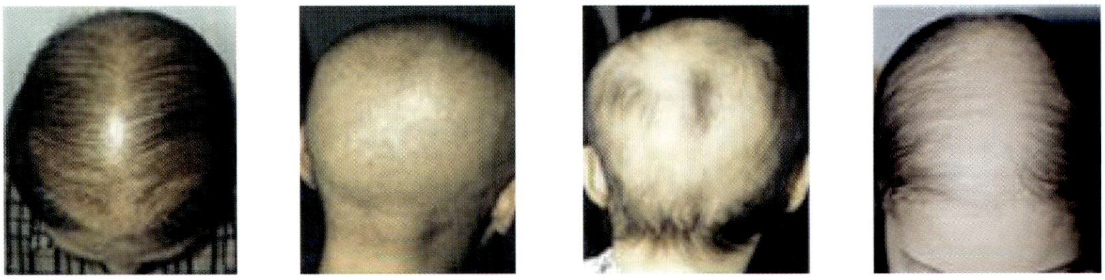

(a) (b) (c) (d)

(7) 기타

탈모 형태로는 인정하지만 탈모증으로는 구분하지 않는 경우로 유전이나 인간의 신진대사와 별개의 원인으로 발생하는 탈모증이다.

① **발모벽**(탈모벽, Trichotillomania)

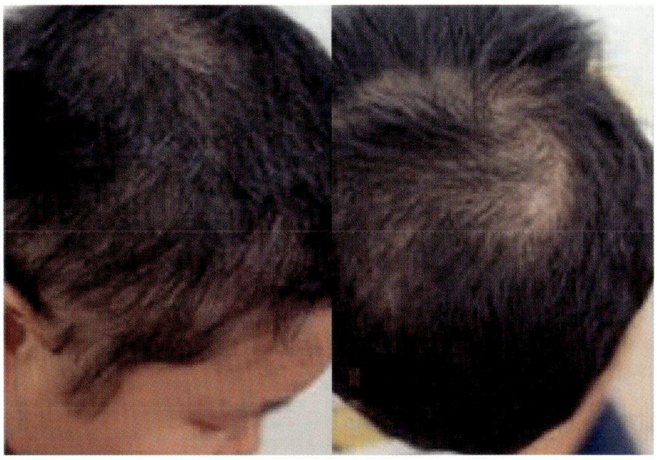

[그림 4-29] **발모벽**(탈모벽, Trichotillomania)

발모벽은 습관적으로 모발을 스스로 뽑아버리는 일종의 정신질환으로, 뽑지 않으면 견딜 수 없는 강박관념을 말한다. 모발을 아무렇게나 뽑아버리기 때문에 외관상 보기 좋지 않다. 뽑는 위치에 따라 남성형 탈모나 사행성 원형 탈모의 모양을 하고 있으나 현미경으로 보면 모발이 부러지는 등 쉽게 확진할 수 있다.

② **압박성 탈모증**(Pressure alopecia)

앞이마 쪽부터 뒤로 모발을 하나로 묶는 경우나 어린아이나 환자들이 한쪽 방향으로 너무 오래 있어서 겹쳐 있는 부위가 압박에 의해 견인되어 일어나는 경우의 탈모증이다. 형태는 휴지기 탈모와 비슷하다.

③ **반흔성 탈모증**(Cicatricial alopecia)

화상, 피부암, 홍반성 루푸스 수술, 외상 등으로 모낭 자체가 소실되어 일어나는 탈모증이다.

4.대체요법

1) 대체요법의 정의

대체요법은 현대의학을 도와서 전통적인 치료에 추가적으로 사용되어 보충해주는 주는 치료법이다. 대체요법은 영어의 'Alternative Therapy' 를 번역한 것으로 Alternative 는 '둘 중에서의 선택'이라는 의미이며 '대안' 이라고도 표현할 수 있다.

대체요법	• 두피마사지 • 아로마테라피 • 한방치료법 • 약물치료요법 • 식물성호르몬 대체요법 • 영양보충요법

2) 탈모관리 대체요법

탈모관리 대체요법	• 현대의학 • 두피마사지 • 아로마테라피 • 식물성호르몬 • 영양보충 • 한방치료	• 자가 모발이식 • 두피 절개술 • 냉동 치료법 • 두피 재건술 • 약물 치료법

3) 대체요법 두피마사지

• 두피에 가벼운 자극을 줌으로서 두피의 긴장을 풀어주고 경직된 두피를 이완시킴으로써 기능을 회복
• 두피의 근육을 이완시키고 긴장해소와 순환촉진으로 모모세포 기능 활성화를 통한 영양과 산소 공급

두피 마사지	• 경락 • 힐링 헤드 • 아로마 • 핸드	• 브러싱 • 부항 • 림프 • 경락교정

(1) 아로마테라피 요법

건강증진, 질병예방, 미용 등을 목적으로 향기나는 식물(허브)에서 추출한 100% 순수한 정유(精油 : 에센셜 오일)를 이용한 자연치료법

- 신체적, 심리적 상태를 원활하게 회복
- 심리적 Uplifting과 Stimulating을 도와 스트레스 회복에 정서적 안정 상태를 유지
- 인체 내의 혈액순환
- 영양과 산소에 대한 공급을 촉진시켜 두통과 피로를 해소

라벤더

세이지

로즈마리

시트러스

카모마일

티트리

4) 식물성 호르몬 대체요법

- 자연에서 나는 추출물을 통한 자연 치유요법
- 부작용 없는 자연스러운 균형감으로 무리없는 효과
- 의약품의 부작용 없이 대체 추출물을 통한 자연치유 효과

Red clover

Black cohosh

Saw palmeto

Dong quai

Flax

5) 영양보충 요법

영양 보조 요법은 캡슐, 분말, soft gel, gel capsule 등의 형태로 항상성 유지를 위한 보조 식이요법

- vitamin B 복합체 - 신경계와 면역계가 원활한 기능을 수행할 수 있게 하는 필수적인 영양소로서 부족하면 우울증 , 불면증 , 노이로제 등을 초래할 수 있다.
- 아연 - 남성호르몬의 활동과 DHT가 모낭에 작용하는 기전을 억제하는 효과가 있다.(샴푸에도 응용되는 경우가 있다.)

6) 한방치료법

- 탈모 부위의 혈의 흐름을 좋게 해주고 모근 자체를 자극하는 한방침 사용
- 3개월 정도 한약재 복용과 더불어 한방 침을 병행하면 더 좋은 효과를 볼 수 있다.

개인의 체질과 건강상태, 원인과 경과 등을 고려한 한방치료요법으로서 부작용의 우려는 없다.

7) 약물 치료법

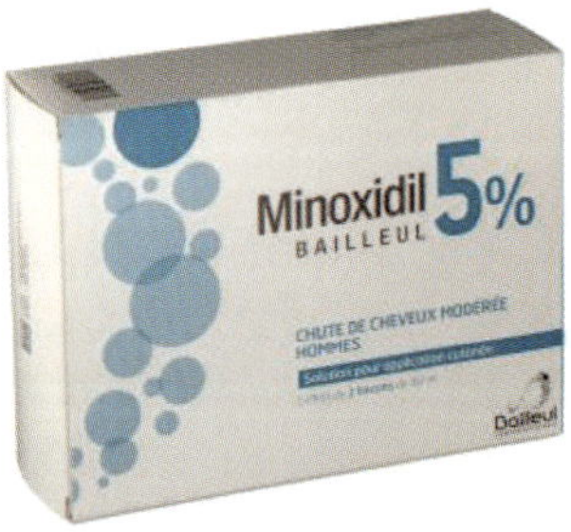

5% 미녹시딜

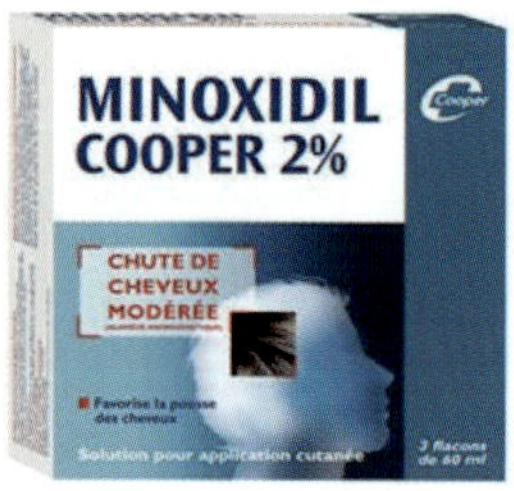

2% 미녹시딜

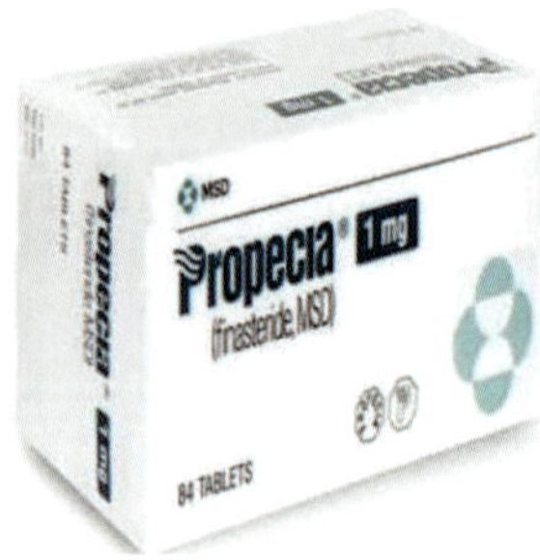

프로페시아

• 병원에서 처방.

– 프로페시아 : 양성 전립선비대증을 치료하기 위해 개발되었으나, 연구과정에서 모발의 성장을 촉진시킬 수 있다는 점이 밝혀지면서 탈모치료제로 쓰이게 되었다. 이 약품은 주로 남성에게 사용되며 기형아 출산과 같은 심각한 부작용을 유발할 수도 있다. 또한 복용군 2% 정도에서 에서 발기부전, 성욕감퇴, 사정량 감소 등의 부작용이 있을 수도 있다.

• 약국에서 처방

- 미녹시딜 : 고혈압치료제로 이용되던 약이 발모가 되는 부작용으로 인해 발모제로 사용하게 되었다.

<table>
<tr><td rowspan="2">타국의 탈모기술 동향</td><td>미국과 유럽</td><td>단일 화합물</td><td>미녹시딜(Minoxidil), 피나스테라이드(Pinasteride) 등의 연구가 이루어지며 혈행촉진, 남성호르몬 억제, 모근 강화에 중점을 두고 연구가 이루어진다.</td></tr>
<tr><td>일본</td><td>천연 추출물 (당약, 매개화, 아욱 등)</td><td>실험을 통한 효능물질 선별 후 주로 모근의 활성화와 혈행촉진을 연구하고, 피지분비의 억제, 남성 호르몬 전환 억제를 중심으로 연구가 이루어진다.</td></tr>
</table>

Chapter

05

샴푸와 린스, 트리트먼트

두피와 모발의 건강을 유지하기 위해 시행하는 가장 기본적인 과정으로 두발에 쌓인 피지나 땀, 노폐물, 헤어 제품, 미세먼지 등을 계면활성제 작용의 원리를 이용하여 표면장력을 저하시켜 이물질을 분리하고 제거한다. 이후 린스를 도포하여 샴푸제에 의해 알칼리화 된 모발을 중성화 시키고 모발을 유연하게 하여 촉감들 부드럽게 한다.
세정의 과정으로는 브러싱, 샴푸제의 도포, 마사지, 헹굼, 린스 도포, 헹굼, 지압, 타월 건조 등의 절차로 진행된다.

1. 샴푸(Shampoo)

샴푸(Shampoo)란 '누르다(Press)', '안마치료를 하다(massage)', '밀어내다(champoo)'의 뜻을 지닌 힌디어 'chāmpo'에서 유래되었고, 모발과 두피를 감거나 세정하는 것을 의미하며 세발(洗髮)을 뜻한다. 샴푸제를 도포한 후 모발 내 오염물질과 때를 제거하는 마사지를 통해 모공을 막고 있는 노폐물을 제거하고 두피의 혈액순환을 촉진하여 건강한 모발을 성장시키는 역할을 한다.

1) 샴푸의 목적

두피와 모발은 체내로부터 분비되는 피지와 땀, 노화된 각질, 대기 오염물질, 두발화장품 등이 부착되어 모공을 막아 모유두의 기능이 저하되면서 모발 성장과 발육을 저하시키고 모낭염을 일으킬 수 있으며 이는 탈모증상으로 이어지기도 한다. 따라서 샴푸의 목적은 때를 제거하고 두피를 청결하게 하며 각종 질병을 예방하고 두피의 혈액순환을 촉진시켜 건강한 두피와 모발을 관리하는 데 목적이 있다.

2) 샴푸의 역사

년도	내용
1900년대	초반에는 비누를 사용하여 모발을 세정하였다. 비누는 강한 알칼리로 모발을 뻣뻣하고 거칠게 만들었기 때문에 식초를 몇 방울 떨어뜨려 헹궈서 모발을 부드럽게 했다. 이후 코코넛 성분이 함유된 물비누가 거품력과 세정력이 뛰어나 샴푸의 시초가 되기도 했다.
1930년대	다케우치 고도에라는 일본인 여성이 '샴푸'라는 명칭을 처음 사용하였다. 양털세척제를 만들어 판매하던 기업인인 그녀는 단단한 비누로 머리 감는 것을 보고 양털 세척제에 독성을 빼고 향을 첨가하여 사람들이 사용할 수 있는 부드러운 질감의 모발용 세척제를 만들어 판매했다. 이 외에 계란 흰자, 점토광물인 벤토나이트, 해태(김) 등이 세정제로 사용되었다.
1940년대	지방산을 이용한 계면활성제로 쓰인 알킬설페이트(Lkyl sulfate)가 상업화되고 구연산을 이용한 산성 린스가 개발되었다.
1950년대	분산제인 비온계면활성제를 첨가하였고 연수로 만든 연화제를 첨가했으나 눈에 자극을 주고 분해되지 않아 사용이 중지되었다.
1960년대	본격적으로 합성세제가 개발되었다. 알킬 황산염(Sodium laurtl sulfate) 기체를 사용한 샴푸로 액체 세정제를 사용했다.
1970년대	액체샴푸의 사용이 증가하고 알킬에스테르 황산염, 알킬 황산염이 기제로 사용되었으며 그밖에 세정과 영양을 한 번에 공급하는 트윈형 형태의 컨디셔닝 샴푸, 약용샴푸가 개발되었다.
1980년대	양성 계면활성제를 사용하여 피부에 자극을 적게 주는 베이비 샴푸제가 개발되었으며 향이 첨가된 향수 샴푸, 모발에 색상을 부여하는 컬러린스 등이 개발되었다.
1990년대	샴푸 원료 제조 기술이 발달하면 콜라켄, 엘라스틴, 아미노산 등이 함유된 고 기능성 샴푸가 개발되고 탈모 방지 샴푸, 스타일링을 위한 샴푸, 두피타입, 모발 상태에 따라 샴푸를 선택하여 사용할 수 있게 되었다.

3) 샴푸의 유형

샴푸는 사용하고자 하는 목적에 따라 다양한 삼푸제의 종류를 선택하여 사용할 수 있다.샴푸는 제품의 제형에 따라 액체, 크림, 고체, 분말, 겔 형태로 나눌 수 있으며 샴푸 사용목적에 따라 오염물질을 제거하는 모발샴푸, 두피와 모발에 영양을 공급하는 컨티셔닝 샴푸, 특수관리를 목적으로 사용하는 특수관리 샴푸, 물을 사용하지 않는 드라이 샴푸 등으로 분류된다.

(1) 플레인 샴푸(Plain shampoo)

두피를 깨끗하게 하기 위한 목적으로 사용되는 일반 샴푸는 연수나 경수에도 풍성한 거품을 형성하며 성분에 따라 식물성, 동물성, 오일 샴푸로 나뉜다.

① 동물성 샴푸

단백질이 주성분으로 누에고치에서 추출하거나 계란의 난황 성분이 함유되어 있어 피부 청정, 진정, 항염, 재생 효과가 우수하다.

② 식물성 샴푸

비누샴푸와 고급 알코올계에 식물성 성분이 함유된 샴푸제로 소염, 살균, 단백질 합성작용을 하여 탈지 효과가 높아져 주로 지성두피에 사용한다.

③ 오일 샴푸

유성 원료를 배합한 샴푸제로 지방산 알킬올아마이드나 아보카드오일, 올리브 오일 같은 유성성분의 습윤제를 배합하여 모발 표면에 지막을 형성하여 보습, 유연효과를 준다.

(2) 컨디셔닝 샴푸(Conditioning shampoo)

샴푸와 컨디셔닝이 합쳐진 투인원 제품으로 세정력과 영양, 보습을 한 번에 주는 제품으로 샴푸 후 린스나 트리트먼트 처리를 하지 않아도 된다.

(3) 특수관리 샴푸(Special shampoo)

샴푸제에 특수한 성분이 첨가되어 두피와 모발에 세정 외에 다른 영향을 미치는 제품을 말한다.

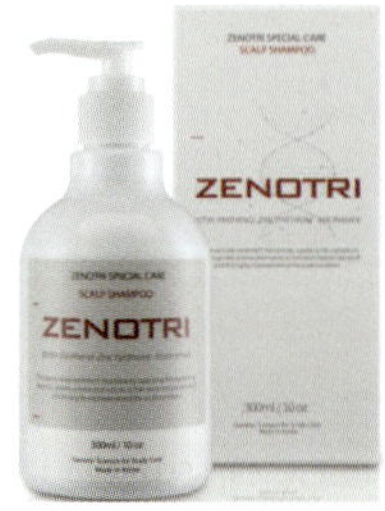

① **항균성 샴푸**(Antibacterial shampoo)

약용샴푸는 징크피리치온(ZPT), 살시실산, 셀레늄화화물 등이 항균제를 사용하여 비듬제거 및 가려움 방지 목적으로 사용되며 미생물이 자라지 못하게 항염효과를 준다.

② **약용 샴푸**(Medicinal plant shampoo)

진정작용과 가려움을 제거하기 위한 샴푸제로 향균, 국부마취 작용이 있는 티트티 성분, 식물 배합물이 배합되어 있다.

③ **베이비 샴푸**(Baby shampoo)

양이온 계면활성제를 활용해 자극이 적으며 유아 전용샴푸제로 눈이나 점막에 대한 자극이 적고 오염물에 대한 탈지력이 약하다.

④ **산성 샴푸**(Acidic shampoo)

pH가 낮은 산성샴푸로 헤어 컬러링, 퍼머넌트 시술 후 모발의 pH를 안정화시키기 위해 사용한다. 주성분으로는 구연산, 인산, 연산 등에 의해 약 산성으로 조정한다.

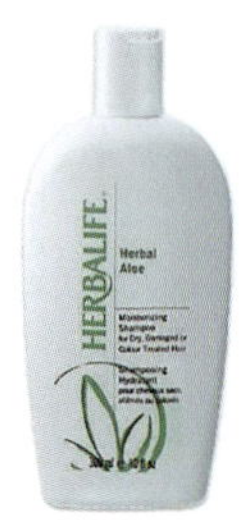

⑤ **허벌 샴푸**(Herbal shampoo)

고급 알코올제 세제를 베이스로 식물성분이 배합되어 있으며 두피의 생리 기능을 돕고 그 외 소염, 진정, 탈취, 단백질합성, 세정작용을 한다. 성분으로는 야자유 등의 천연 유지를 원료로 사용하며, 피부에 자극이 적고 탈모예방에 도움을 준다.

⑥ **프로테인 샴푸**(Protein shampoo)

누에고치나 달걀의 난황에서 추출한 성분으로 모발에 영양공급을 해주는 단백질 샴푸이다. 화학적 시술 후 손상된 모발에 적합하다.

⑦ **컬러 샴푸**(Color shampoo)

샴푸제에 인공색소가 함유되어 있어 샴푸 시 모표피에 색소를 일시적으로 착색시키는 효과를 준다.

(4) 드라이 샴푸(Dry shampoo)

두피와 모발에 물을 적시지 않는 세척방법으로 두피에 질환이 있거나 병상에 있는 환자의 경우 머리를 감지 못할 때 특수머리를 한 경우 다음 재료를 사용하여 모발에 오염물질과 피지 성분을 제거한다.

① **에그 샴푸**(Egg shampoo)

달걀의 흰자의 경우 피지를 흡착하기 때문에 모발과 두피에 발라 건조시킨 후 빗질하여 제거한다.

② **분말 샴푸**(Powder shampoo)

주요 성분으로 산성 백토에 카울린, 탄산마그네슘, 붕사를 혼합하여 사용하는데 이는 지방성 물질을 흡착하는 데 효과적이다.

③ **리퀴드 드라이 샴푸**(Liquid dry shampoo)

알콜이나 벤젠, 가솔린을 주성분으로 헤어피스나 위그를 세정하는 데 사용한다.

(5) 시술 과정에 따른 샴푸

① **프리 샴푸**(Preshampoo)

미용 시술 전 모발에 남아있는 오염물질을 제거하여 제품이 균일하게 도포되고 빠른 시간 내에 작용할 수 있도록 사전에 가볍게 샴푸하는 과정이다.

② **애프터 샴푸**(After shampoo)

미용 시술 후 두피와 모빌에 남아있는 제품을 제거하는 목적과 모빌에 pH를 조절하기 위해 실시하는 샴푸이다.

(6) 두피 유형에 따른 샴푸

① 건성 두피

보습에 좋은 판테놀, 알란토인, 하리드롤라이즈드 실크, 레시틴, 호박씨오일, 동백오일 성분이 함유된 샴푸제를 선택하여 건조해지지 않도록 관리한다.

② 지성 두피

티트리오일, 유기유황, 살리실릭애시드, 황금추출물, 알로에베라, 스피루리나 추출물이 함유된 샴푸제를 사용하여 피지분지를 조절하고 항균, 항염성분을 이용해 트러블이 나지 않도록 관리한다.

③ 민감성 두피

진정에 효과가 있는 티트리 성분이 함유된 제품을 선택하고 알칼리나, 비듬용 같은 자극을 줄 수 있는 샴푸제는 피하는 것이 좋다. 따라서 약산성 샴푸나 양쪽성 계면활성제를 함유한 제품을 사용해 관리한다.

④ 비듬성 두피

비듬 제거용으로는 유화셀린과 같은 특수한 유황 화합물을 배합한 것으로 두피의 노화된 각질과 피지 부산물을 용해시켜 제거하는 작용을 한다.

⑤ 탈모 두피

탈모 샴푸의 구성 성분으로는 인삼, 감초, 당귀, 하수오, 고삼, 상백피가 자주로 사용되고 있다.

- 인삼 : 혈액순환을 촉진시키고 두발의 강도를 강화시켜 탈모증과 백발증을 방지하며 장시간 사용할 경우 두발을 검게 만드는 효과가 있다.

- 감초 : 호르몬 조절과 관계가 있으며 탈모의 원인 인자인 5α-활성효소의 활성을 저해하고 세균으로 인한 독의 중화작용 및 해독작용을 하며 사열을 없애고 정기를 완화시켜 두피염증의 발생을 억제하는 효과가 있다.
- 당귀 : 모발 영양공급, 모발 윤기, 혈액순환을 촉진시켜 체내의 어혈을 제거하여 피를 맑고 깨끗하게 하는 효과가 있다.
- 하수오 : 신장의 기를 돋우고 근골을 튼튼하게 해주면서 탈모 예방 및 모발성장을 촉진하는 효과가 있다.
- 고삼 : 항알러지, 항염증 개선 작용으로 인해 염증성 두피에 효과가 있었으며 5a-활성효소의 활성을 억제시키고 모발 굵기 및 모발성장을 촉진시키는 효과가 있다.
- 상백피 : 항알레르기, 항염증 작용 및 항암, 항균, 미백에 효과가 있어 문제성 두피 및 모낭의 수를 증가시키고 발모를 촉진시키는 효과가 있다.

토막상식

두피 유형에 맞는 샴푸제 선택하기!

• 정상두피

- 건강한 두피와 모발을 유지하기 위해 적당한 세정력을 가지고 있는 플레인 샴푸와 모발에 광택과 유·수분을 부여하는 린스를 선택해 관리한다.

• 건성두피

- 건조하고 푸석한 두피와 모발에 오일샴푸나 컨디셔닝 샴푸를 사용해 샴푸 시 자극을 최소화하고 수분과 영양을 공급한다.
- 레시틴, 라놀린, 비타민E, 양이온 계면활성제 등이 함유된 트리트먼트를 사용하여 모발에 광택을 주고 엉킴을 방지한다.

• 지성두피

- 과도한 피지분비와 노폐물을 제거하기 위해 음이온 계면활성제 함유량이 높고 항균, 항염 작용을 하는 식물성 샴푸를 사용하여 세균 번식을 막고 피지분비를 조절한다.
- 피지분비 조절과 억제할 수 있는 비타인B6과 소염작용을 하는 글리실리틴산 유도체 성분을 사용한다.

• 민감성두피

- 양쪽계면활성제 성분이 함유된 베이비 샴푸나 저자극 샴푸, 오일 샴푸를 사용하여 두피와 모발의 자극을 최소화시키고 산성린스를 사용해 모발의 pH를 안정화시킨다.

• 비듬성두피

- 노화된 각질과 비듬을 제거하고 항균 효과가 있는 케토코나졸, 셀레늄설파이드와 비듬 치료제인 징크피리치온이 함유된 항비듬성 샴푸를 사용하여 비듬균의 성장을 억제시킨다.
- 약용린스를 사용하여 두피와 모발을 살균하고 pH를 안전화시켜 세균이 번식하지 못하도록 한다.

• 탈모성두피

- 탈모의 원인이 되는 피지과다분비, 혈액순환 장애, 영양부족의 문제를 해결하기 위해 식물성 허브 샴푸를 사용해 영양공급과 소염작용을 주며 마사지를 통해 혈액순환이 촉진될 수 있게 관리한다.
- 모발의 성장 촉진을 도와주는 비타민A와 비타민E를 공급한다.

(7) 모발 유형에 따른 샴푸

① 굵은 모발

모발을 차분하게 해줄 수 있는 보습성 유지 성분이 함유되어 있다.

② 가는 모발

모발에 힘을 줄 수 있는 카티온 수지, 양성수지 성분이 함유되어 있다.

③ 건조 모발

통카빈 세라마이드, 시카카이열매, 프리각시오일 등의 보습성분과 아미노산이 함유되어 있어 모발에 수분을 유지시킨다.

④ 극손상 모발

저자극 베타인 천연 계면활성제가 포함되어 있어 부드러운 세정력을 가지며 두피와 모발을 보호한다.

2. 샴푸의 성분

1) 계면활성제

(1) 계면이란

성질이 다른 두 물질이 서로 접하고 있을 때 서로 혼합되지 않고 두 물질 사이에 이루어지는 경계면을 계면이라 한다. 기체와 액체, 액체와 액체, 액체와 고체 등의 2개상의 맞닿은 경계면을 말한다.

(2) 계면활성제 분자구조

한 분자 내에 물을 좋아하는 친수성기(Hydrophilic group)와 기름을 좋아하는 친유성기(Lipophile)를 나타내고 있으며 분자 속에 긴 사슬의 탄화수소가 연결되어 있는 수성기와 기복실신 니트륨(-COONa)으로 구성되어 있다. 물과 기름의 경계면, 즉 계면의 성질을 변화시킬 수 있는 특성을 가지며 비누가 가장 대표적인 계면활성제이다.

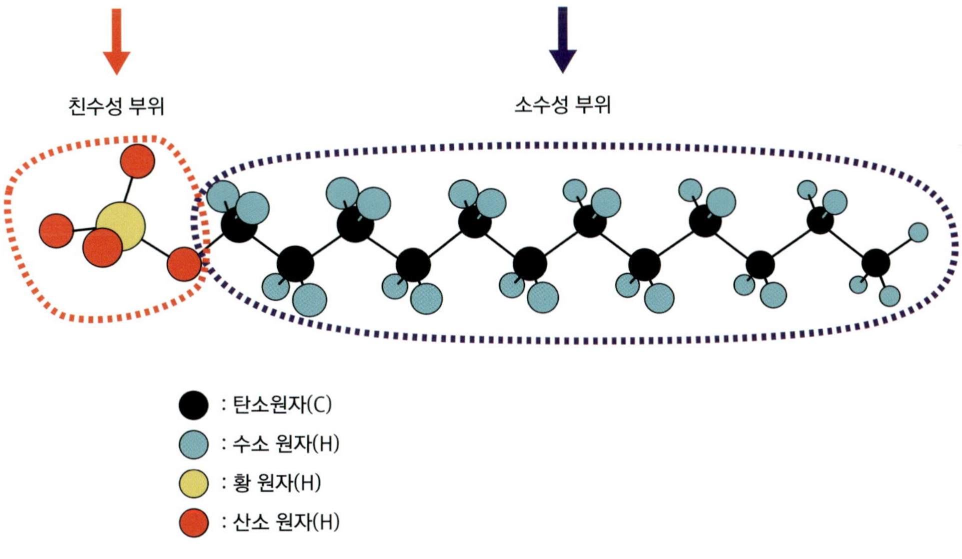

[그림 5-1] 계면활성제

(3) 계면활성제의 친수-친유기평형(Hydrophile-lipophile balance,HLB)

계면활성제에는 친유기와 친수기 성분이 있어 조합에 따라 세정제나 침투제, 유화제, 유화 파괴제 등 사용 목적이 달라진다.

HLB는 계면활성제의 친수성과 친유성의 균형을 이룬 상태를 말한다. 강도의 차이를 정량적으로 찾아 용도에 맞게 배합하여 제품이 안정화되도록 한다. 수치가 낮으면 친유성 계열이고 수치가 높으면 친수성 계열이다.

LHB	용매 성질	특징
1~3	소포제	거품을 억제하는 실리콘유
3~6	W/O 유화제	유성 성분이 많은 드라이클리닝 세제, 로션, 크림 타입
7~9	분산제	응집을 방지하기 위한 물질
8~18	O/W 유화제	수성 성분이 많은 스킨, 에센스 타입
13~15	세정제	표면 활성제로 겉에 부착된 물질을 청정하는 작용
15~18	가용화제	물에 녹지 않은 성분을 용해시키고 분산시킬 때 사용

2) 계면활성제의 종류와 특징

계면활성제는 분자구조상 친수성기와 친유성기가 동일 분자 내에 지니고 있으며 이온분리여부에 따라 음이온, 양이온, 양성이온, 비이온으로 분류된다.

(1) 음이온

계면활성제를 물에 용해시켰을 때 계면활성을 나타내는 부분이 음이온으로 해리되는 것을 말하며 물에 잘 용해되고 기포력, 세정력이 뛰어나 샴푸나 비누, 클렌징폼, 바디워시 등 세정제로 많이 사용된다.

(2) 양이온

계면활성제를 물에 용해시켰을 때 계면활성을 나타내는 부분이 양전하를 갖는 것을 말하며 카티온 계면활성제, 양성비누, 역성비누라고도 한다. 또한 향균성을 지니고 있어 살균, 소독작용을 하며 세정력이 음이온보다 적고 음전하에 잘 흡착되므로 섬유유연제, 대전방지제, 발수제 등으로 사용된다. 모발에 잘 흡착하여 보습과 유연성을 주는 린스제나 트리트먼트제로 사용된다.

(3) 양성이온

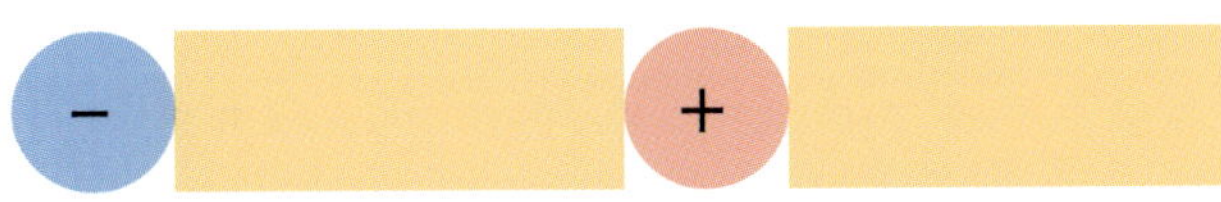

용액에 용해했을 때 계면활성을 나타내는 부분이 동일 분자 내가 2종의 양이온과 음이온인 양성전하를 갖는 것을 말하며 알칼리에서는 음이온이 작용하고 산성에서는 양이온으로 작용한다. 피부에 대한 자극이 적고 세정력이 강하지 않으며 안정성이 높아 주로 유아용 샴푸나 저자극 샴푸로 많이 사용되며 살균력과 대전방지 효과가 있어 린스, 트리트먼트제품에도 사용된다.

(4) 비이온

물에 이온화되지 않고 용해되는 계면활성제로 다른 활성제와 배합이 가능해 폭넓게 사용된다. 세정, 유화, 분산, 습윤 등의 효과가 있어 클렌징, 헤어크림, 트리트먼트, 화장품 유화제 등의 다양한 제품에 사용된다.

Tip

계면활성제의 피부 자극 : 양이온성 〉 음이온성 〉 양쪽성 〉 비이온성
세정력 : 음이온성 〉 양쪽성 〉 양이온성, 비이온성

(5) 계면활성제의 세정 작용원리

계면활성제는 습윤, 침투 · 흡착, 유화, 분산, 가용화, 기포, 재부착 방지 작용에 의해 두피와 모발에 있는 오염물질을 제거하는 역할을 한다.

① 습윤

계면 간의 표면을 물에 적셔 팽윤, 팽창시켜 부착력을 느슨하게 함으로써 표면의 장력을 저하시킨다.

② 침투 · 흡착

습윤 과정을 통해 오염물질 사이에 틈이 생기면서 계면활성제가 침투하고 오염물질에 흡착하여 부착력을 약화시킨다.

③ 유화

세정 작용 중 가장 중요한 작업으로 표면의 장력을 저하시켜 서로 혼합되지 않는 액체를 혼합시키는 것을 말한다. 즉, 물에 오염물질이 계면활성제를 통해 미자 형태로 분산되는 현상이다.

④ 분산

고체의 오염물질에 흡착하여 큰 입자에서 작은 입자로 세분화시켜 계면활성제와 균일하게 혼합시킨다.

⑤ 가용화

계면활성제를 통해 물에 잘 녹지 않는 물질의 용해도가 증가하는 현상을 말한다. 친유기가 길수록 미셀 생성이 촉진되며 가용화가 증대된다.

⑥ 기포

거품을 형성하여 모발의 마찰을 최소화하고 오염물질을 제거하는 데 도움을 준다.

⑦ 재부착 방지

미셀화된 오염물질이 모발에 재부착되지 않도록 오염입자를 안정화시킨다.

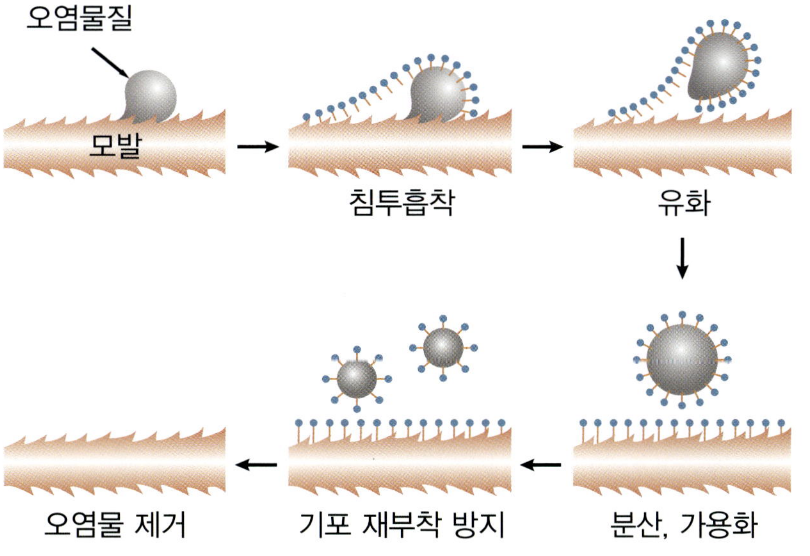

[그림 5-2] 계면활성제의 세정 작용원리

3) 계면활성제의 성분

① 첨가제

잦은 샴푸 시 두피에서 자연 분비되는 피지성분까지 제거되어 두피와 모발이 푸석거리는 결과를 초래할 수 있다. 이를 방지하기 위해 다양한 첨가제를 넣어 거품을 풍성하게 하고 모발을 부드럽게 하며 제품을 안정화시키는 역할을 한다.

② 증점제

샴푸의 점도를 조정해주는 첨가제로 아카시아 검, 메탈셀룰로스를 사용한다.

③ 증포제

샴푸의 거품을 안정화시켜 주는 제품으로 알카노이미드 아민 옥사이드 등을 첨가한다.

④ 보습제

두피와 모발에 건조를 막고 촉촉하여 광택을 주는 제품으로 에탄알코올, 프로필렌글리콜, 폴리에틸렌글리콜, 글리세린이 있다.

⑤ 방부제

제품의 부패, 변질을 방지하는 물질로 안식향산, 안식향산 에스테르를 사용한다.

⑥ 컨디셔닝제

샴푸 후 모발에 영양 공급과 윤기를 주기 위한 목적으로 사용한다.

⑦ pH 조절제

음이온 계면활성제 사용으로 알칼리화된 제품에 pH를 조절하기 위한 제품으로 인산나트륨과 구연산을 첨가한다.

⑧ 금속이온봉쇄제

경수에 함유되어 있는 마그네슘과 칼슘이 샴푸의 효과를 저해시키므로 이를 막기 위해 에틸렌디아민사아세트산의 금속봉쇄제를 첨가한다.

Tip

샴푸제 구비조건

- 두피와 모발의 쌓인 피지와 노폐물을 제거할 수 있도록 세정력이 우수해야 한다.
- 거품이 풍성하게 잘 일어나야 모발에 마찰을 줄일 수 있다.
- 피부나 눈에 자극이 적은 것이 좋다.
- 샴푸제는 pH6~7 정도로 사용하는 것이 좋 다.
- 물에 잘 씻겨 내려가는 제품을 사용한다.
- 모발에 광택과 유연성을 주어야 한다.

3. 헤어 린스(Hair rinse)

헤어 린스는 '씻다, 헹구다'라는 의미로 샴푸로 세정 후 건조해진 모발에 유분과 수분을 공급하여 모발에 표면을 코팅하고 유연성과 부드러움을 준다. 또한 금속성 피막과 비누의 불용성 알칼리 성분을 제거한다.

1) 헤어 린스의 목적과 효과

- 모발 표면에 흡착하여 보호막을 형성한다.
- 샴푸 후 알칼리화 된 모발의 pH 밸런스를 조절한다.
- 광택감을 주어 빗질을 용이하게 한다.
- 양이온계면활성제가 주성분으로 사용하고 양쪽성 계면활성제를 배합해서 사용하기도 한다.
- 대전방지효과가 있다.
- 피부와 점막에 자극이 없어야 하고 안정성 있는 제품을 사용한다.

2) 헤어 린스의 종류

① 플레인 린스

물만 사용하여 가볍게 모발을 헹구어 내는 것을 말한다.

② 컨디셔너 린스

- 유분 공급-고급 알코올, 스쿠알렌, 라놀린,
- 수분 공급-글리세린, 프로필렌글리콜, 폴리에틸렌, 글리콜
- 손상모 회복제-토코페롤, 폴리펩타이드, 레시틴

③ 산성 린스

샴푸 후 모발에는 알칼리성분과 금속성 피막이 잔류한다. 이를 제거하기 위해 pH3~4의 린스제를 사용하여 헹구어내어 금속성 피막을 용해시키고 엉키는 것을 방지하며 모발을 부드럽게 한다. 단 장시간 사용 시 표백 작용을 하므로 주의한다. 성분으로는 구연산(라임이나 오렌지 추출), 주석산(포도찌꺼기 추출), 초산(식초 함유), 유산(락토오스나 우유당분)을 사용한다.

④ **컬러 픽스 린스**

염색 후 색상을 고정하기 위한 제품으로 모표피를 이중 막으로 코팅하여 색소가 퇴색하는 것을 막아주는 역할을 한다.

⑤ **비듬제거전용 린스**

비듬은 노화된 각질이나 세균번식, 두피건조 등에 생기는 것으로 각질 용해제와 피지분비를 억제시키는 비타민류, 습윤제, 살균제를 배합하여 비듬을 하는 역할을 한다.

⑥ **약용 린스**

두피의 균 번식과 비듬을 예방하기 위해 살균, 소독작용을 하는 징크피리티온, 살리실산 성분이 함유된 린스제품을 두피와 모발 전체에 도포하여 마사지하여 관리한다.

⑦ **자외선 차단 린스**

린스에 자외선 흡수제가 함유되어 있어 자외선에 의한 모발 변성을 방지할 수 있다. 성분으로는 안식향산, 아이소프로피네티, 세칠렌산벤젠을 배합하여 사용한다.

4. 헤어 트리트먼트(Hair treatment)

트리트먼트란 '치료, 처리, 처치, 치유'의 의미로 화학적 시술로 손상되어 간충물질이 빠져나간 다공성 모발에 유분과 수분을 공급하고 단백질을 채워 더 이상 손상되지 않도록 관리하는 것을 말한다. 모발은 한 번 손상 시 회복되거나 재생되기 어렵기 때문에 방치하게 되면 더 큰 손상을 초래할 수 있다. 따라서 손상에 노출되기 전에 사전 예방하는 것이 중요하다.
트리트먼트는 양이온성 고분자 물질로 실리콘오일, 아미노산, 저분자·고분자 물질, 양이온계면활성제 등이 성분을 함유하고 있으며 음이온의 극성기가 많은 모발 케라틴에 잘 부착되어 여러 번 헹구어도 잘 제거되지 않고 잔존률이 높다. 이에 따라 모발에 충분한 영양공급과 손상된 모표피를 감싸주어 모발 내 마찰손상을 방지하고 윤기와 건강하게 유지하는 역할을 한다.

1) 헤어 트리트먼트의 종류

① 크림 타입

보편적으로 가장 많이 사용하는 타입으로 유화상태로 흘러내리지 않아 사용이 간편하다. 양이온계면활성제, 습윤제 등을 배합한 것으로 모발 손상정도에 따라 다양한 첨가제가 배된다. 사용 후 모발을 보호하는 기능을 가진다.

② 에멀션 타입

고분자 실리콘이나 휘발성 유분이 주 성분으로 모표피를 코팅해주는 역할을 한다.

③ 액체 타입

합폴리펩타이드를 고농도로 배합한 것으로 올리브유나 식물성 라놀린유도체 성분 등이 함유되어 있는 앰플 타입이다.

④ 에어로졸형 타입

밀폐된 용기에 액화가스와 함께 압력에 의해 미세입자로 분사되는 형태로 실리콘, 라놀린유도체, 폴리펩타이드 등이 배합되어 있다.

⑤ 오일 타입

점도가 낮은 동백류, 올리브유, 유동파라핀의 광물류를 주성분으로 고급 지방산에 에스테르, 스쿠알렌, 실리콘류를 배합하여 모발에 유분을 공급하여 광택을 준다.

〈점도에 따른 트리트먼트 효과 차이〉

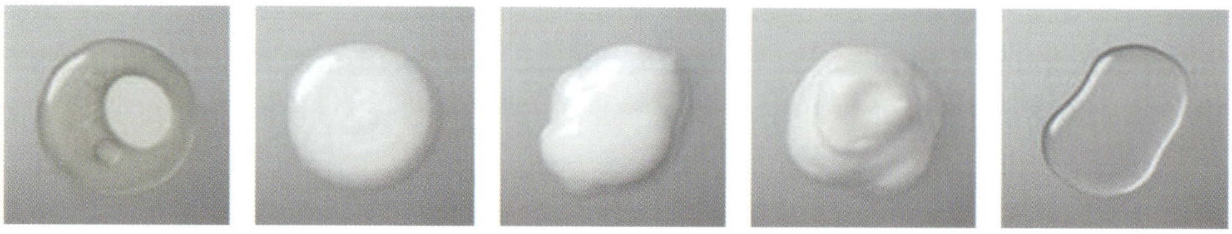

오일 에멀션 크림 에어로졸 액체

Tip

LPP와 PPT 차이점 구분하기

- LPP(Low poly peptide)식물성 단백질 성분으로 저분자 형태며 입자가 작아 모발 깊이 침투하는 트리트먼트로 방치 시간이 필요하며 열처리를 할 경우 침투 속도가 증가한다. 후처리제로 많이 사용하며 간충물질을 채워주고 보습제 역할을 한다.
- PPT(Poly peptide)동물성 단백질로 고분자 형태며 입자가 크고 모발 표면에 강하게 흡착하여 큐티클을 강화하는 역할을 한다. 열처리 시 인공 큐티클을 형성하여 딱딱하고 뻣뻣해질 수 있다.

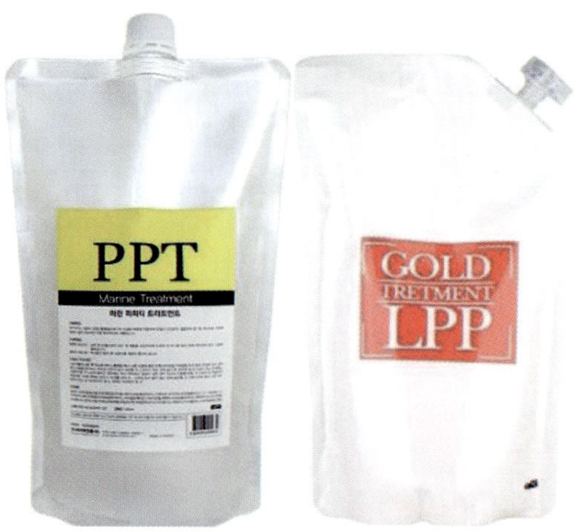

린스, 컨디셔너, 트리트먼트 차이점 구분하기

유형	효과
린스	샴푸, 비누의 알칼리 성분을 중화시키고 모발의 표면을 얇게 코팅해 머릿결의 엉킴과 정전기를 방지하고 모발을 코팅하는 역할
컨디셔너	모발을 건강한 상태로 유지하는 것을 도와주며 손상 방법에 대한 처치제로 많은 화학제가 첨가되어 있어 모발에 코팅 막을 형성
트리트먼트	모발에 손상된 부분을 회복시키기 위해 직접적으로 단백질과 영양분을 공급

Chapter

06

두피, 모발 진단 기기의 종류와 사용법

두피 기기는 크게 사용 용도에 따라 진단용 기기와 관리용 기기로 분류한다. 두피 모발 진단기기는 두피의 모공상태나 각질, 피지분비량 등을 정확하게 분석하여 고객과의 신뢰를 구축하고 임상 데이터를 활용하여 체계적이고 과학적인 판단을 할 수 있으며 상담결과의 보조 역할을 한다. 또한, 관리 프로그램을 결정하고 관리 기간을 결정하는 데 도움을 주며 고객의 이해를 도와준다. 관리 기기의 사용 목적으로는 두피의 각종 노폐물과 피지 부산물을 깨끗하게 제거하고 혈액순환을 원활하게 하여 제품의 침투를 도와주기 위해 사용한다. 적절한 기기의 사용은 두피의 질환이나 탈모예방에 도움을 주며 두피에 적당한 자극을 주어 재생능력을 향상시켜 관리의 효과를 상승시키는 역할을 한다. 관리용 기기는 사용 목적에 따라 세정, 근육이완, 영양침투, 재생 등으로 구분된다.

1) 진단기기의 종류와 사용법

(1) 두피와 모발 진단기

두피의 유 · 수분상태와 모공, 모발의 굵기, 피지 및 각질양, 두피 탄력도, 예민도, 모발의 분포도, 표피 손상도 등을 관찰하기 위해 사용되는 기기로 다양한 배율의 렌즈를 이용하여 진단한다. 두피 관찰은 200~400배율 정도 사용되고 모발은 대략 600~800배율로 관찰한다.

• 사용 시 주의사항

- 사용 전 진단기 렌즈 부위를 살균, 소독하고 렌즈와 두피의 정확한 거리조정을 한다.
- 진단기 검사 시 고객의 세정 시간대 체크하고 스파츌라를 이용한 육안 검사 및 각질 양을 체크한다.
- 문제부위 → 전두부 → 두정부 → 후두부 → 측두부 순서로 측정한다.
- 과도하게 두피 압박하지 않도록 한다.
- 정상 부위와의 비교분석 및 두피 검사 후 자료를 보관한다.

(2) 확대경(Magnifying glass)

확대경의 렌즈 배율은 20배 정도로 두피의 각질상태, 염증, 피지상태 등을 육안으로 확인 시 사용한다. 확대경에 램프가 장착되어 있어 어두운 곳에서도 자세히 관찰할 수 있다.

(3) 현미경(Microscope)

두피의 모공상태나 탈모 상태, 모발을 최대 1000배율 렌즈로 확인할 수 있으며 주기적인 관찰을 통해 관리 기간, 관리 방법을 결정할 수 있다. 디지털 현미경으로 사진이나 영상 촬영이 가능하고 LED조명이 들어가 있어 밝고 선명하게 확인할 수 있다.

(4) pH측정기(pH meter)

피부 표면의 산과 알칼리의 정도를 측정하기 위한 기기로 건강한 피부는 pH4.5~6.5의 약산성을 띠며, 알칼리에 가까울수록 건조한 피부이다. 사용 방법으로는 세안 후 2시간 정도 지난 뒤 탐침을 피부에 45°각도로 가볍게 눌러 측정하고 사용 후 물로 씻어내고 물기를 제거하여 보관한다.

(5) 마이크로메타(Micrometer)

1마이크로메타가 0.001mm로 모발의 굵기나 모공의 간격 등을 측정할 때 사용한다.

(6) Corneometer

The Corneometer는 절연체(Dielectric)인 매개체에 의해 전기적으로 절연작용을 하는 두 개의 복잡한 금속판 콘덴서(Condenser)를 이용하는 물리적인 법칙에 근거하고 있다. 전기전하를 저장하는 전기량을 정전부하용량(Capacitance)이라 하는데 이러한 피부의 정전부하용량은 수분량과 직접적으로 관련이 된다. 즉, 수분의 함량과 정전부하용량은 서로 비례하는 경향이 있어 피부의 보습도가 높을수록 수치가 높아지는데, Corneometer의 장점으로는 화장품, 약물의 도포에 크게 영향을 받지 않는 상태에서 각질층 하방 30~40Micrometer 깊이 이내의 수분함량을 일정하게 측정하는 기능을 가지고 있다.

(7) Hydrometer(Skicon)

교류에 있어서 전압의 전류에 대한 비를 임피던스(Impedence)라 하는데 이는 저항과 정전 용량의 영향을 받는다. Skicon은 피부 표면 부위에 탐침을 접촉하여 전기장이 형성되면 피부의 수분량을 측정하는 비침습적 방법(Non-invasive way)을 사용한다.

정상체 내에서 표피의 각질층은 전기에 대해 높은 저항을 가지고 있는데, 피부 내 수분 함유 시 교류파 전류를 가했을 때 저항이 감소되는 원리를 이용하여 저항의 역수인 컨덕턴스(Conductance)를 측정하여 수분함량을 나타낸다. Skicon의 탐침은 접촉부위물질에 3.5 ㎒의 고주파를 통과시켜 전기전도도를 측정하는 장치로서 그 수치단위는 1/Micro ohm($\mu\Omega$-1) 또는 μmho이며, 높은 수치는 상대적으로 높은 수분함량상태를 나타낸다. Skicon은 높은 수분상태에서 세밀하게 측정되는 반면 낮은 수분상태에서 Corneometer의 사용이 유용하다.

(8) Sebumeter

Sebumeter는 특수한 반투명 지질흡수테이프를 피부에 부착한 후 묻어나오는 피지량을 광학적 반사 원리(Photometric reflection)로 측정하는 기기이다. 단위 면적당 유분량(Microgram/㎠)의 측정은 피지선의 기초대사활동에 영향을 받으므로 일정한 조건(측정시각, 세안 등 피지제거 전처지)하에서 일상적 피지분비량(Casual sebum excretionrate)으로 계측되며 특정한 화장품, 약물, 피부관리의 적용에 따른 감소 혹은 증가를 평가할 수 있다. Sebumeter의 장점을 피부표면, 보습정도 혹은 수분량에 의해 영향을 받지 않고 유분정도 만을 빠른 시간(30초)에 선택적으로 계측하는 데 있으며 약물, 화장품에 관련된 많은 연구 결과들이 이를 입증하고 있다.

2) 관리기기의 종류와 사용법

(1) 헤어스티머(Hair steamer)

스팀기에서 발생되는 고온의 수분은 두피의 각질을 팽윤 및 연화시켜 쉽게 제거될 수 있도록 하고 모공을 열어주어 제품의 경피 흡수를 향상시키는 작용과 혈액순환을 도와주는 역할을 한다. 또한 두피에 수분공급을 함으로써 윤기있고 건강한 두피와 모발을 만든다.

• 사용 시 주의사항

- 고객의 두피상태에 따른 수분입자와 관리시간, 온도를 체크하여 선택한다.
- 예민성두피는 7~9분 38℃, 비듬성두피 15분 45℃. 지성, 건성두피 10분 40℃로 설정한다.

(2) 제트필(Jet peel)

식염수와 산소만을 이용한 필링기기로 제트 엔진의 추진 원리를 이용해 물과 산소가 노즐을 통해 매우 빠른 속도로 분사되면서 각질을 물로 제거하는 동시에 산소를 주입시키는 치료이다. 두피의 불필요한 각질을 제거하고 피지와 노폐물의 축척을 막고 두피에 자극과 산소를 공급해 혈액순환을 극대화시켜 모발이 잘 성장할 수 있도록 도와준다.

(3) 스캘프 펀치(Scalp punch)

수압을 3단계로 조절 가능하며 수압을 이용해 두피의 노화된 각질이나 노폐물을 제거한다. 또한 진동에 의해 두피에 자극을 주어 마사지와 긴장완화 효과, 혈액순환 촉진, 영양제품의 모공 내 흡수 상승효과를 나타내며 모발 길이나 수에 따라 노즐 선택하여 효과적으로 관리할 수 있다.

• 사용 시 주의사항

- 두피 상태를 고려하여 수압과 물 온도를 선택한다.
- 두피 위주의 관리를 진행하며 두피 상태에 따라 관리 기간을 다르게 설정한다.
- 스티머기 사용 후 기기의 노폐물과 잔여물을 제거한다.

(4) 고주파기(High frequency)

고주파의 전류를 이용하는 기기로 사용 시 두피의 물기를 제거한 후 사용해야 하며 두피에 자극을 주고 각질과 비듬제거 효과, 살균과 진정작용, 제품 흡수를 도와주는 역할을 한다.

• 사용 시 주의사항

- 사용목적에 맞는 유리봉을 선택하고 사용 후 반드시 소독한다.
- 유리봉 교체 시 전원을 off 한 다음 교체한다.
- 고객에 맞게 사용 강도를 조절한다.

(5) 뷰티콤(Beauty com)

전기 자극을 이용해 모낭을 자극시켜 탈모를 방지하는 기능성 빗으로 세포 내 혈액순환을 증대시켜 모든 영양소를 모근세포에 전달해 자연스럽게 모발 성장을 촉진시키는 역할을 한다. 사용방법으로는 건조된 두피와 모발에 빗을 천천히 움직여 마사지하듯 빗질한다. 사용 후 알콜 솜으로 닦아 보관한다. 수증기가 있거나 젖은 머리에는 사용하지 않도록 한다.

(6) 소프트바이오빔(Soft bio beam)

레이저 빔을 두피에 가까이 조사하여 사용한다. 콜라겐 섬유 증대, 림프배출의 촉진, 모세혈관의 순환 촉진, 손상된 세포의 재생, 제품 흡수 촉진 효과가 있다.

(7) 이온기(Galvanic stimulation)

갈바닉 전류를 이용하는 기기로 +전하와 -전하를 이용해 같은 극끼리는 밀어내어 노폐물을 배출하고 다른 극끼리는 잡아당기는 성질을 이용해 제품이 잘 흡수되도록 도와주는 역할을 한다. 따라서 두피의 독소와 노폐물을 배출시키고 두피 세포의 항상성을 증가시키며 세포의 재생능력을 증가시킨다.

(8) 직외신렘프(Infrared lamp)

근적외선은 7,000~10,000A 정도의 짧은 파장을 가진 광선으로 피부 침투력이 낮고 피부 표면을 따뜻하게 하여 체내 흡수를 도와주는 역할을 하고 중적외선은 10,000~30,000A로 중간파장을 말한다. 30,000~100,000A의 파장은 가장 긴 파장으로 원적외선이라 하며 적외선의 파장을 피부 가장 깊숙한 곳까지 전달할 수 있도록 만들어져 통증치료나 근육, 관절에 온열치료에 사용된다. 또한, 세포를 자극하여 두피대사를 활성화시키고 혈액순환을 촉진하여 모모세포에 영양과 산소를 공급한다.

• 사용 시 주의사항

- 조사 시 두피로부터 30cm 일정거리를 유지한다.
- 두피의 물기를 제거하고 조사한다.

(9) 선레이(Sun ray)

카본 광선에 의한 치유하는 효과를 나타낸다. 종합 가시광선을 섭씨 40~50도의 온도로 인체의 피부 표면에 조사하면 그 열은 그대로 체내에 흡수된다. 이것은 고효율의 생체 에너지를 얻게 되어 두피 및 모발의 세포 재생효과를 주며, 피지분비 조절기능과 혈액순환 촉진, 세포대사 활성화 기능을 나타낸다.

(10) 메조테라피(Meso therapie)

피부 밑에 약물을 주입하는 주사요법으로 탈모에 효과적인 성장인자, copper-peptide, 비타민 약물을 두피에 직접 주입하고 바늘자극을 주어 모낭과 그 주변의 미세순환계, 신경계, 면역계를 활성화시키는 역할을 한다.

(11) 알파브레인(Alphabrain)

마사지 볼이 두피를 전체를 지압하면서 목까지 마사지하는 기능의 제품으로 두피와 머리 경혈(백회, 전정, 후정혈)을 자극하여 두뇌와 목의 피로 해소는 물론, 머리를 맑게 해주는 효과가 있다. 또한 뇌 음파장 기능으로 평소 베타파(β)가 지배하는 뇌 상태를 알파파(α)로 유도함으로써 긴장감과 피로감을 해소시켜 주고, 명상 상태의 뇌파를 유도함으써 집중력은 높여 주고 스트레스는 줄여 주는 최적의 두뇌상태를 유지시키는 명상 유도 프로그램이 탑재되어 있다.

(12) 에어스프레이(Air spray)

일정한 농도의 앰플을 적정량으로 산소와 함께 분사하는 장치로 자극이 없이 두피에 초미립화된 앰플을 침투시켜 진정 효과와 청량감을 부여한다.

(13) 석션기(suction machine)

갑압을 이용하여 일시적 진공상태를 형성시켜 모공을 막고 있는 노폐물과 두피 표면의 잔존 각질을 완벽하게 흡입하여 제거하고 모낭의 신진대사를 촉진시킨다.

(14) 헤어빔(Hair beam)

탈모예방에 그치지 않고 발모가 입증된 개인용 탈모 개선 의료기기이다. 특정 레이저광으로 두피와 모세혈관을 자극하여 세포 조직을 활성화시킨다.

(15) 저주파기

미세 전류의 자극을 통한 근육이완 및 혈액순환을 개선시켜 주는 기기로 10kHZ 이하의 교류전류를 이용한 관리 기기이다. 효과로는 근육의 통증 및 신경조직을 자극하고 피지 및 땀 분비를 조절하여 두피의 면역력을 증가시킨다.

Part 02

실기편

chapter 01 두피·모발 관리

Chapter 01

두피·모발 관리

두피 · 모발 관리란 건강함과 아름다움을 유지하기 위한 행위를 말하며, 두피 및 모발에 물리적 · 화학적 자극으로 인해 생길 수 있는 손상에 대비한 사전 예방 및 사후 처방 관리를 말한다.
현대인들은 환경오염, 스트레스 등에 노출되면서 다양한 두피 문제를 호소하는 경우가 급증하고 있으며, 특히 탈모인구는 해마다 증가추세를 보이고 있다. 또한 미적관심에 대한 증가로 인해 헤어스타일 변화 빈도수가 높아지면서 물리적 · 화학적 요인에 의한 모발손상이 증가함에 따라 모발 관리에 대한 필요성이 대두되고 있다.
이러한 시장흐름은 두피·모발 관리의 중요성을 부각시키고 있으며 관련 산업에서의 체계적이고 전문적인 관리방법에 대한 지속적인 연구가 필요하다.

1. 고객 상담

상담이란 고객과의 1:1 대화과정을 통해 고객의 요구를 파악하고 그에 맞는 제안이나 조언을 하는 과정을 말한다. 상담은 매우 중요하며, 이를 통해 고객과 소통하고 신뢰를 형성할 수 있다. 이러한 과정은 두피·모발 관리 단계의 필수 요소이며 초석이라 할 수 있다.
건강한 두피 · 모발관리는 고객이 행하는 사소한 일상 생활습관에서부터 시작되므로 고객의 라이프 스타일을 파악하고 정확한 지식과 정보를 제공함으로써 스스로 유지·관리할 수 있도록 도와가는 과정을 상담이라 한다.

2. 상담 단계

1) 1차 상담

(1) 문진

진단시트를 활용하여 고객의 생활패턴을 파악하고 충분한 질문을 통해 상담자의 생각과 감정, 의미 등을 자신의 방식대로 자유롭게 말할 수 있도록 유도하여 고객의 요구를 파악하는 상담법이다.
이 단계에서 고객의 관심사를 파악하고 비용, 시간, 잘못된 손질 방법 및 제품 사용 등의 관리 시 영향을 미칠 수 있는 제약 요소도 반드시 체크한다.

질문 예시

- 샴푸는 하루 중 언제 하시나요?
- 특별히 사용하는 샴푸제가 있으세요?
- 샴푸 시 소요되는 시간은 얼마나 되시나요?

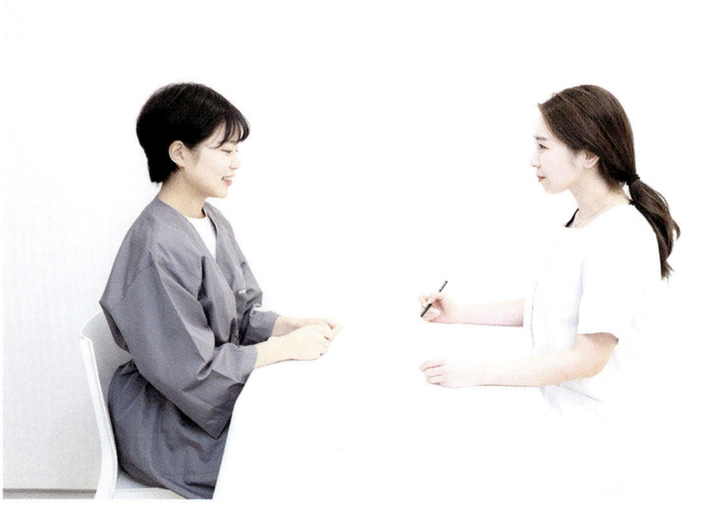

[그림 1-1] 문진법을 활용한 상담 예시

(2) 시진

고객의 두피 색상, 각질 유무, 모발 손상여부 등을 육안을 통해 파악하는 상담법이다. 진단 전 고객에게 반드시 동의를 구해야 하며 상담 시 고객이 불쾌함을 느끼지 않도록 주의한다.

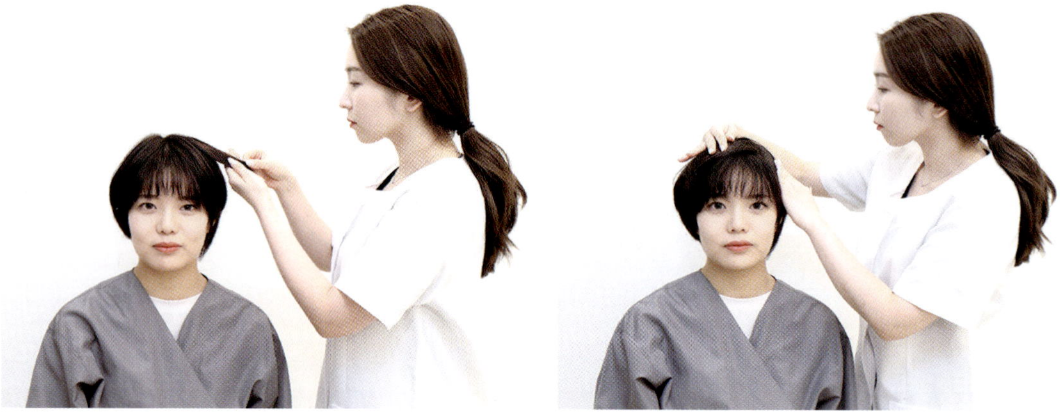

[그림 1-2] 시진법을 활용한 상담 예시

(3) 촉진

고객의 모발 질감 및 상태, 두피 탄력 및 경직상태, 피지상태, 땀의 분비량 등의 상태를 촉각을 사용하여 파악하는 상담법이다.

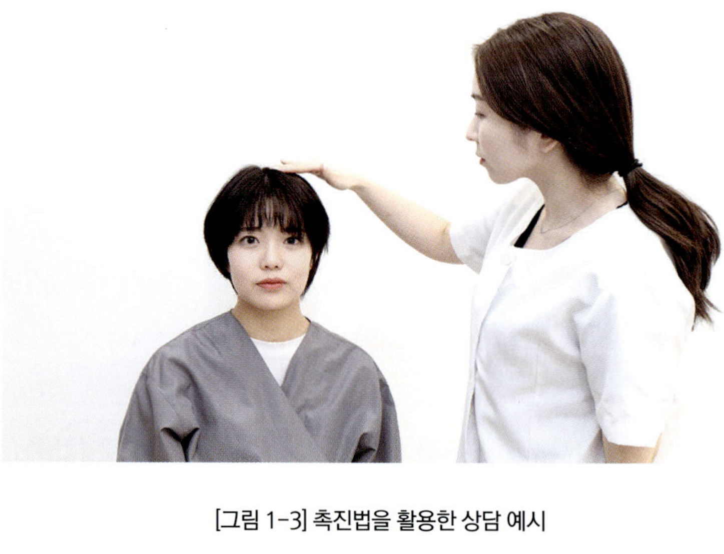

[그림 1-3] 촉진법을 활용한 상담 예시

2) 2차 상담–기기를 활용한 진단

1차 상담내용을 바탕으로 기기를 활용하여 세밀하게 관찰하는 단계이다.
모발 굵기, 큐티클 손상정도, 두피색상, 두피 피지 분비량, 모공 상태 및 각질 상태, 모발 밀집도 등을 상세히 파악한다. 이 단계에서의 결과는 반드시 고객과 함께 공유하고 고객의 눈높이에서 설명할 수 있어야 한다.
이 단계에서는 정상 모발 및 두피상태를 기준으로 하여 비교설명하고 관리 후 나타날 수 있는 변화를 임상결과를 제시하여 상담한다면 보다 효과적인 상담 결과를 얻을 수 있다. 상담시간은 15분 이내가 적당하다.

[그림 1-4] 기기를 활용한 상담 예시

진단기기 프로그램 사용 예시

자료 : 아람 휴비스

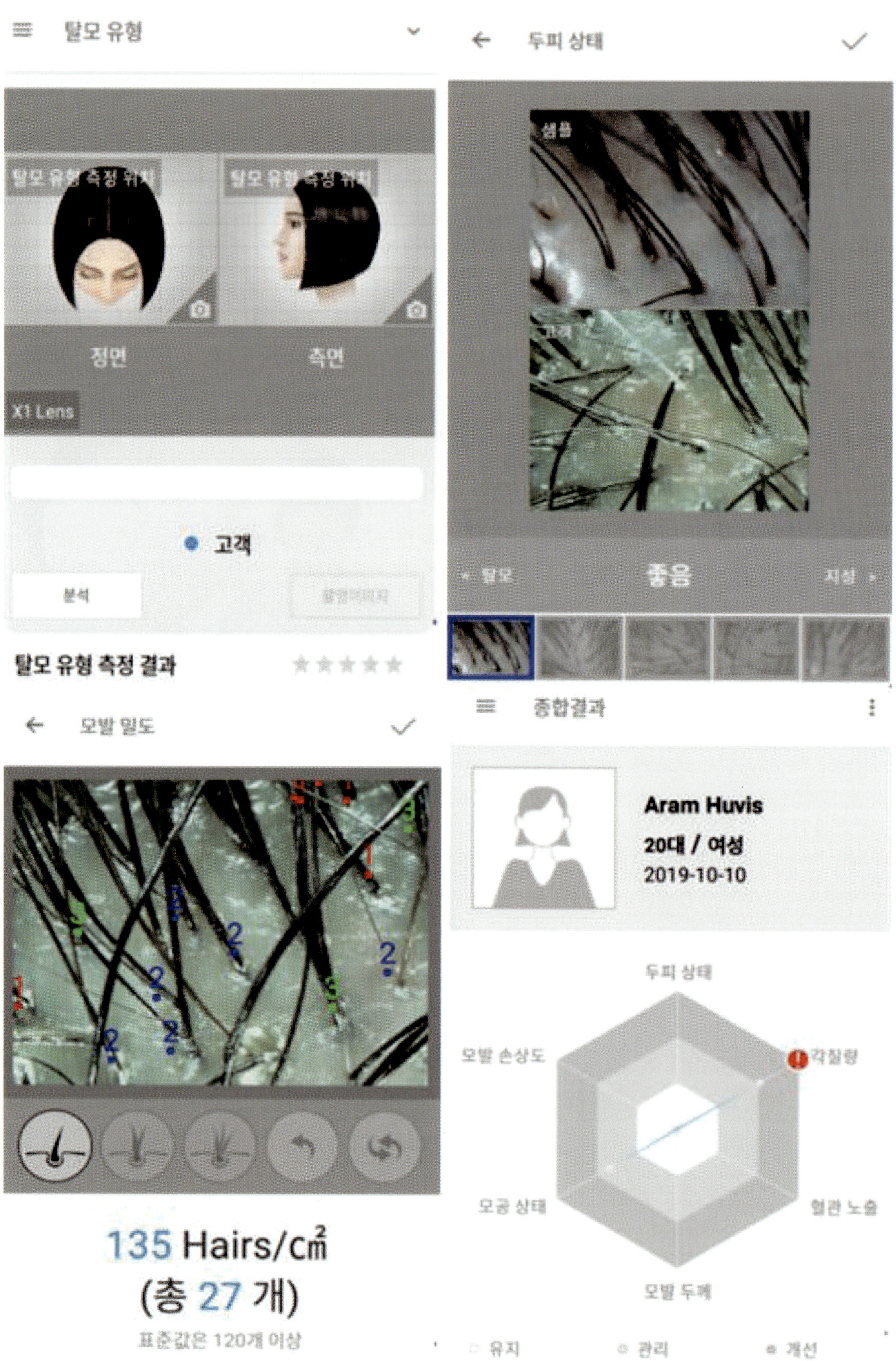

3) 관리 프로그램 선택

1, 2차 상담결과를 통해 고객에게 필요한 구체적 관리 프로그램을 설정하는 단계이다. 고객의 두피 및 모발 특성에 맞는 제품과 기기, 마사지 방법 등이 설정되는 단계로 관리 후 호전 정도에 따라 변화시킬 수 있다.
이 단계에서는 고객의 과거 관리경험 내역, 제약요소들을 고려하여 관리 프로그램을 선택하는 것이 효과적이다.

(1) 두피상담 프로그램 예시

개인정보기록	이름, 주소, 연락처 등을 기록
현재 고객 상태	문진 및 시진
현미경관찰	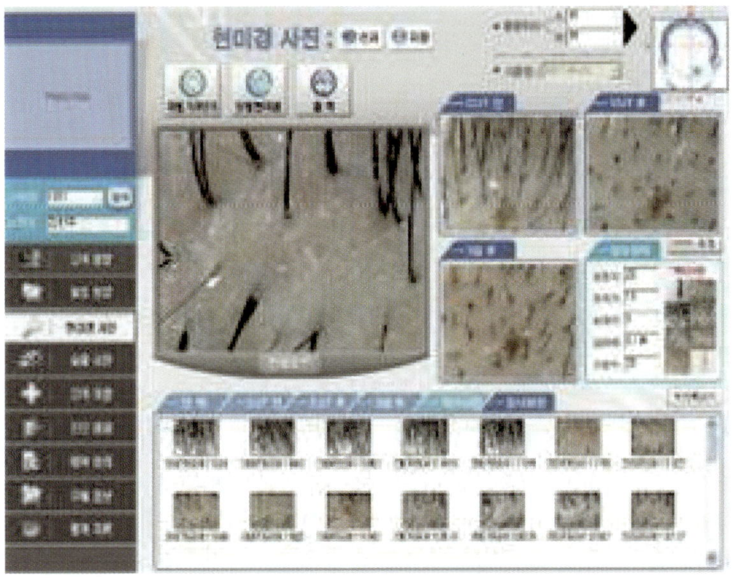
진단결과	상담내용을 종합하여, 현재의 탈모진행정도 및 생활습관의 안내에 이르기까지 고객에 대한 총체적인 판단이 가능하도록 보여지는 결과물
고객처방	고객의 상태에 따른 두피관리 프로그램 처방

4) 사후 관리 상담

사후 관리 상담이란, 고객에게 관리 전과 후의 변화 내용 및 개선 정도를 인식시키고 두피 및 모발이 지속적인 건강함을 유지시키기 위해 개선되어야 할 라이프 스타일 및 손질습관, 관리요령 등을 제안하는 단계이다.
이 단계에서는 고객 스스로 실천할 수 있는 난이도를 고려하여 상담해야하며, 지속적 관리 및 홈 케어의 중요성을 인지시키는 것이 중요하다.

3. 상담자의 자세

1) 전문 지식

고객응대에 앞서 두피 · 모발 관련 지식, 사용 제품 관련 지식을 정확히 숙지하고 있어야 한다. 고객의 고민이나 질문에 대응할 수 있는 충분한 정보력 및 제품특징과 정확한 사용법과 유효 성분 습득은 상담가의 필수 요소이므로 지속적으로 관련 정보 및 자료를 분석하고 학습할 필요가 있다.

2) 정중한 매너 및 화법

고객에게 귀 기울이고 부담을 주지 않으며 고객의 컨디션을 계속해서 살피는 태도는 매우 중요하다. 상담자의 사소한 자세와 몸짓이 자칫 오해의 소지가 될 수 있음을 유의해야 한다.
특히 몸을 뒤로 기대어 앉거나 팔짱을 끼고 말하는 행동, 큰소리로 고객의 단점을 말하거나 크게 웃는 행동, 고객의 말을 가로채는 행동 등은 삼가야 한다.

3) 신뢰성

상담자에 대한 신뢰성은 관리효과에 대한 신뢰도와 비례하기 때문에 고객과 상담자 사이에 가장 중요한 요소라 할 수 있다. 고객의 신뢰는 고객에게 믿음을 줄 수 있는 진실성과 전문성을 바탕으로 만들어진다.

4) 복장

① 상담자는 상담 가운 및 명찰을 착용한다.
② 화려한 액세서리 착용이나 거부감을 주는 메이크업은 피한다.
③ 항상 손톱, 두발 상태, 복장을 깨끗하게 유지하도록 한다.
④ 강한 향수 및 음식물 냄새, 땀 냄새, 구취 등은 나지 않도록 주의한다.
⑤ 샴푸실 및 관리 도구 · 기기는 주기적인 청소 및 소독으로 청결

고객 성명 : (M / F) 생년월일 :

연락처 : 직 업 :

담당 케어 컨설턴트 :

모발진단

굵 기

□ 굵은모 □ 보통모 □ 가는모

모발손상

□ 건강모 □ 건조모 □ 손상모 □ 탈색모

전문가 진단

두피진단

컨디션 □ 비듬 □ 지성 □ 탈모 □ 민감

비 듬 □ 부분 □ 전체
□ 건성비듬 □ 지성비듬

지 성 □ 과다피지 □ 염증 □ 냄새

탈 모 □ 유전 □ 일시적/부분적 □ 예방

민 감 □ 홍반/출혈 □ 가려움증/통증 □ 염증

전문가 진단

생활패턴 진단(Life Style)			
샴푸횟수		식생활	
스타일링제 사용여부		건강 및 알레르기여부	
수면상태 및 수면시간		약복용 및 병력	

상담정보	
탈모원인	유전성( ) 신경성( ) 스트레스성( ) 피부질환( ) 산후탈모( ) 대기오염( ) 호르몬 과다분비( ) 항암제 사용( ) 세척불량( ) 기타( )

기타	
처방 및 홈케어	

시술순서(제품)

모발 :

두피:

4. 두피·모발 진단

1) 두피 · 모발 진단 방법

(1) 진단 기기

두피 진단 시 기기를 사용하는 목적은 체계적이고 정확한 분석을 통해 그에 맞는 전문 제품을 추천하고 다양한 임상데이터를 활용할 수 있어 고객의 신뢰도를 상승시킬 수 있다. 두피 진단기기는 거치용부터 휴대용까지 다양하게 개발되고 있으며 점점 간해지고 편리해지고 있다. 탈모가 진행되면서 두피와 모발에 나타나는 현상들을 체크함으로써 고객의 현재 상태를 진단하고, 해결책을 찾기 위해 두피진단이 필요하다.

두피와 모발의 상태를 진단기로 촬영하여, 모니터를 통해 보여주는 기기로, 두피와 모발의 진단목적에 따라 렌즈의 배율을 달리해서 촬영한다. 두피진단기는 그 모양이 다양하므로, 진단 시 상담자가 사용하기에 편리한 것을 선택하도록 한다.

두피 진단용 기기는 두피상담 프로그램, 두피진단기, 모근 모낭충 검사용 현미경, 유분측정기 등이 대표적이다.

① 두피 · 모발 진단기

두피 · 모발 진단용 기기는 휴대용과 거치용으로 나뉘며 렌즈의 배율이 다양하여 진단 목적에 따라 1~1200배율까지 선택이 가능하다. 촬영 후 저장되어 있는 표준 값의 샘플 사진과 비교 진단이 가능하다.

[그림 1-5]
휴대용 진단기(아람휴비스)

[그림 1-6]
진단배율에 따른 다양한 렌즈

② **확대경**(Magnifying glass)

확대경의 렌즈 배율은 20배 정도로 두피의 각질상태, 염증, 피지상태 등을 육안으로 확인 시 사용한다. 확대경에 램프가 장착되어 있어 어두운 곳에서도 자세히 관찰할 수 있다.

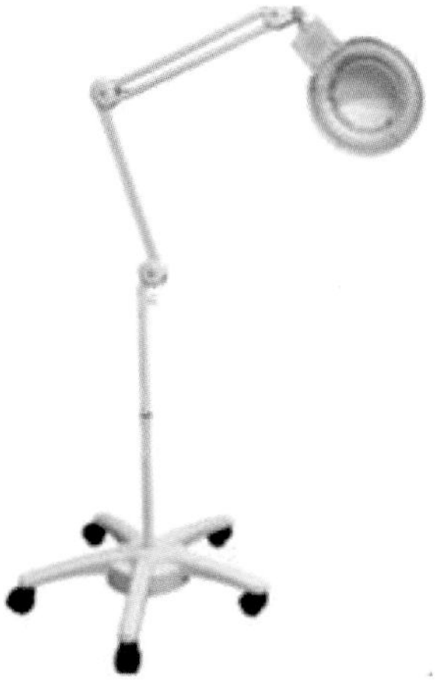

③ **현미경**(Microscope)

현미경은 육안으로 관찰하기 힘든 작은 물체를 관찰하기 위해 확대시키는 광학기구로써 확대방식에 따라 광학현미경(LM, Light Microscope), 전자현미경(EM, Electron Microscope), 원자현미경(AFM, Atomic Force Microscope) 등이 있다.

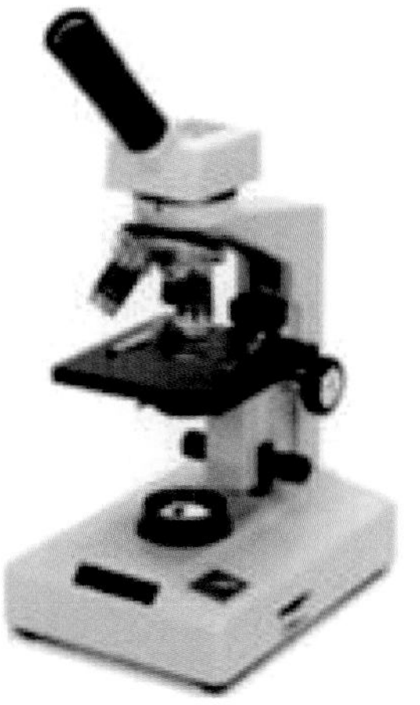

현미경으로 촬영한 모낭충과 모근의 예

모낭충 (접안렌즈×10)	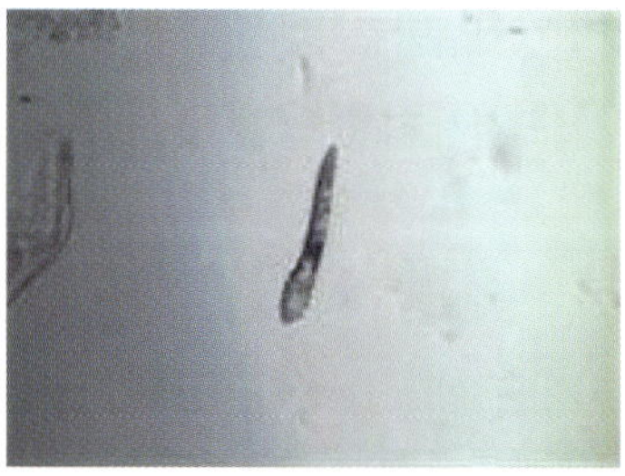	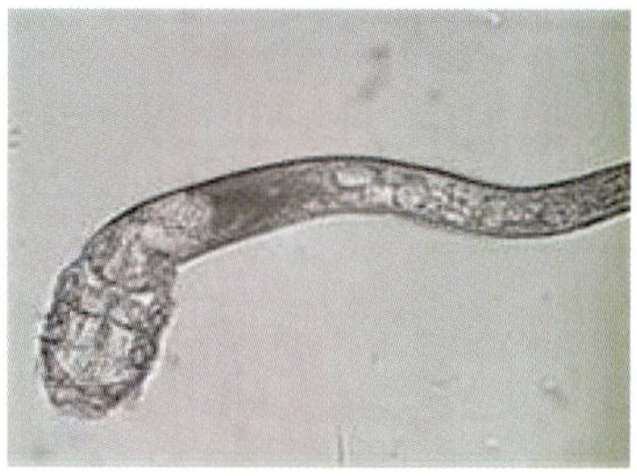
	40배	400배
모근 (접안렌즈×10)	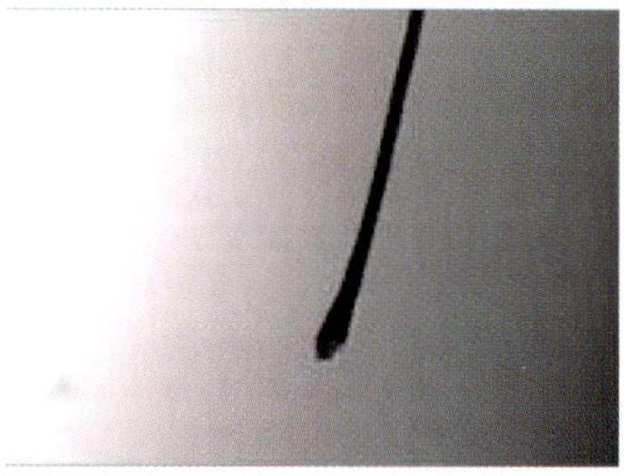	
	40배	400배

④ pH측정기(pH meter)

피부 표면의 산과 알칼리의 정도를 측정하기 위한 기기로, 건강한 피부는 pH4.5~6.5의 약산성을 띠며, 알칼리에 가까울수록 건조한 피부이다. 사용 방법으로는 세안 후 2시간 정도 지난 뒤 탐 침을 피부에 45°각도로 가볍게 눌러 측정하고 사용 후 물로 씻어내고 물기를 제거하여 보관한다.

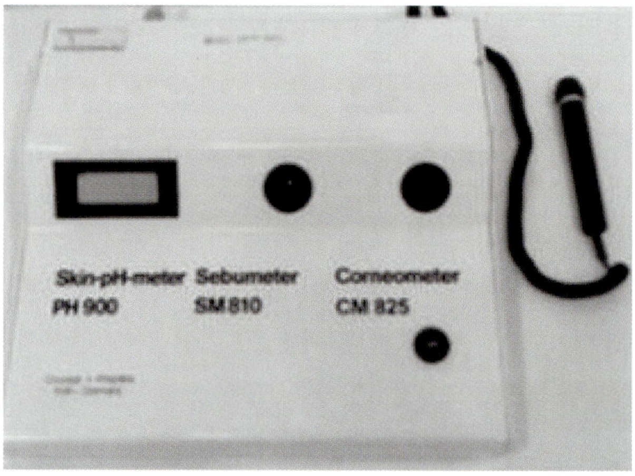

⑤ **유분측정기**

두피와 같은 피부의 수분과 유분상태를 파악하고 기준에 비해 유분과 수분의 비율이 어떠한가를 파악하여, 관리계획을 세우기 위해 필요하다. 유·수분 측정이 가능한 기구들로는 유분측정페이퍼, 수분측정기, 유·수분 측정기가 있다.

유분의 정도를 확인하고 싶은 부위에 측정페이퍼를 약 10초 정도 밀착시킨 후 떼어내고 유분 데이터 값을 읽을 수 있는 프로그램을 이용하여 유분 정도를 측정한다. 정확한 측정을 위해 땀이나 먼지 등의 이물질이 없도록 피부를 깨끗하게 세정한 후, 15~20분에 후에 검사하는 것이 좋다.

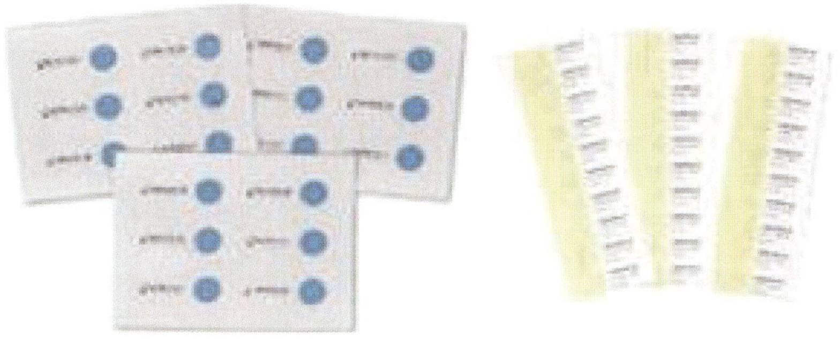

[그림 1-7] 유·수분 측정 페이퍼

⑥ **멜라닌 홍반측정기**(Mexameter)

피부에 침착된 멜라닌 색소와 피부홍반 정도를 분석하는 기기로 숫자가 클수록 홍반정도가 높은 것으로 본다.

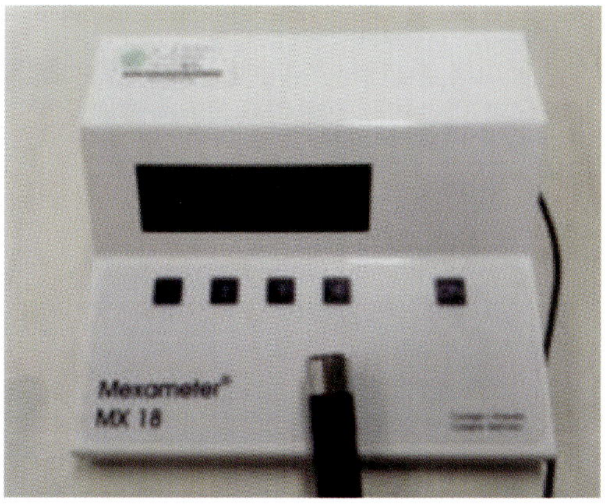

⑦ **경표피수분손실량측정기**(Tewameter)

피부 초음파를 통해 피부수분 손실량, 피부의 두께, 밀도의 변화 등을 측정하는 기기이다.

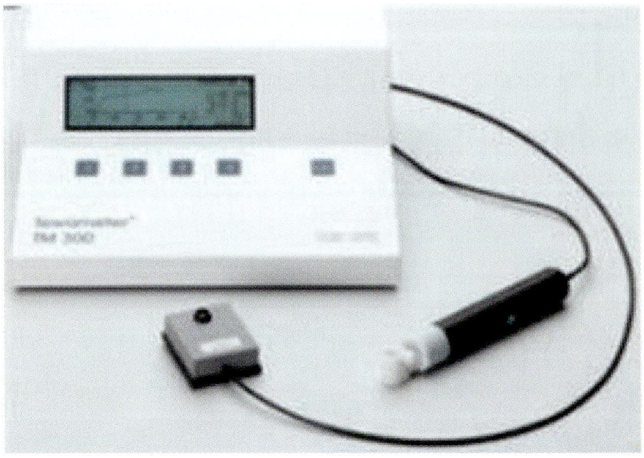

⑧ **피부보습평가기**

각질층의 수분 및 인설 등 형태학적 측정 및 보습을 평가하는 기기이다.

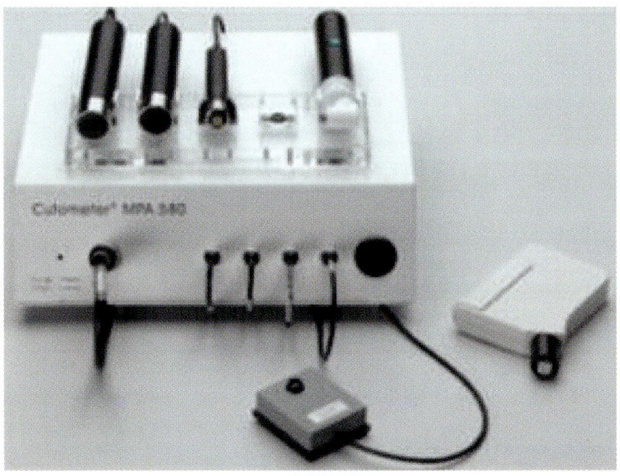

⑨ **피부화상분석기**(Skin visiometer)

피부표면의 굴곡을 빛을 이용하여 광노화 및 주름등을 평가하는 기기이다.

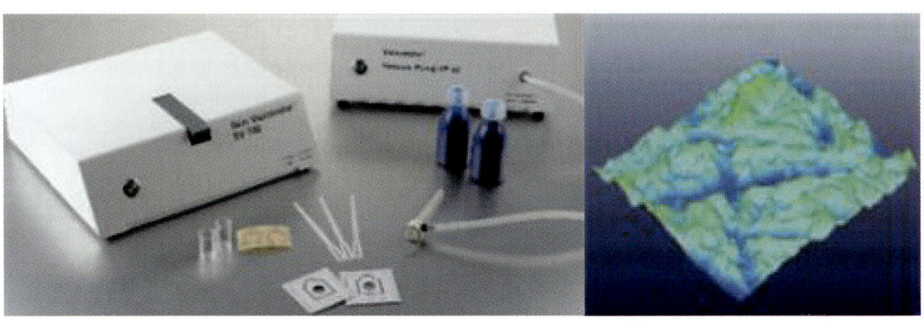

(2) 관리 기기

두피·모발 관리는 고객의 두피·모발 상태에 따라 진행되는 프로그램에 맞추어 적절한 관리제품과 기기들을 사용해야 한다.

두피관리에 이용되는 기기류는 사용목적에 따라 두피진단용과 두피관리용으로 구분할 수 있다. 두피관리용 기기는 근육이완용 기기, 시약의 흡수를 촉진시키기 위한 기기, 광선치료기기, 세정용 기기로 세분된다.

① 근육이완용 기기

㉠ 바이브레이터(Vibrator)

근육부위와 뭉친 정도에 따라 적절한 도자를 이용하여 관리한다.

㉡ 석션기(Suction)

석션기는 압력을 이용하여 마사지하는 기기로 석션기의 컵의 크기, 형태, 종류, 압력의 강도에 따라 다양한 자극효과를 나타낼 수 있다.

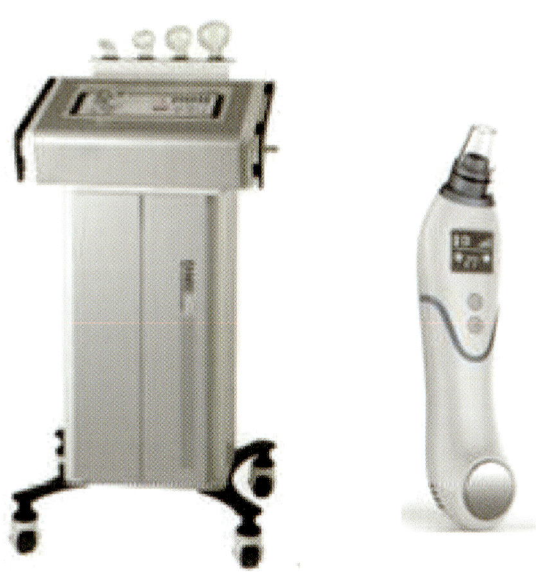

[그림 1-8] 두피용 & 마사지용

㉢ 저주파기/고주파기

주파수를 이용하여 목적부위의 온도를 상승시켜 심부열을 이용하고 혈액순환촉진 및 림프의 흐름을 좋게 하며 신진대사를 원활하게 하여 노폐물 제거를 촉진시킨다.

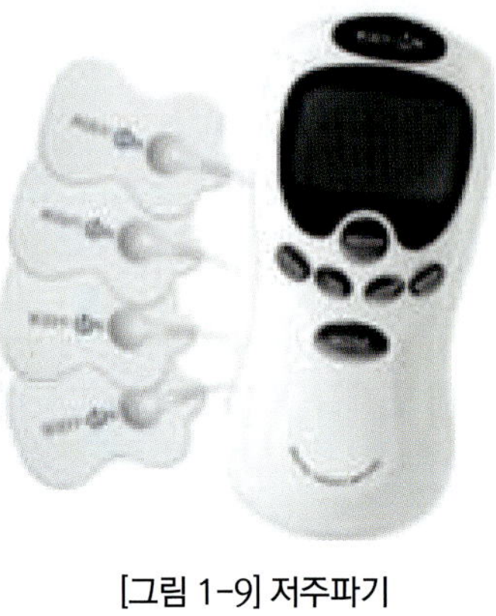

[그림 1-9] 저주파기

[그림 1-10] 고주파기

② **시약 흡수촉진**

㉠ 이온투입기(Iontophoresis)

갈바닉 전류를 이용하는 기기로 +전하와 -전하를 이용해 같은 극끼리는 밀어내어 노폐물을 배출하고 다른 극끼리는 잡아당기는 성질을 이용해 제품이 잘 흡수되도록 도와주는 역할을 한다. 따라서, 두피의 독소와 노폐물을 배출시키고 두피 세포의 항상성을 증가시키며 세포의 재생능력을 증가시킨다.

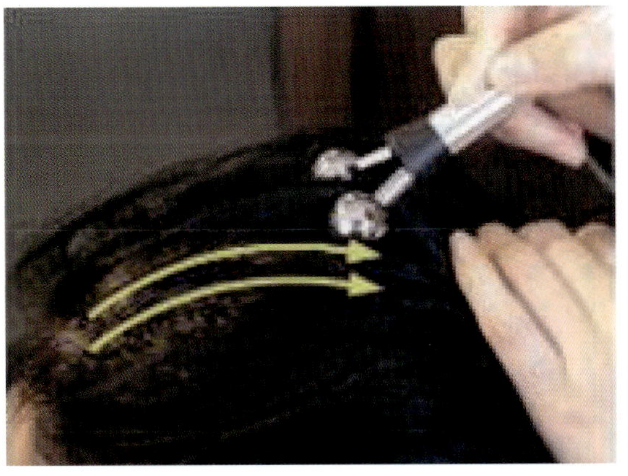

㉡ 메조롤러(Meso therapie)

피부 밑에 약물을 주입하는 주사요법으로 탈모에 효과적인 성장인자, copper-peptide, 비타민 약물을 두피에 직접 주입하고 바늘자극을 주어 모낭과 그 주변의 미세순환계, 신경계, 면역계를 활성화시키는 역할을 한다.

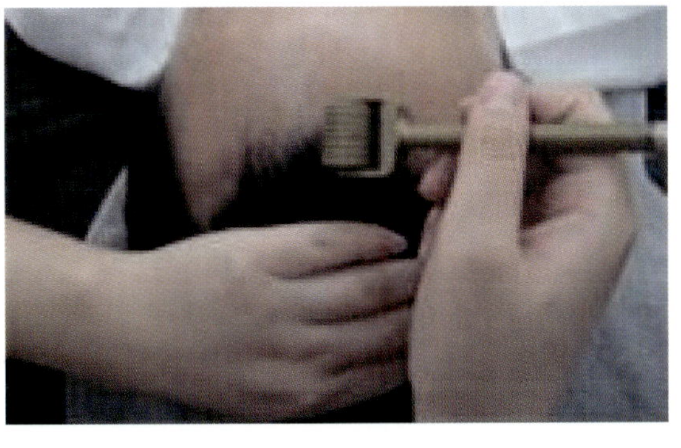

ⓒ 미스트기(Mist)

온도를 가하여 물을 수증기화시키는 기기로 따뜻한 온도로 피부가 이완되어 시약의 흡수 촉진시키는 역할을 한다.

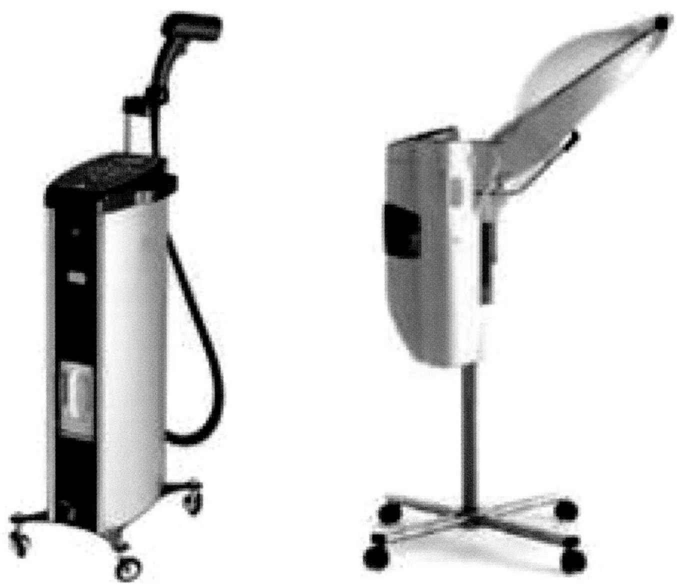

ⓡ 에어스프레이(Air spray)

일정한 농도의 앰플을 적정량으로 산소와 함께 분사하는 장치로 자극이 없이 두피에 초미립화된 앰플을 침투시켜 진정 효과와 청량감을 부여한다.

③ 광선치료기기

㉠ 적외선기

빛의 파장을 이용하여 인체 세포에 투입하는 기기로 각종 염증을 일으키는 원인인 세균을 살균하고 항균 작용의 효과가 있으며, 모세혈관을 확장시켜 혈액순환을 촉진한다.

㉡ 레이저(Laser)

레이저는 파장, 위상, 진행방향이 같은 빛을 내는 광학기기로 콜라겐 섬유 증대, 림프배출의 촉진, 모세혈관의 순환촉진, 손상된 세포의 재생, 제품 흡수 촉진 효과가 있다.

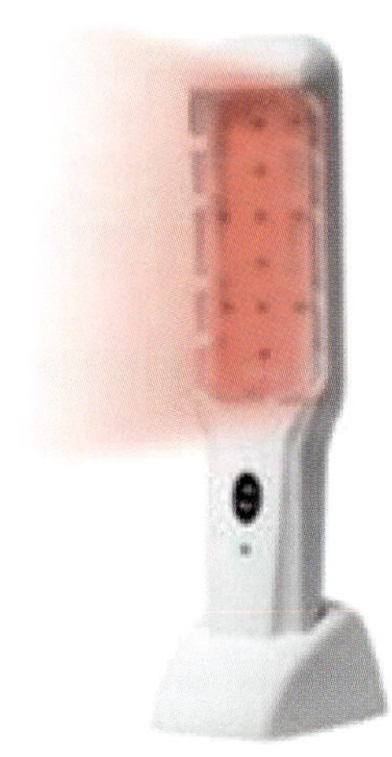

④ 세정기기

㉠ 워터펀치(Water punch)

워터펀치는 분당 1800번 분출하는 맥동 제트수류와 슈만(Shumann)공명파를 두피에 시술하여 두피의 노폐물을 제거하여 두피환경을 건강하게 해주며, 수압을 이용한 두피마사지를 통하여 혈액순환을 촉진한다.

두피·모발 관리 복합기기

(3) 진단기 활용 방법

① 렌즈배율

두피 진단을 위한 렌즈의 배율은 진단 목적에 따라 달리 사용하여야 하며 저배율에서 고배율로 진행하는 것을 권장한다.

렌즈 배율	두피진단기의 촬영 예	목적
1배율	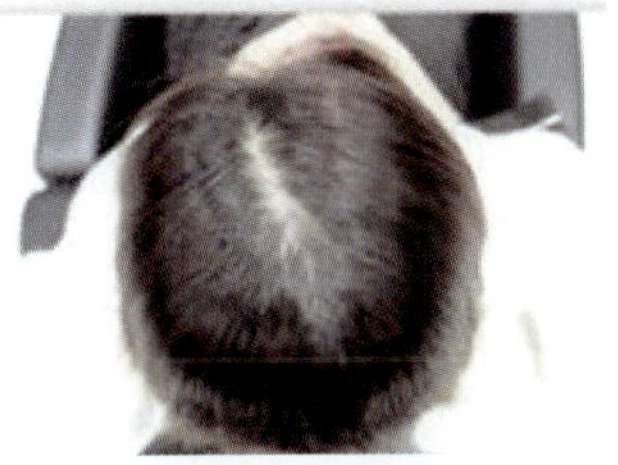	• 실물촬영 • 탈모 유형 확인
50~80배율	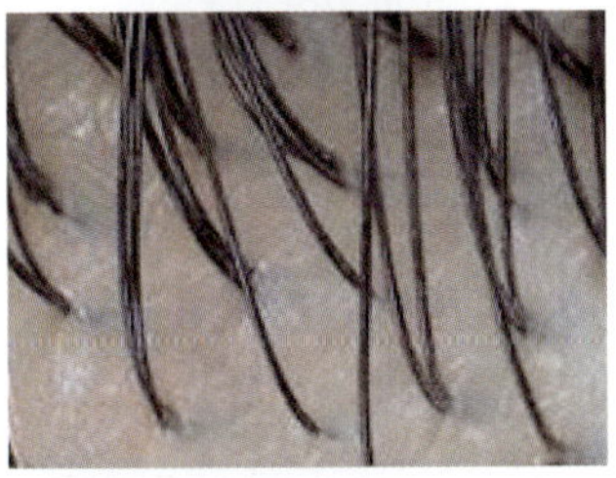	• 모발 밀도 (cm² 당 모발밀도검사) • 모발 굵기 • 비듬 • 염증 • 두피상태관찰
200~300배율	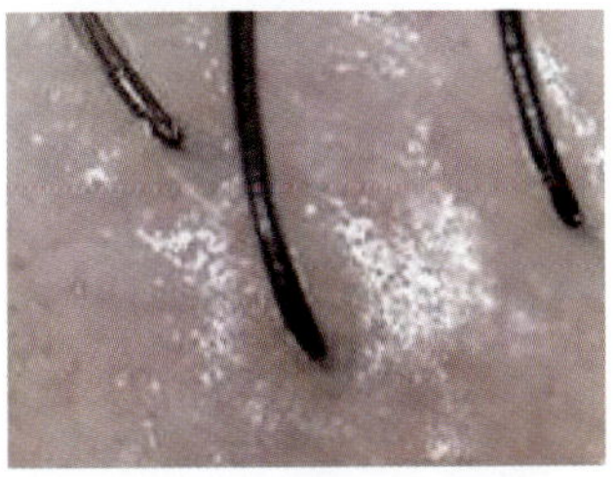	• 개별적 모공 관찰 • 두피의 예민한 정도 파악
1200배율		• 모발 큐티클 상태 • 모발의 건강상태 • 염색 상태

② **촬영 위치**

Top, Side, Nape 총 3군데를 공통된 포인트로 설정하여 촬영하는 것이 관리 전과 후를 체크하는데 효과적이며, 가르마 라인은 자외선에 의한 노출로 인해 두피색이 다른 곳과 상이 할 수 있으니 주의한다. 또한 촬영 시, 모발의 굵기와 밀도를 한 번에 볼 수 있도록 촬영하는 것이 좋다.

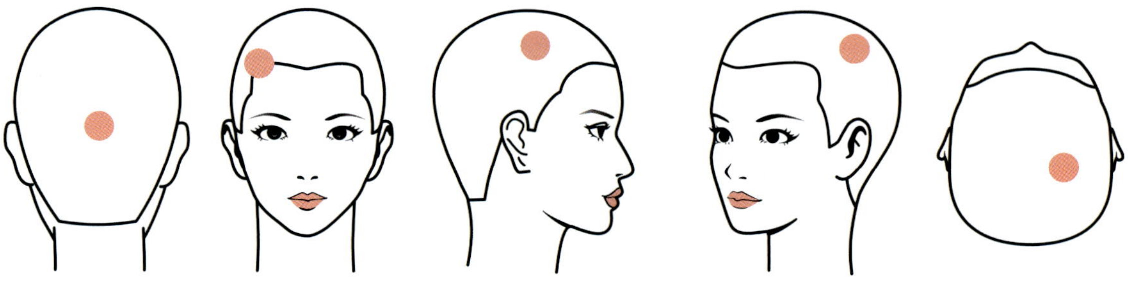

[그림 1-11] 두피 촬영 시 진단 포인트 예시

[그림 1-12] 올바른 두피 포인트 촬영 예시

③ **비교군 확보**

고객의 이해를 돕고 원활한 상담을 위해 문제성 두피의 표본 예시를 사전에 확보하여 활용할 것을 권장한다.

진단 후 관리에 앞서 표본을 기준으로 현재 두피 상태를 설명하고, 관리 후 확보된 호전과정의 예시를 보여주며 상담한다면 고객에게 신뢰감과 전문성을 전달하는 데 많은 도움이 된다.

(4) 진단 시 확인사항

체크여부	체크항목
V	① 두피유형
V	② 모발의 밀도-1cm2에 150~200개
V	③ 모발의 두께-평균두께 0.07~0.08mm
V	④ 한모공의 모발 수
V	⑤ 각질, 염증, 상처 같은 트러블 관찰
V	⑥ 모낭충 검사
V	⑦ 정상적인 모주기 여부 확인

(5) 진단 시 주의사항

① 샴푸 후 약 6시간 이전은 피지분비량을 정확히 체크하기 어려우므로 두피 진단 전 반드시 고객의 마지막 샴푸 시간을 체크한다.

② 상담 내용을 바탕으로 두피 색상, 각질 및 홍반유무, 피지분비량, 기타 이상증세를 분석하며 진단 시 자료는 반드시 보관한다.

③ 진단기 촬영 시 렌즈가 흔들리지 않도록 하여 고정한 뒤 정지버튼을 눌러 촬영한다.

④ 고객의 두피 고민 중 주요 니즈가 무엇인지 정확히 파악하여 복합성 두피일 경우, 비듬 → 지성 → 탈모 → 민감 두피의 순으로 처방 관리를 진행한다. 단, 염증성 두피는 염증을 먼저 진정 후 다음관리로 진행한다.

⑤ 진단기 사용 시 진단기 렌즈 배율 및 촬영 위치 등이 동일하도록 유의한다.

⑥ 비듬이나 염증성 두피를 촬영한 후에는 반드시 소독하여 보관한다.

⑦ 사후 관리 목적으로 하는 두피 진단 촬영은 두피의 수분이 약 70% 정도 건조된 후 진행하는 것을 권장한다.

⑧ 진단기기는 사용 전후로 살균·소독하여 청결히 보관하도록 한다.

2) 모발 진단 방법

모발 진단 시 사용하는 렌즈 배율은 500~1200배율로 진행되며 모발 굵기와 모발 표면 측정이 대표적인 진단 방법이다.

(1) 모발 굵기

동양인의 모발 평균 굵기인 0.075mm를 기준으로 연모, 보통모, 강모를 구별하여 모발 상태를 측정한다. 3회 측정 후 평균값으로 진단하는 것이 정확하다.

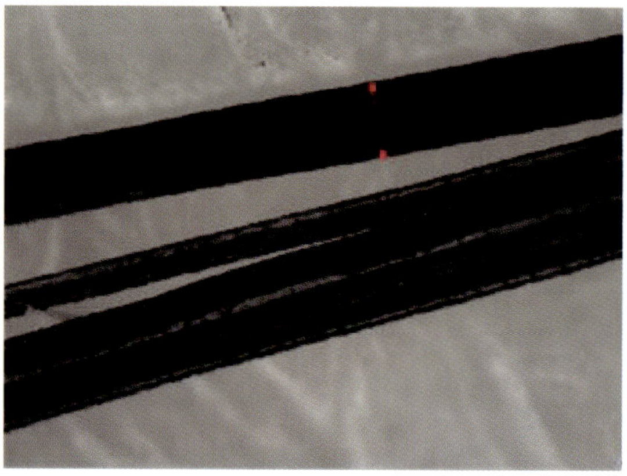

[그림 1-13] 모발 굵기 기기 측정 예시

(2) 모발 표면

모발 표면 측정은 큐티클의 배열모양, 큐티클의 탈락 정도, 모발 탈색정도 등을 파악하기 위해 시행된다. 측정 시 모근부위 → 모발 중간 → 모발 길이 끝 순으로 측정하여 차이를 비교한다.

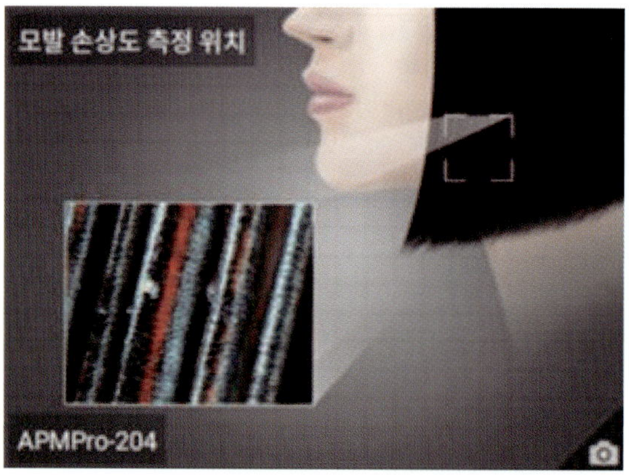

[그림 1-14] 모발 표면 측정 예시

5. 두피 타입별 관리

1) 정상 두피(Normal Scalp)

(1) 특징

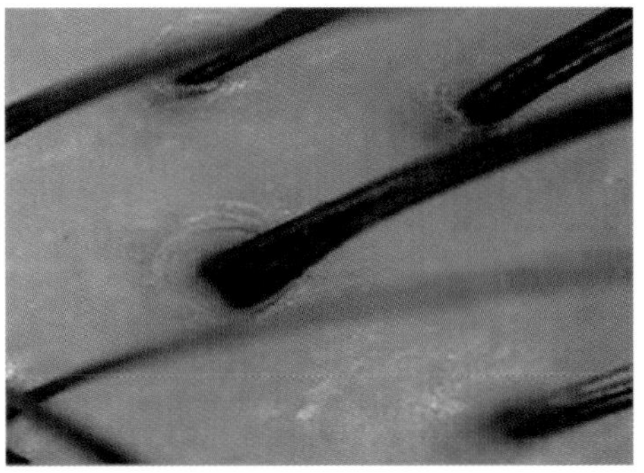

- 두피의 표면의 색상이 균일하며 맑은 청백색을 띤다.모발의 밀도가 일정하며 각질이나 불순물이 없다.
- 모공이 열려있고, 한 개의 모공에서 한 가닥 이상의 모발이 관찰되며 그 모발의 굵기가 유사하다.
- 문진 시 하루 정도 샴푸를 하지 않아도 떡지거나 건조함이 관찰되지 않는다.

(2) 관리방법

- 현 상태의 지속적 유지에 중점을 두어 관리하되 각화주기의 정상적인 유지를 위해 월 1회 두피 스케일링을 시행할 것을 권장한다.
- 하루 중 샴푸 시간은 아침보다는 저녁시간을 권장한다.
- 샴푸 후 수분은 완전 건조 후 잠자리에 드는 것이 좋다.
- 샴푸 시 강한 마사지나 자극은 피한다.

(3) 관리 프로그램(월 1회 권장)

- 1차 상담(시진, 문진, 촉진) → 2차 상담(기기진단) → 프로그램 안내 → 관리진행
- 관리사전 브러싱 → 오프닝 마사지 → 스케일링(미스트 10분) → 샴푸(정상두피용 → 트리트먼트 도포(수분공급용) → 릴렉싱 마시지 → 헹굼 → 타월 드라이/건조 → 클로징 마사지 → 마무리(홈 케어 안내)

2) 건성 두피(Dry Scalp)

(1) 특징

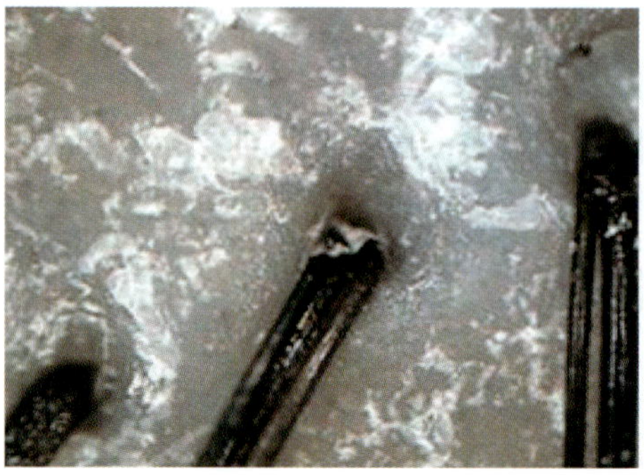

- 두피 표면의 천연보습인자(NMF)의 부족과 피지선 기능이 저하되어 조기 박리증 증상을 보인다.
- 잔 각질이 관찰되며 모공 주변으로 나이테 모양의 각질층을 형성한다.
- 두피 색이 탁하거나 홍반이 동반되기도 한다.
- 유수분의 부족으로 당김 현상이나 가려움증을 호소한다.

(2) 관리방법

- 유수분 밸런스를 위해 주기적인 저자극 스케일링 시행을 권장한다.
- 두피의 혈행 촉진을 돕는 마사지를 병행 시 효과적이다.
- 샴푸 횟수는 2~3일에 1회가 적당하며 보습성이 함유된 세정제 및 토닉사용을 권장한다.
- 샴푸 후 지나친 드라이 사용은 피한다.

(3) 관리 프로그램(2주에 1회 권장)

- 1차 상담(시진, 문진, 촉진) → 2차 상담(기기진단) → 프로그램 안내 → 관리진행
- 관리사전 브러싱 → 오프닝 마사지 → 미스트 1차(7분) → 스케일링(미스트 7분) → 샴푸(건성두피용) → 트리트먼트 도포(건성두피용) → 릴렉싱 마시지 → 헹굼 → 타월 드라이/건조 → 영양공급 → 적외선조사(10분) → 클로징 마사지 → 마무리(홈 케어 안내)

3) 지성 두피(Oily Scalp)

(1) 특징

- 피지분비 과다로 인해 두피 표면이 번들거리고 두피색은 탁하다.
- 모공에 물이 고여 있는 것처럼 관찰되며 모발 밀도가 낮다.
- 피지 산화 및 세균으로 인한 악취, 떡비듬, 지루성 염증을 동반하기도 한다.

(2) 관리방법

- 피지 응고물을 제거하기 위한 세정제 및 트리트먼트를 사용한다.
- 샴푸횟수는 1일 1~2회 권장한다.
- 강한 열이나 자극은 삼간다.
- 스트레스, 자극적인 음식, 기름진 음식에 대한 노출은 피하는 것이 좋다.

(3) 관리 프로그램(주에 1회 권장)

- 1차 상담(시진, 문진, 촉진) → 2차 상담(기기진단) → 프로그램 안내 → 관리진행
- 관리사전 브러싱 → 오프닝 마사지 → 미스트 1차(저온/7분) → 스케일링(미스트 7분) → 샴푸(지성두피용) → 트리트먼트 도포(지성두피용) → 릴렉싱 마시지(저자극) → 헹굼 → 타월 드라이/건조 → 영양공급(피지조절용) → 클로징 마사지 → 마무리(홈 케어 안내)

4) 지루성 두피(Seborrheic Scalp)

(1) 특징

- 균에 의해 발생한 비듬이 모공을 막고 있다.
- 기름기가 있는 황색 인설이 관찰된다.
- 가려움증 및 염증이 동반된다.
- 전염성이 있는 것이 특징이다.

(2) 관리방법

- 스트레스, 과로, 음주, 흡연은 되도록 피할 것을 권장한다.
- 항진균 샴푸제를 사용하여 샴푸하며 청결을 유지한다.
- 증상이 심한 경우는 병원치료 병행을 권장한다.

(3) 관리 프로그램(*지성두피와 관리방법 동일하나 증상이 심할 경우, 약물치료 병행권장)

- 1차 상담(시진, 문진, 촉진) → 2차 상담(기기진단) → 프로그램 안내 → 관리진행
- 관리사전 브러싱 → 오프닝 마사지 → 미스트 1차(저온/7분) → 스케일링(미스트 7분) → 샴푸(지성두피용) → 트리트먼트 도포(지성두피용) → 릴렉싱 마시지(저자극) → 헹굼 → 타월 드라이/건조 → 영양공급(피지조절용) → 클로징 마사지 → 마무리(홈 케어 안내)

5) 비듬성 두피(Dandruffy Scalp)

- 각화주기 이상으로 인해 정상두피에 비해 각질이 많이 생성되고 탈락된다.
- 말라세시아(Malassezia) 효모균이 주원인이다.
- 호르몬, 영양상태, 샴푸습관, 스트레스, 다이어트 등이 영향을 미친다.
- 비듬의 유형은 건성, 지성으로 나뉜다.

(1) 건성 비듬성 두피(Dry Dandruffy Scalp)

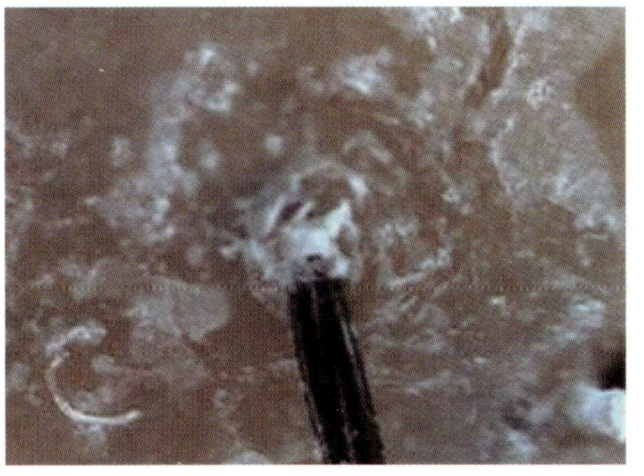

① **특징**

- 땀, 피지 부족으로 건조한 각질이 관찰된다.
- 하얗고 가는 비듬의 형태를 띠며 가려움증을 호소한다.
- 잘못된 샴푸 및 영양부족(Vit A,D)으로 인한 원인이 많다.

② **관리방법**

- 살균, 소독에 필요한 관리 제품으로 두피를 정상화시키는 데 중점을 둔다.
- 항비듬 샴푸제를 사용하며, 샴푸시간은 오전보다는 저녁시간을 권장한다.
- 샴푸 시 충분히 거품을 내어 깨끗하게 헹군다.
- 아연, 비타민, 생선류 등의 섭취가 도움이 된다.
- 과도한 드라이는 삼가고 보습 기능이 있는 토닉을 함께 사용하면 효과적이다.

③ **관리 프로그램**(주에 1회 권장)

- 1차 상담(시진, 문진, 촉진) → 2차 상담(기기진단) → 프로그램 안내 → 관리진행
- 관리사전 브러싱 → 오프닝 마사지 → 미스트 1차(7분) → 스케일링(미스트 7분) → 샴푸(비듬두피용) → 트리트먼트 도포(건성두피용) → 릴렉싱 마사지 → 헹굼 → 타월 드라이/건조 → 영양공급 → 적외선조사(10분) → 클로징 마사지 → 마무리(홈 케어 안내)

(2) 지성 비듬성 두피(Oily Dandruffy Scalp)

① 특징

- 과다 피지 분비로 인한 지성화(피지+각질)가 원인이다.
- 가려움증과 악취를 동반한다.
- 두피가 눅눅하고 열이 많다.
- 피지가 엉켜 모낭 안으로 역류 시 탈모 및 염증 유발의 원인이 된다.

② 관리방법

- 살균, 소독에 필요한 관리 제품으로 두피를 정상화 시키는데 중점을 둔다.
- 항비듬 샴푸제 사용을 권장한다.
- 샴푸 횟수는 1일 1~2회가 적당하며 필요 시 더블 샴푸를 할 수 있다.
- 두피 스케일링 횟수는 2주에 1회가 적당하다.
- 아연, 비타민, 생선류 등을 섭취하고 기름진 음식은 주의한다.
- 과도한 드라이 및 자극은 삼가도록 한다.

③ 관리 프로그램(주에 1회 권장)

- 1차 상담(시진, 문진, 촉진) → 2차 상담(기기진단) → 프로그램 안내 → 관리진행
- 관리사전 브러싱 → 오프닝 마사지 → 미스트 1차(저온/7분) → 스케일링(미스트 7분) → 샴푸(비듬두피용) → 트리트먼트 도포(지성두피용) → 릴렉싱 마사지(저 자극) → 헹굼 → 타월 드라이/건조 → 영양공급(피지조절용) → 클로징 마사지 → 마무리(홈케어 안내)

Tip

건성 비듬과 지성비듬의 차이는?

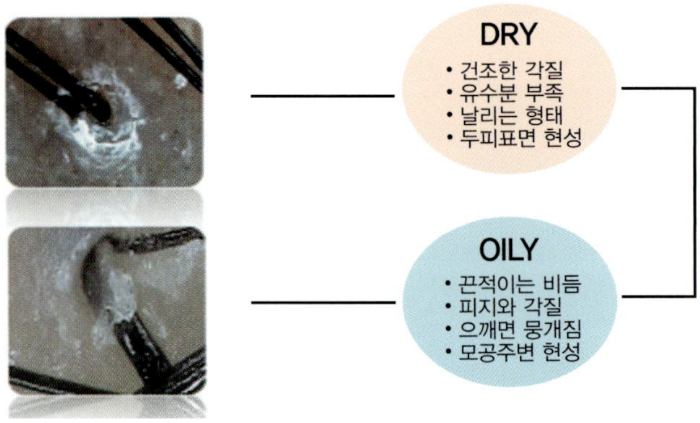

6) 민감성 두피(Sensitive Scalp)

(1) 특징

① **특징**

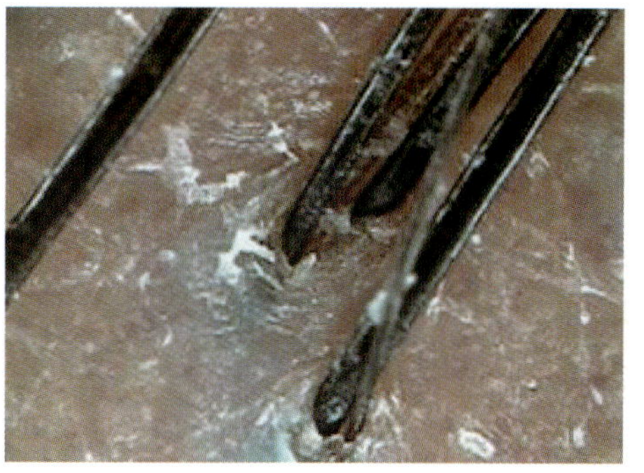

- 두피에 모세혈관 확장으로 인해 홍반이나 충혈이 보인다.
- 약한 자극에도 두피가 쉽게 붉어지고 통증을 호소하기도 한다.

(2) 관리방법

- 세균 감염 및 동반 질환을 개선 후 두피관리를 시작한다.
- 민감성 두피 전용 세정제 및 토닉을 사용하여 두피에 영양 및 진정효과를 공급한다.
- 관리 시 강한 자극이나 열은 삼가고 가벼운 두피마사지를 병행한다.
- 화학 시술 시 두피 자극을 최소화 한다.
- 과도한 스트레스, 수면부족, 약물과용 등의 환경적 요소를 개선한다.

(3) 관리 프로그램(2주에 1회 권장)

- 1차 상담(시진, 문진, 촉진) → 2차 상담(기기진단) → 프로그램 안내 → 관리진행
- 관리사전 브러싱 → 오프닝 마사지 → 스케일링(자연방치 10분) → 샴푸(민감 두피용) → 트리트먼트 도포(민감 두피용) → 릴렉싱 마사지(저자극) → 헹굼 → 타월 드라이/건조 → 영양공급(민감 진정용) → 클로징 마사지 → 마무리(홈케어 안내)

7) 탈모 두피(Hair Loss Scalp)

(1) 특징

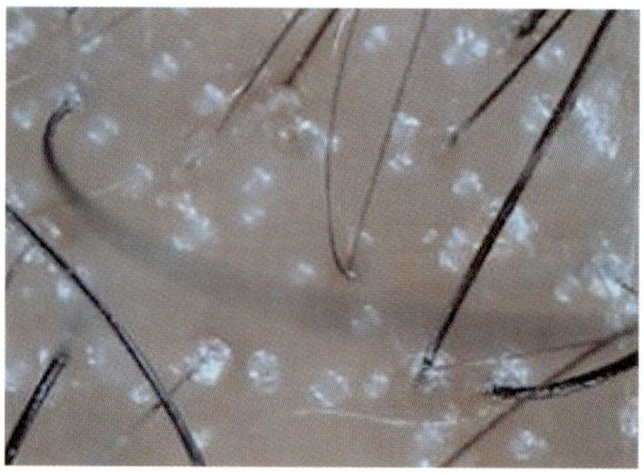

- 모발이 있어야 할 부위에 없거나 연모화가 빠르게 진행되는 것이 특징이다.
- 유전, 호르몬, 환경 요인 등 복합적인 영향이 원인이 된다.
- 환경적인 탈모의 경우, 가려움증을 동반하며 비듬과 피지분비량이 증가하는 것이 특징이다.
- 유전적인 탈모의 경우, 특별한 이상 증상이 관찰되지 않으면서 밀도가 급격히 낮아지는 것이 특징이다.

(2) 관리방법

- 원인과 증상의 판별을 통해 그게 맞는 관리가 필요하다.
- 필요 시 식습관, 생활습관, 샴푸습관의 개선이 필요하다.
- 육모 및 양모에 도움을 주는 꾸준한 홈 케어를 권장한다.
- 주기적인 스케일링 및 두피 마사지는 개선에 도움을 줄 수 있다.

(3) 관리 프로그램(주에 1회 권장)

- 1차 상담(시진, 문진, 촉진) → 2차 상담(기기진단) → 프로그램 안내 → 관리진행
- 관리사전 브러싱 → 오프닝 마사지 → 1차 미스트(10분) → 스케일링(미스트 10분) → 샴푸(탈모두피용) → 트리트먼트 도포(탈모두피용) → 갈바닉 → 릴렉싱 마시지 → 헹굼 → 타월 드라이/건조 → 영양공급(탈모두피용) → 적외선(10분) → 클로징 마사지 → 마무리 홈 케어 안내

8) 건선(Psoriasis)

(1) 특징

- 원인은 유전, 면역체계 이상으로 인한 과각화증이다.
- 은백색의 각질이 두껍게 쌓이고, 피지 분비량이 적은 것이 특징이다.
- 각질이 잘 떨어지지 않으며, 경계가 뚜렷하다.
- 염증, 통증이 크고, 홍반이 관찰된다.
- 심각한 경우 반흔성 탈모로 이어질 수 있다.

(2) 관리방법

- 두피자극이나 손상에 주의한다.
- 습성이 강한 샴푸 및 보습제를 필수적으로 사용하도록 권장한다.
- 증상이 심한 경우 의료적 처방을 병행하는 것이 효과적이다.

9) 백선(Tinea capitis)

(1) 특징

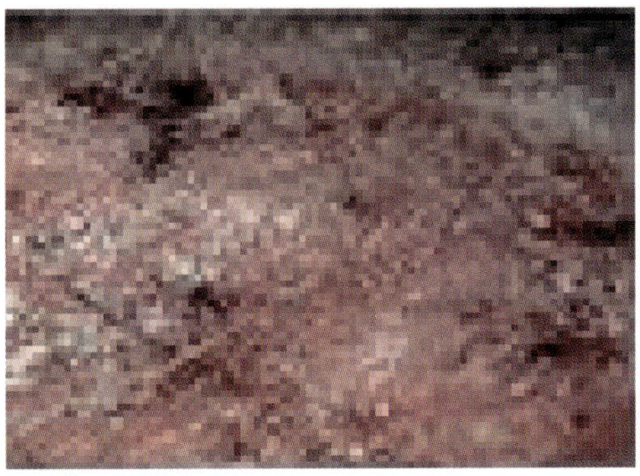

- 일종의 버짐과 같은 형태로 두피에 발생하는 전염성 피부염이다.
- 원인이 되는 균은 두부백선균 (Microsporum /Tnichophuton)이다.
- 두상전체에 발생될 수 있다.
- 가려움증 유발 → 단모 현상 → 염증, 농, 진물, 과다한 각질 증세로 악화될 수 있다.
- 전염성이 있는 것이 특징이며 주로 어린아이와 같은 면역력 약체에서 관찰된다.

(2) 관리방법

- 머리를 짧게 깎고, 두피의 위생 상태를 청결히 관리하도록 한다.
- 항 비듬 샴푸제를 사용하고 항진균제 복용을 병행하며 관리한다.
- 사용한 수건은 단독 세탁하여 자외선에 건조한다.

6. 모발 타입별 관리

1) 굵은 모발(Thick Hair)

(1) 특징

- 모발 지름이 0.08mm를 초과하며 뻣뻣하고 억센 질감을 가진다.
- 큐티클 배열이 견고하여 물리적·화학적 자극에 저항력이 있다.
- 모발 표면이 거칠어 빛이 난반사 된다.
- 높은 볼륨감이 있다.

(2) 관리방법

- 차분함을 줄 수 있는 볼륨 다운용 샴푸제 사용을 권장한다.
- 드라이 건조 시 바람의 방향을 위에서 아래로 가도록 하며 마무리는 냉풍건조한다.
- 오일 타입 에센스를 함께 사용하면 차분함 연출에 효과적이다.

(3) 관리 프로그램(2주에 1회 권장)

- 1차 상담(시진, 문진, 촉진) → 2차 상담(기기진단) → 프로그램 안내 → 관리진행
- 관리사전 브러싱 → 샴푸(굵은 모발용) → 트리트먼트 도포(굵은 모발용) → 미스트/ 저온 매직기 → 헹굼 → 타월 드라이 → 피니쉬 제품 도포 → 마무리(홈 케어 안내)

2) 가는 모발(Fine Hair)

(1) 특징

- 모발 지름이 0.08mm 미만의 연모이다.
- 선천적 요인, 후천적 요인, 노화현상이 원인이 된다.
- 물리적·화학적 자극에 노출되면 쉽게 손상되는 것이 특징이다.
- 볼륨이 낮다.

(2) 관리방법

- 유·수분 밸런스 유지 및 단단한 모발 질감관리에 중점을 둔다.
- 가능한 한 화학적 시술은 자제하도록 한다.
- 볼륨에 관여하는 기능성 제품을 사용하면 효과적이다.

(3) 관리 프로그램(2주에 1회 권장)

- 1차 상담(시진, 문진, 촉진) → 2차 상담(기기진단) → 프로그램 안내 → 관리진행
- 관리사전 브러싱 → 샴푸(가는 모발용) → 트리트먼트 도포(가는 모발용) → 미스트/ 저온 매직기 → 헹굼 → 타월 드라이 → 피니쉬 제품 도포 → 마무리(홈 케어 안내)

3) 건조 모발(Dry Hair)

(1) 특징

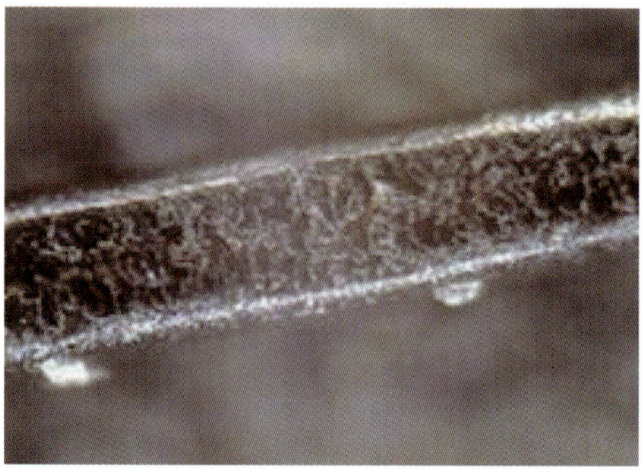

- 잦은 샴푸나 고온, 강한 세정제가 주원인이다.
- 윤기가 없고 푸석거린다.
- 정전기가 많이 일어난다.
- 화학적 자극에 쉽게 손상된다.

(2) 관리방법

- 모발에 유·수분 균형에 중점을 둔다.
- 모이스처 성분을 주성분으로 함유한 샴푸제를 사용하고 주 2회 이상 헤어 트리트먼트를 병행 사용하여 관리한다.
- 샴푸횟수는 2일 1회를 권장한다.
- 드라이 시 강한 열은 삼가하고 오일 타입 에센스를 함께 사용한다.
- 빗질 시 빗살 간격이 넓고 끝이 둥근 우드 브러쉬를 사용하여 손상 및 대전성을 방지한다.

(3) 관리 프로그램(2주에 1회 권장)

- 1차 상담(시진, 문진, 촉진) → 2차 상담(기기진단) → 프로그램 안내 → 관리진행
- 관리사전 브러싱 → 샴푸(건조 모발용) → 트리트먼트 도포(건조 모발용) → 미스트/저온 매직기 → 헹굼 → 타월 드라이 → 피니쉬 제품 도포 → 마무리(홈 케어 안내)

4) 극 손상 모발(Damage Hair)

(1) 특징

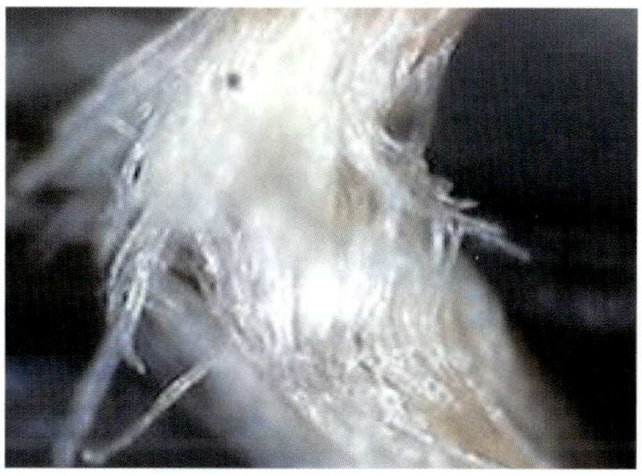

- 잦은 화학시술이 원인이다.
- 절모 또는 지모현상이 동반된다.
- 탄력이 없고 잘 엉킨다.

(2) 관리방법

- 더 이상의 화학시술은 삼가고 모발 영양공급에 중점을 둔다.
- 샴푸는 단백질 성분이 주성분인 재생라인의 샴푸제를 사용하고 린스나 컨디셔너 대신 트리트먼트를 데일리용 케어제로 사용한다.
- 젖은 상태에서 빗질이나 자극은 삼간다.
- 주기적인 커트시술로 갈라진 끝 모발을 정리한다.

(3) 관리 프로그램(주에 1회 권장)

- 1차 상담(시진, 문진, 촉진) → 2차 상담(기기진단) → 프로그램 안내 → 관리진행
- 관리사전 브러싱 → 샴푸(손상 모발용) → 트리트먼트+앰플 도포(손상 모발용) → 미스트/저온 매직기 → 헹굼 → 타월 드라이 → 피니쉬 제품 도포 → 마무리(홈케어 안내)

5) 화학시술 모발(Perm & Color Hair)

(1) 특징

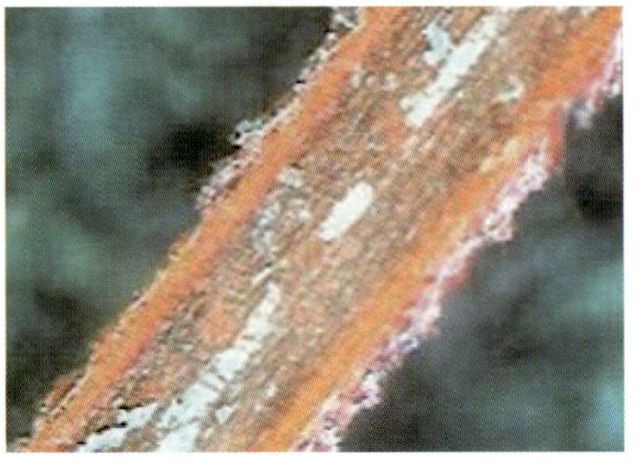

- 주기적인 화학시술이 특징이며 유지력이 낮다.
- 건조함이나 손상증상을 동반하고 있다.
- 모발 내 pH가 불안정하다.

(2) 관리방법

- 화학시술의 유지력 증대를 위해 항산화력 성분이 주성분인 화학시술모발 전용 샴푸제의 사용을 권장한다.
- 샴푸나 드라이 시 과도한 마찰이나 열, 자극은 피한다.

(3) 관리 프로그램(2주에 1회 권장)

- 1차 상담(시진, 문진, 촉진) → 2차 상담(기기진단) → 프로그램 안내 → 관리진행
- 관리사전 브러싱 → 샴푸(건조 모발용) → 트리트먼트 도포(건조 모발용) → 미스트/저온 매직기 → 헹굼 → 타월 드라이 → 피니쉬 제품 도포 → 마무리(홈 케어 안내)

7. 두피·모발 관리 실제

준비물
샴푸. 트리트먼트, 스켈링(토너), 앰플, 케어용 볼, 케어용 브러시, 어깨보, 타월, 목 쿠션, 시험관 3개, 시험관 거치대, 우드스틱, 솜, 물

1) 브러싱(Brushing)

브러싱 과정은 샴푸 시술 전, 첫 번째 단계이며 이 과정을 통해 샴푸 전 엉킨 모발을 정돈하여 샴푸 시 발생하는 마찰을 최소화하고 두피의 혈액순환을 촉진시켜 쌓여있는 노폐물 및 이물질을 제거하는 데 도움을 준다. 브러싱 단계는 릴렉싱 단계이므로 강한 자극이나 빠른 동작은 주의하도록 한다. 이때 문제성 두피는 최소한의 자극으로 세심한 주의가 필요하다.

(1) 브러시 종류

① **패들 브러시**(Paddle Brush)

쿠션 브러시(Cushion Brush)라고도 하며 빗살 끝이 둥글고 고무재질로 되어있어 자극이 적고 정전기방지 효과가 우수하다. 주로 모발 길이가 길거나 엉킨 모발 정돈 용도로 사용되며 두피 혈액순환 촉진에 도움을 준다.

[그림 1-15] 패들 브러시(Paddle Brush)

② **밴트 브러시**(Vent Brush)

모발 길이가 짧거나 엉킨 모발을 정돈하는 용도로 많이 사용되며 드라이 시에 활용도가 높다. 모발 길이가 길거나 모질이 두꺼울 경우 사용하며, 두피 혈액순환 촉진에 도움을 준다.쿠션 브러시(Cushion Brush)라고도 하며 빗살 끝이 둥글고 고무재질로 되어있어 자극이 적고 정전기방지 효과가 우수하다. 주로 모발 길이가 길거나 엉킨 모발 정돈 용도로 사용되며 두피 혈액순환 촉진에 도움을 준다.

[그림 1-16] 밴트 브러시(Vent Brush)

(2) 브러싱 방법

① 시술 전 케어용 타월을 어깨에 두른 후 고정하여 준다.

② 케어용 케이프를 착용한 후 브러싱한다.

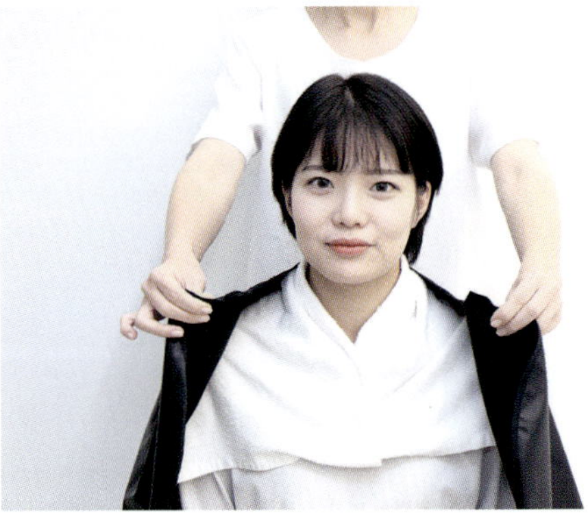

③ 전두부부터 브러싱을 시작하고 헤어라인에서 정수리(백회) 방향으로 향하게 하여 방사선 형태로 빗질한다. 천천히 시계방향으로 진행하며 3~5회 반복하여 준다.

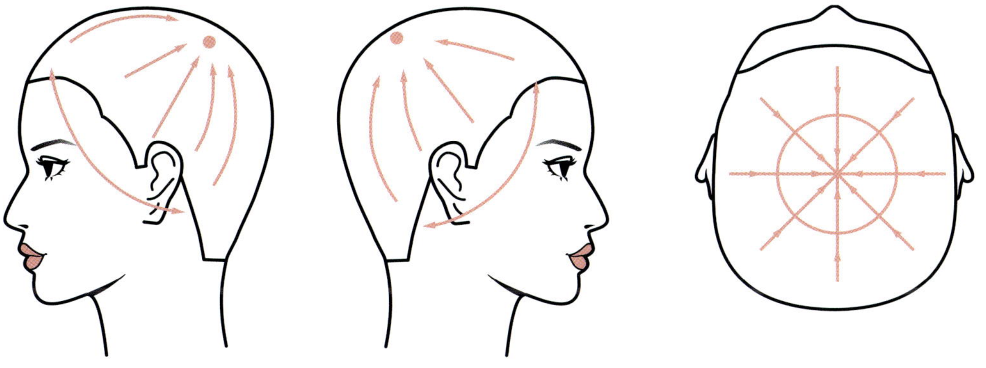

[그림 1-17] 브러싱 방법 예시

2) 스케일링(Scaling)

(1) 스케일링 목적 및 효과

두피 스케일링은 샴푸 시 빠져나가지 못한 묵은 노폐물이나 각질, 산화된 피지 등을 제거하여 세균의 번식을 막고 청결한 모공 상태를 유지하여 두피건강에 도움을 준다. 또한, 비정상적인 각화주기로 인해 발생한 문제성 두피를 정상적인 각화주기로 돌아올 수 있도록 도움을 준다.

(2) 스케일링제 종류

① 액상 타입

잔각질을 제거하거나 민감두피 관리용으로 사용된다. 물과 희석해서 사용하거나 우드스틱, 스포이드를 사용하여 도포한다.

② 겔 타입

일반적으로 가장 많이 사용하는 타입으로 우드스틱 또는 케어용 브러쉬로 도포하여 시술한다.

③ 크림 타입

과각화증이나 과잉피지 제거용으로 사용되며 케어용 브러쉬로 도포한다.

(3) 스케일링 방법

① 우드스틱 만들기

- 스틱의 뾰족한 부분을 물에 살짝 적셔준다.

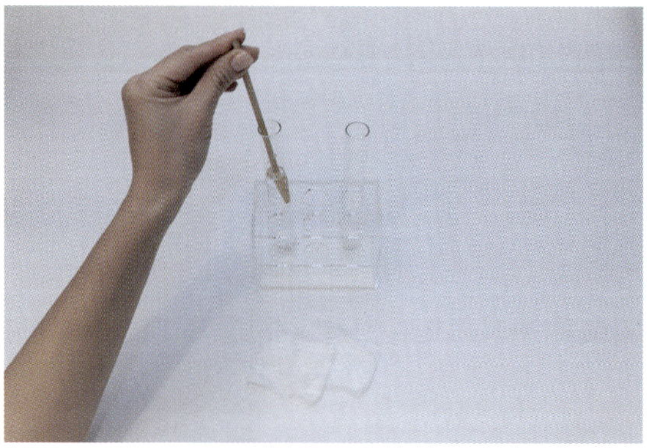

- 가로 5cm×세로 7cm로 자른 솜을 물에 가볍게 적시어 텐션을 주며 얇게 펼친다.

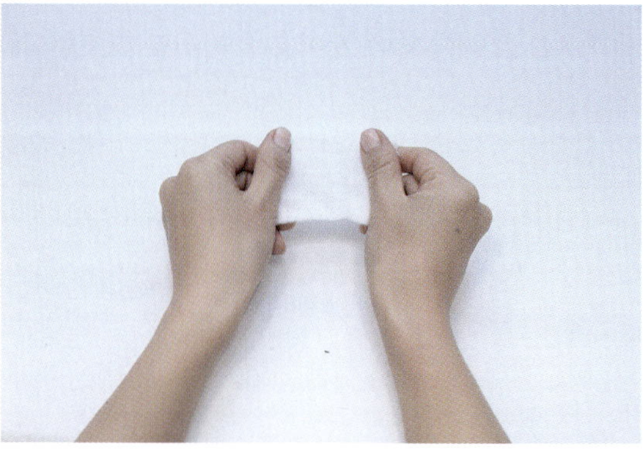

- 왼손 검지, 중지에 솜을 놓고 엄지가 고정하고 우드스틱은 오른손으로 시계방향으로 회전시켜 솜을 말아 준다.

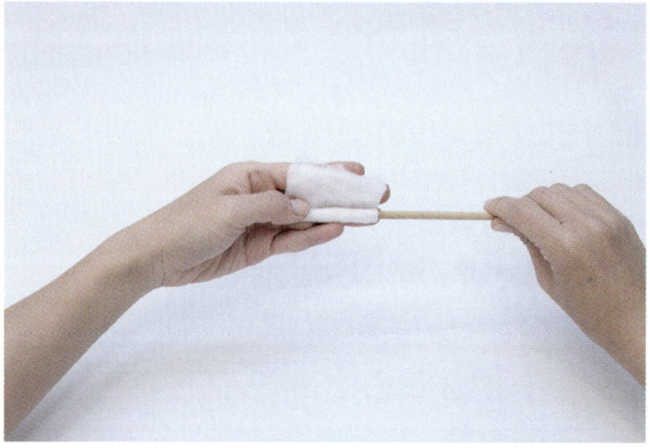

Tip

우드스틱 제작 시 솜의 두께를 얇게 하여 텐션을 준 후 여러 번 반복 회전하면 효과적이다.

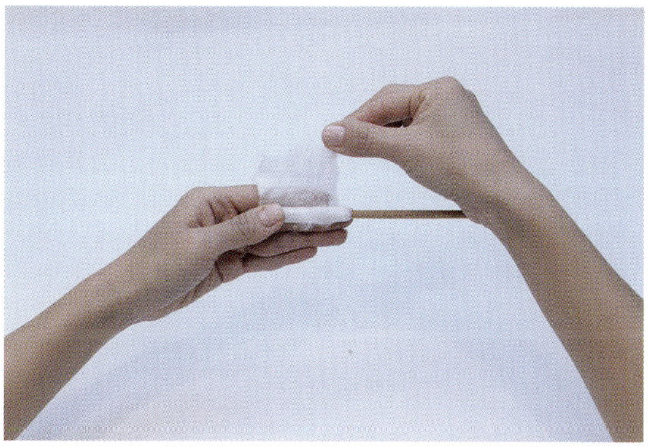

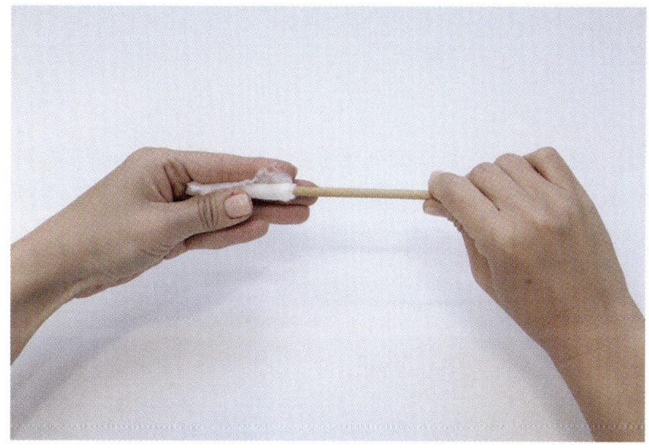

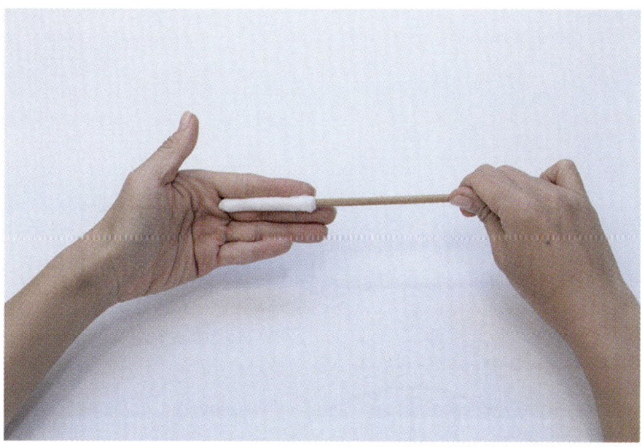

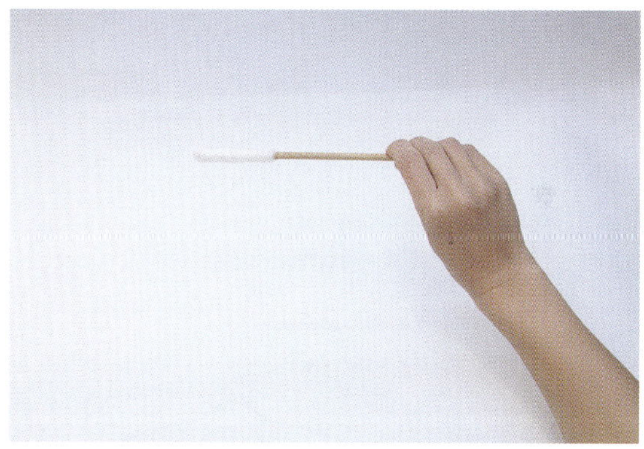

Tip

이때 솜 크기는 시험관 안으로 자연스럽게 들어갈 수 있는 두께로 말아준다.

우드스틱 잡는법

엄지, 검지를 스틱위에, 중지를 스틱 아래로 고정하여 두상과 평행하게 시술한다.

② **스케일링제 도포**

- 총 5등분으로 나누어 시술한다.
  - 전두부 2등분 : 좌, 우(C.P → T.P, T.P → E.T.E)
  - 후두부 3등분 : 피봇 파팅

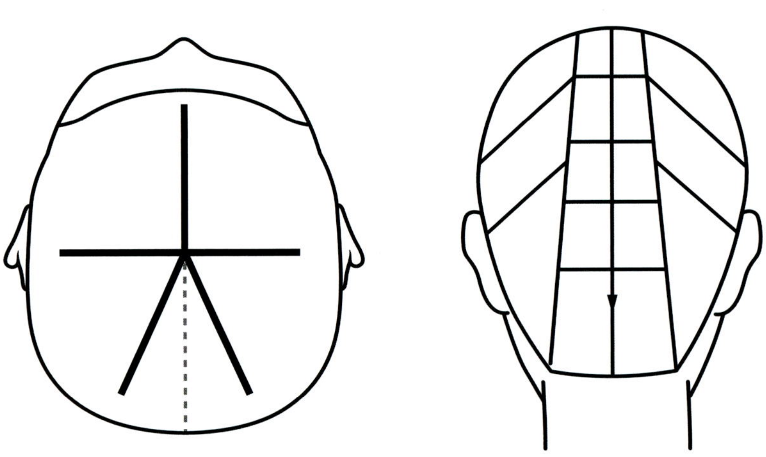

• 전두부는 C.P를 기준으로 2등분하여 약1~1.5cm 간격으로 가로 슬라이스로 시술한다.

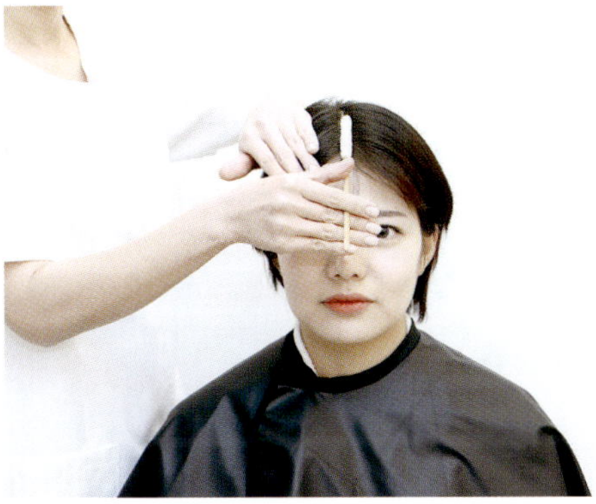
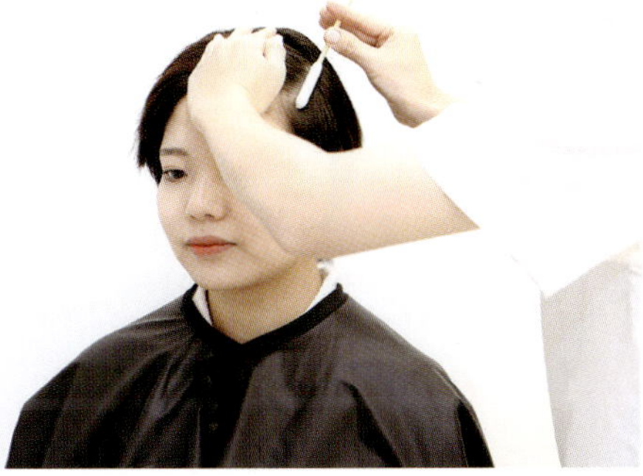

• 후두부는 3등분하여 양쪽 백사이드는 A라인으로 사선방향. 백센터는 Top에서 Nape방향으로 가로 슬라이스하여 시술한다.

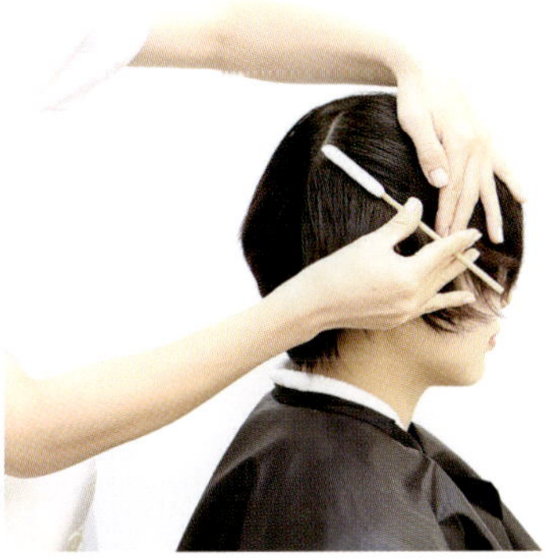

• 헤어라인까지 꼼꼼히 도포하고 특정부위에 자극이 가지 않도록 일정한 힘을 유지하도록 유의한다.

Tip

파팅은 정확하게 나누어 시술하며 시술시 고객의 두상이 흔들리지 않도록 유의한다.
제품이 얼굴이나 눈 쪽으로 흐르지 않도록 주의를 기울인다.

3) 오프닝 마사지(Opening Massage)

(1) 오프닝 마사지 목적 및 효과

오프닝 마사지는 샴푸 전 피지선을 자극해 노폐물 배출을 용이하게 하고 두피관리 전 경직된 근육을 이완하여 고객을 편안하게 릴렉싱시키는데 목적이 있다.

(2) 오프닝 마사지 방법

① 정면을 바라 본 후, 두 손을 비벼 열을 낸 후, 눈에서 3초, 백회에서 3초, 어깨 쓰다듬기 동작으로 마사지 시작을 알린다.

② 고객의 두상 각도를 사선으로 조절 후, 오른손은 측두부, 왼손은 어깨를 짚어 45°로 천천히 스트레칭한다. 좌우 번갈아 시행하며 2번 반복한다.

③ 왼손은 후두부를 밀고, 오른손은 견봉(어깨 끝 돌출부위) 쪽을 뒤로 당겨 천천히 스트레칭한다.

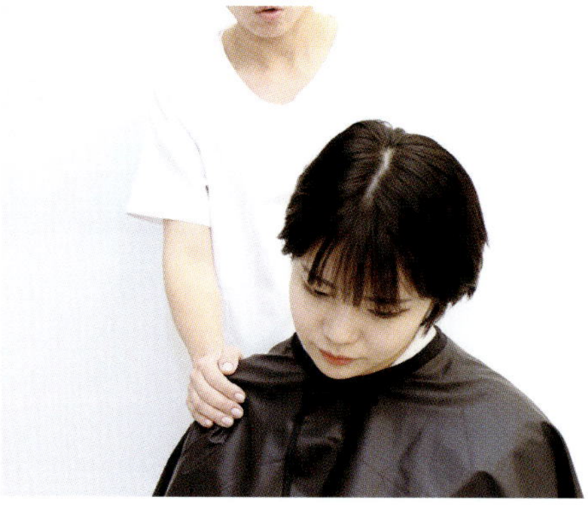

④ 오른손은 이마에, 왼손은 후두부를 받쳐 뒤로 살짝 밀어주며 스트레칭한다. 천천히 3초를 센 후 마무리한다.

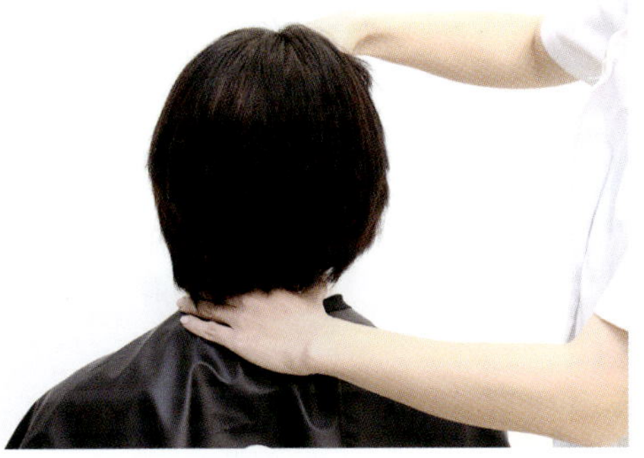

⑤ 왼손은 후두골 끝에서부터 승모근 까지를 3등분하여 집어서 들어 올리듯이 마사지한다.

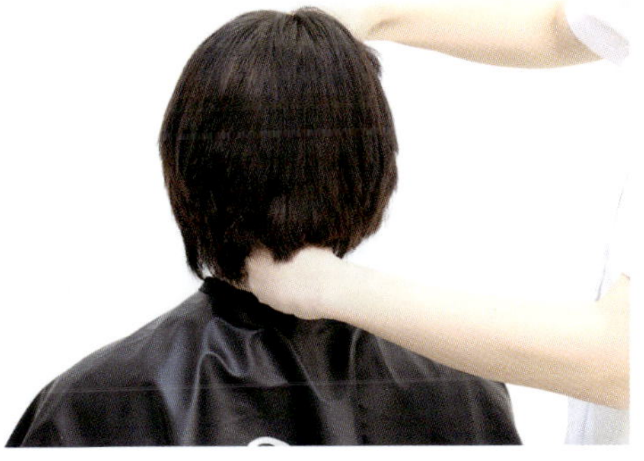

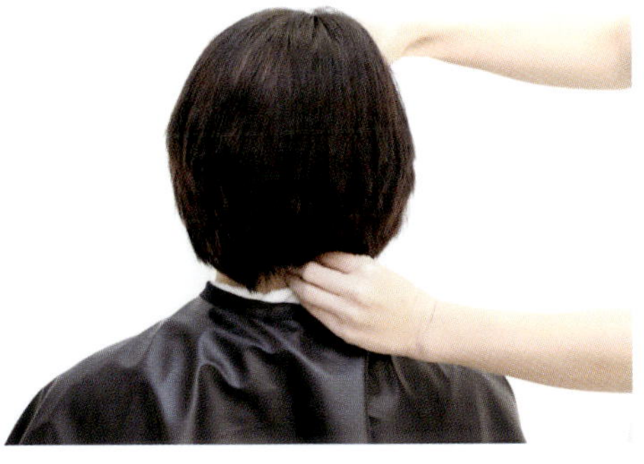

⑥ 후두부에 아문, 풍부, 천주, 풍지, 완골을 지두를 사용하여 가볍게 들어 올리듯이 마사지한다. 동일 한 방법으로 좌,우 모두 진행한다.

아문

풍부

천주

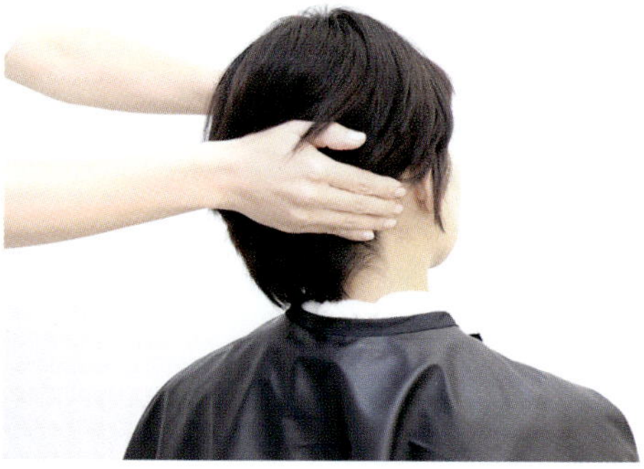

풍치

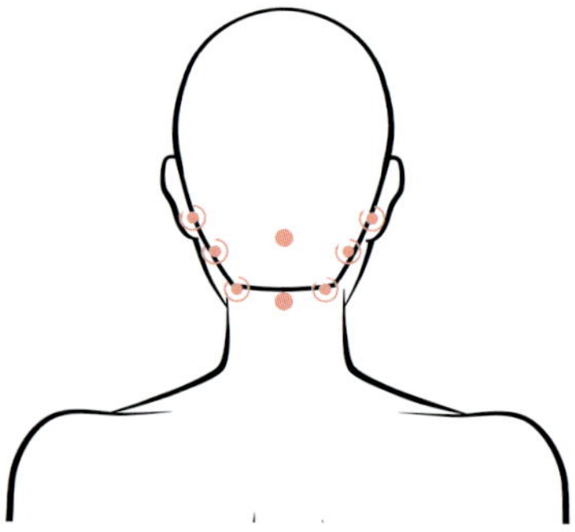

⑦ 손아귀에 힘을 주어 승모근을 들어주듯이 아래에서 위로 마사지한다.

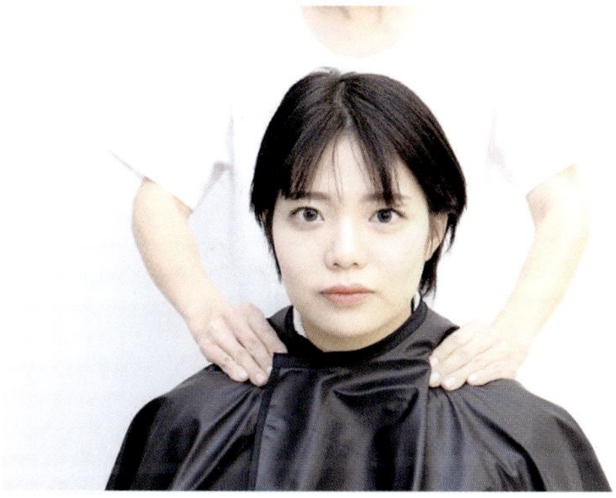

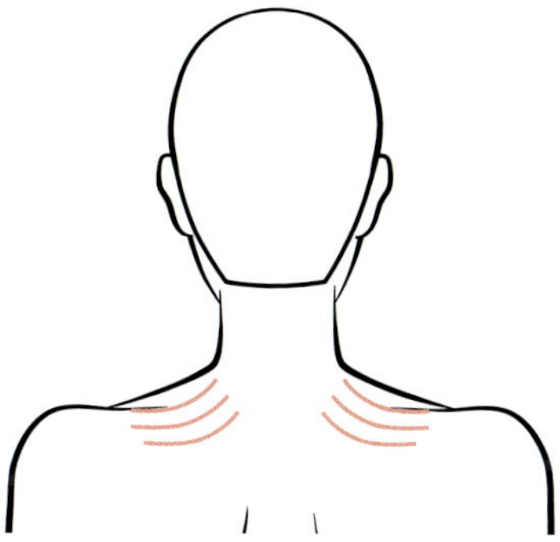

⑧ 승모근을 다시 3등분하여 쥐듯이 마사지한다.

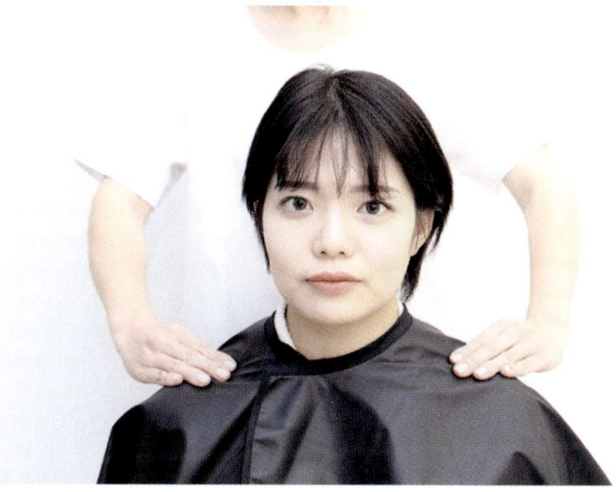

⑨ 견정(대추와 견봉 끝 중앙)을 엄지를 이용하여 원을 그리며 마사지한다.

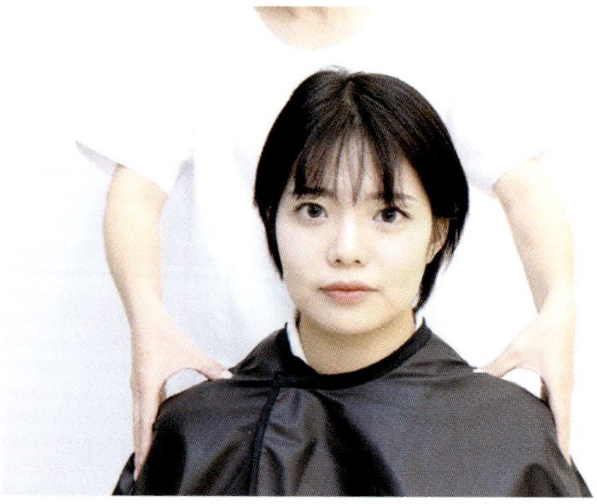

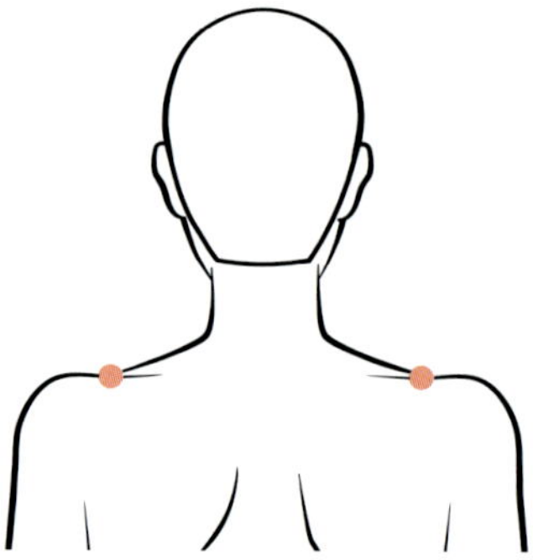

⑩ 견우(중지,약지)와 견료(엄지)를 잡아서 원을 그리듯 마사지한다.

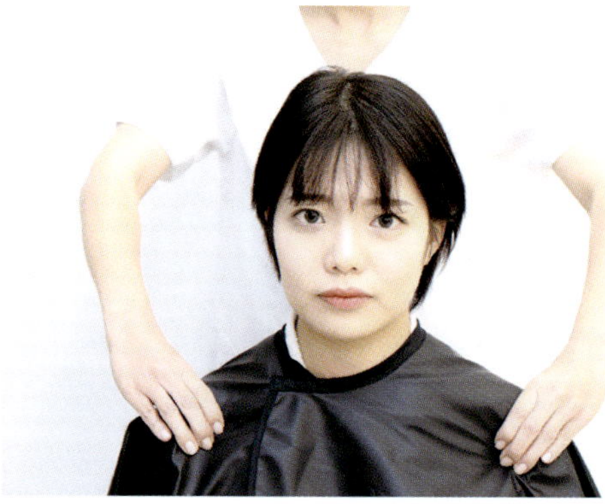

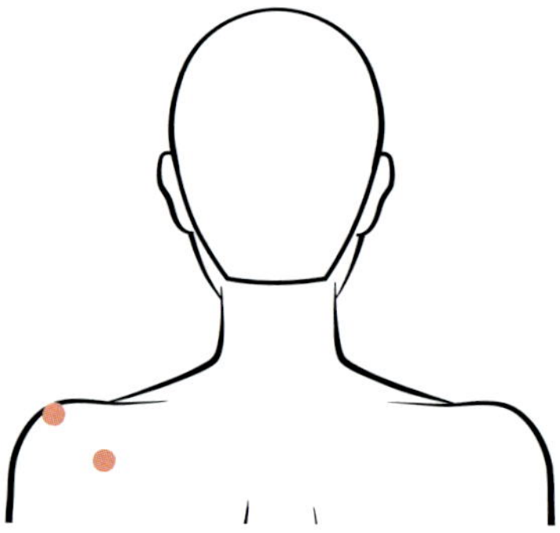

⑪ 천종 → 병풍 순으로 엄지로 압을 주어 마사지한다.

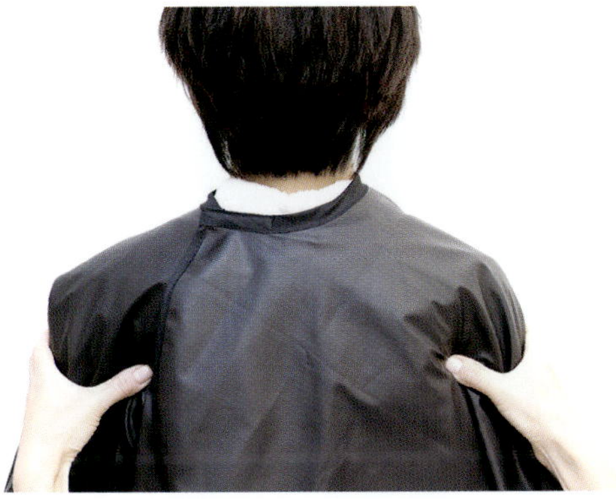

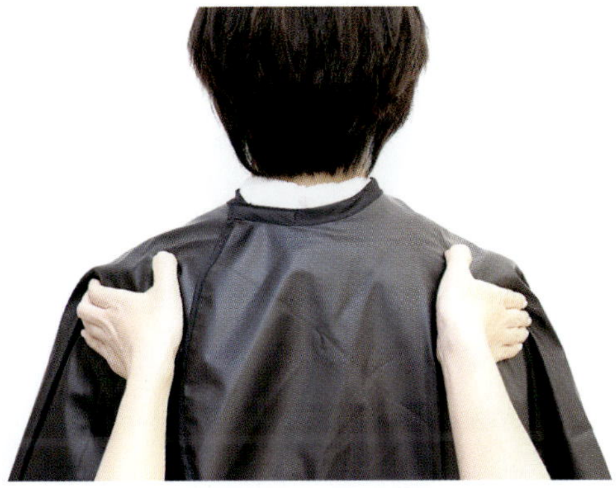

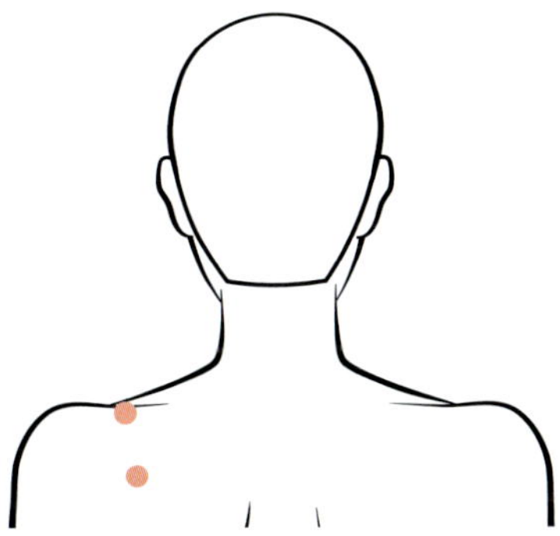

⑫ 견외유, 견중유를 엄지를 이용하여 압을 주어 마사지한다.

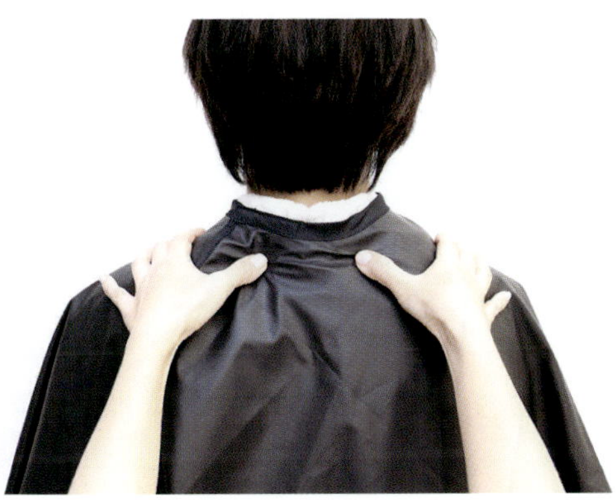

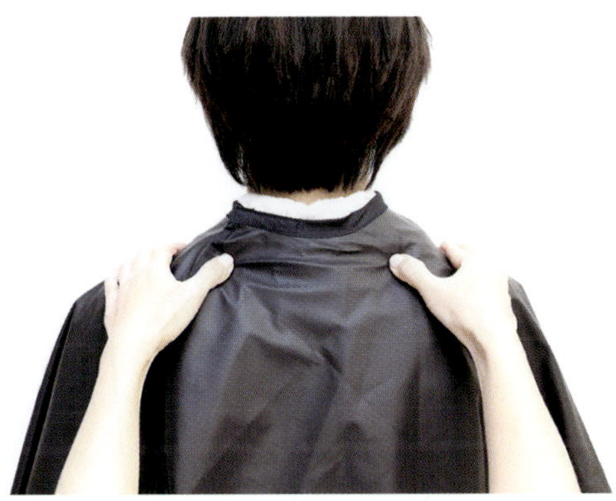

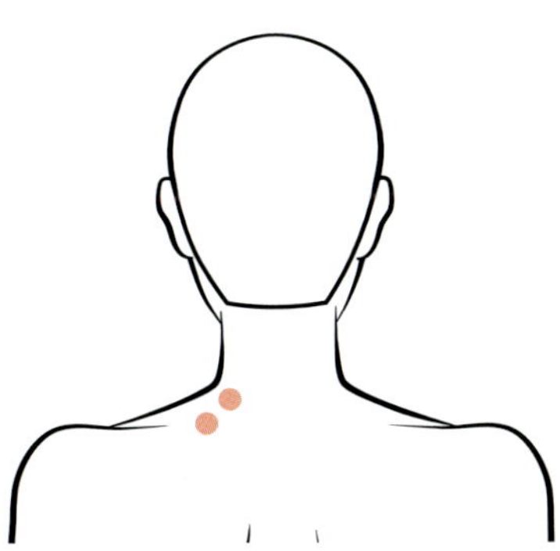

⑬ 척추 기립근을 따라 엄지를 이용하여 위 → 아래, 아래 → 위 2회 반복하여 지그시 누르며 압을 주어 마사지한다.

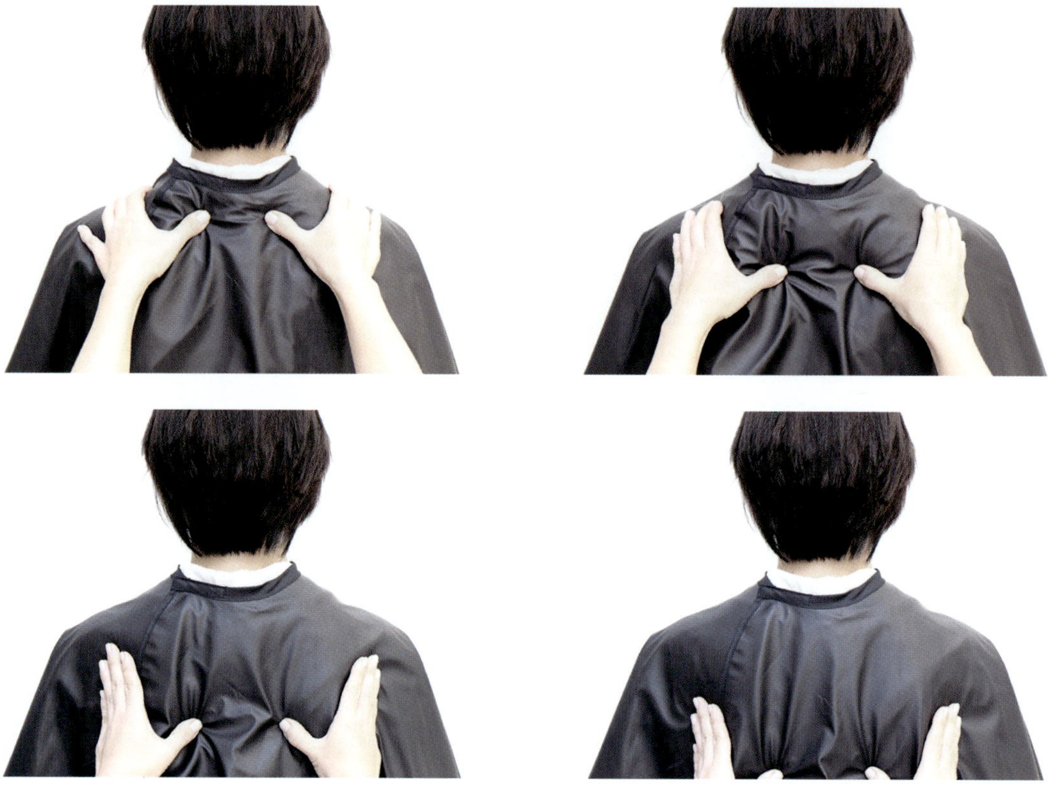

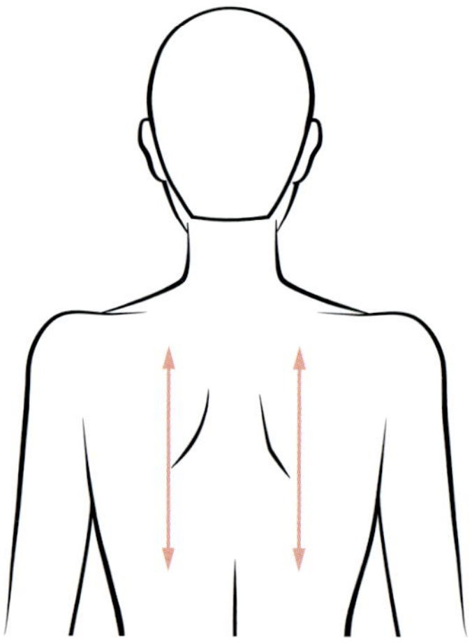

⑭ 견갑골 라인을 3, 4지를 사용하여 지그시 눌러주며 압을 주며 마사지한다.

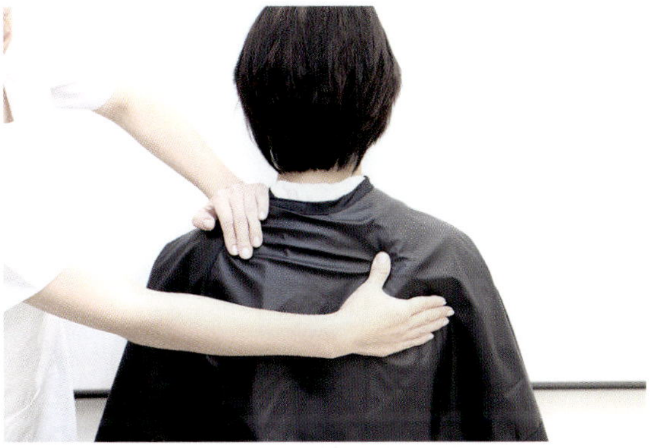

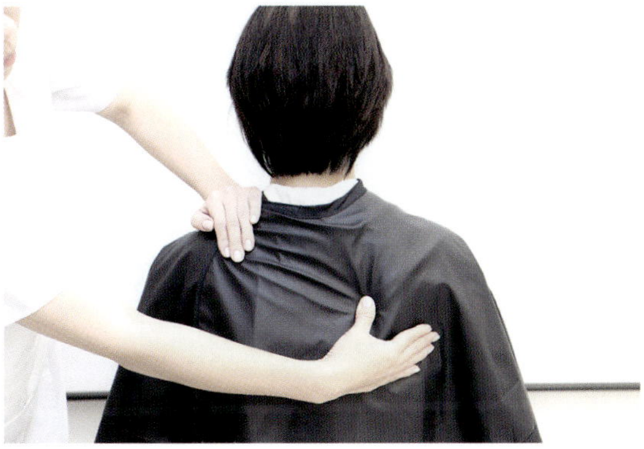

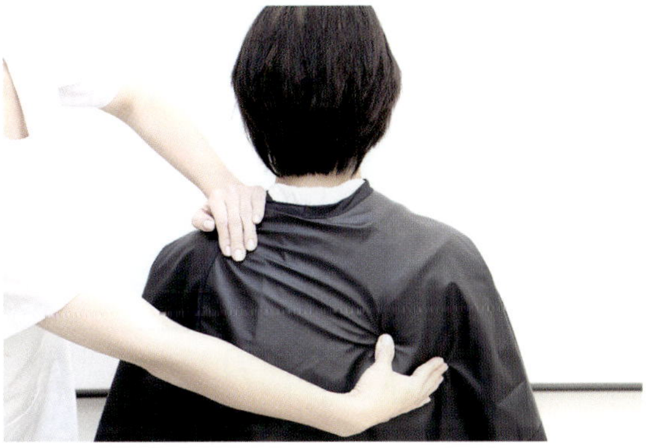

⑮ 같은 방법으로 손바닥을 사용하여 마사지한다.

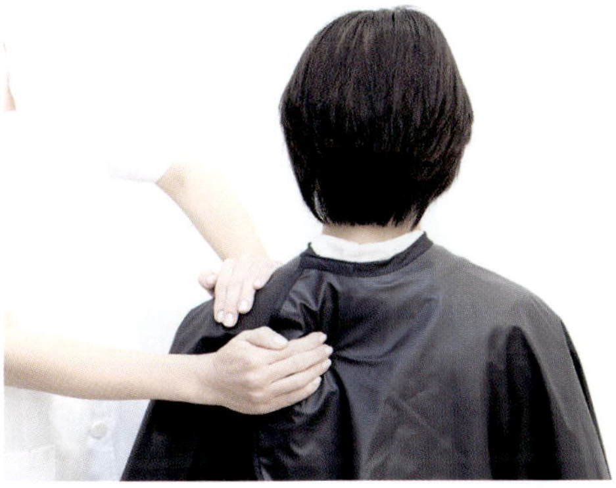

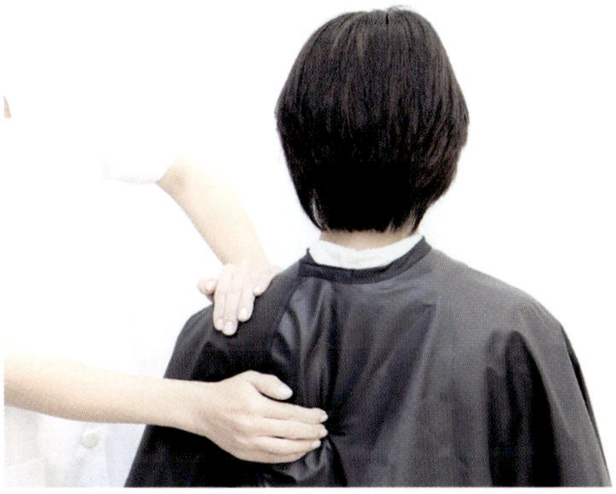

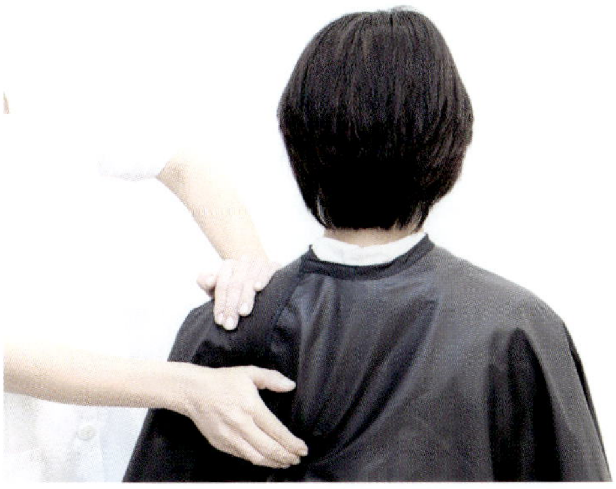

⑯ 두 동작이 끝나면 같은 곳을 아래로 2번 쓸어내려주며 마무리한다.

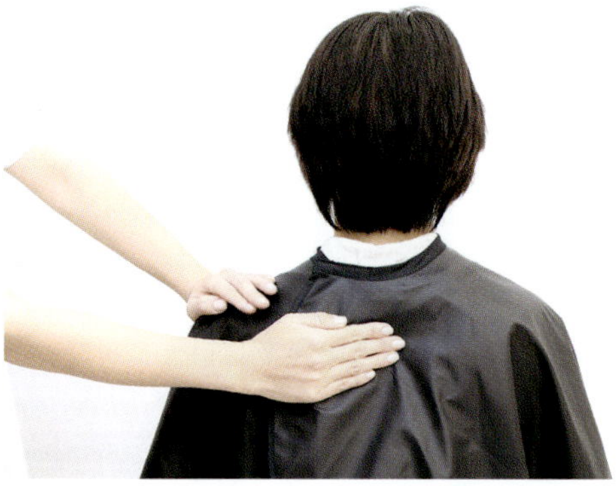

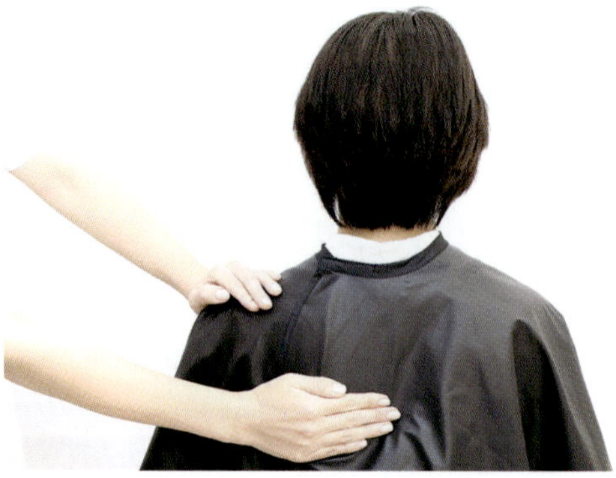

토막상식

마사지 경혈점

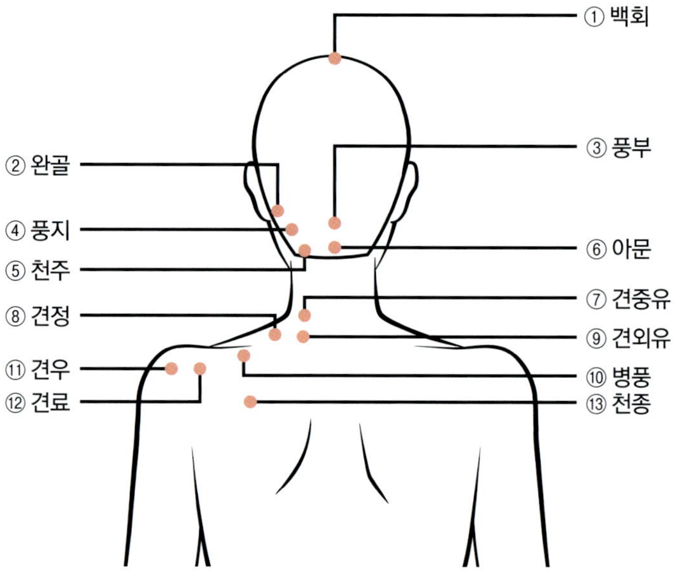

백회 – 머리의 정수리(머리의 혈관이 모이는 급소)로 피로, 불면증 개선, 집중력 상승에 도움을 준다.
완골 – 유양돌기 후하방 오목한 위치에 있는 혈자리로 두통, 치통, 신경통 개선에 효과적이다.
풍부 – 아문에서 약 1.3촌 정도 위쪽에 움푹 들어간 곳에 위치하며 탈모완화에 효과적이다. 두통, 어지러움, 오한 개선
풍지 – 완골과 천주의 중간지점이며 시력감퇴, 급성각막염, 갑상선 비대에 효과적이다
천주 – 아문에서 양방 1.5촌에 위치하며 두통, 불면증, 혈액순환, 멀미 개선에 효과적이다.
아문 – 경추 중앙에서 머리가 나기 시작하는 점으로 코피, 불면증, 습관성두통, 시력저하, 언어장애 개선에 효과적이다.
견정 – 경추 7번과 견봉의 중간 위치로 어깨와 목의 통증을 완화한다.
견중유 – 대추 양방 2촌(엄지손가락 2개 넓이)에 위치한 혈로 어깨와 등의 근육통증을 완화한다.
견외유 – 제1흉추의 양방 3촌(손가락4개 넓이)에 위치한 견갑골 안쪽 모서리에 위치하며 목, 어깨, 등, 팔꿈치 통증 완화에 효과적이다.
견료 – 팔을 수평으로 들어 올렸을 때 뒤쪽에 생기는 오목한 곳으로 팔, 어깨 통증에 효과적이다.
견우 – 팔을 수평으로 들어 올렸을 때 앞쪽에 생기는 오목한 곳으로 팔, 어깨 통증에 효과적이다.
병풍 – 견갑골 윗부분의 중간위치로 천종에서 위로 수직선상에 위치하며 어깨통증에 효과적이다.
천종 – 견갑골 중앙의 오목한 부위로 어깨와 등 통증을 완화한다.

토막상식

경혈점 측정 방법

• 동신촌법(同身寸法) : 손가락 마디로 지압점을 측정하는 방법으로 한의학에서 주로 사용하는 방법이다.

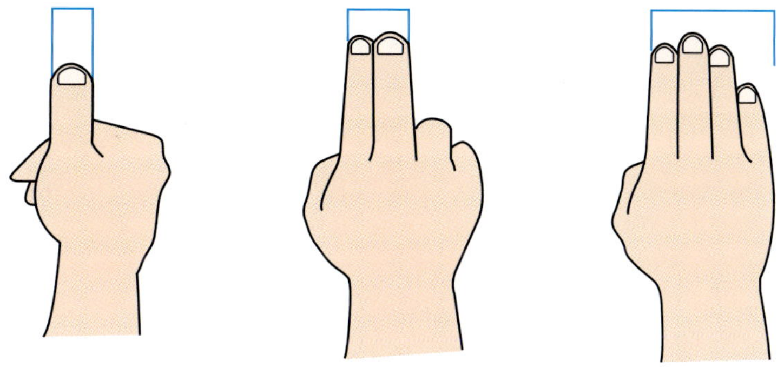

마사지 시 사용되는 기법

강찰법(Friction)	지두나 손바닥으로 원을 그리며 누르며 자극하는 기법
경찰법(Effleuage)	지두나 손바닥을 밀착시켜 가볍게 문지르거나 쓰다듬는 기법
유연법(Petrissage)	주로 엄지와 검지를 사용하여 집어주듯이 마사지하는 기법
진동법(Vibration)	근육에 진동을 주어 마사지하는 기법
고타법(Tapotement)	손바닥이나 주먹을 이용하여 두드려서 자극을 주는 기법

4) 샴푸(Shampoo)

(1) 목적 및 효과

헤어숍(Hair shop)에서 고객에서 행하는 최초의 서비스이며, 헤어스타일을 만들기 위한 가장 기본적인 행위로 모발과 두피의 세정, 혈액순환 촉진, 시술 진행 서포트의 목적을 가진다.

(2) 샴푸 시술 방법

토막상식

샴푸 기본 테크닉

• 지그재그

• 나선형

• 양손교차

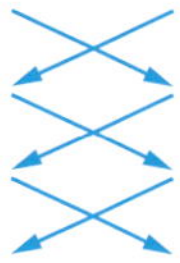

• 튕기기

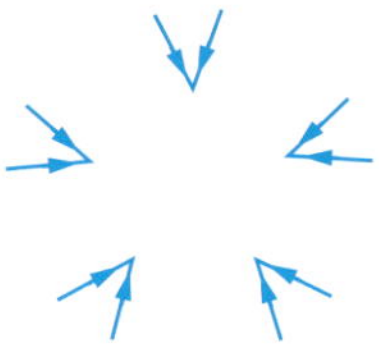

ㄱ. 와식 샴푸 시술 방법

① 샴푸대 위치를 고객이 편안한 자세가 될 수 있도록 조절한다.

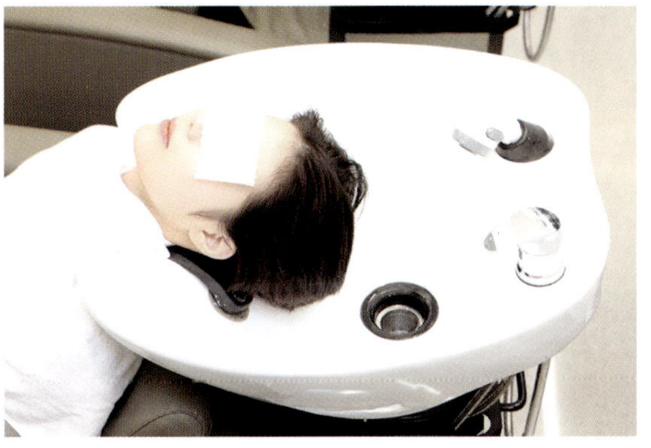

② 물 온도와 수압을 체크하여 조절한다.

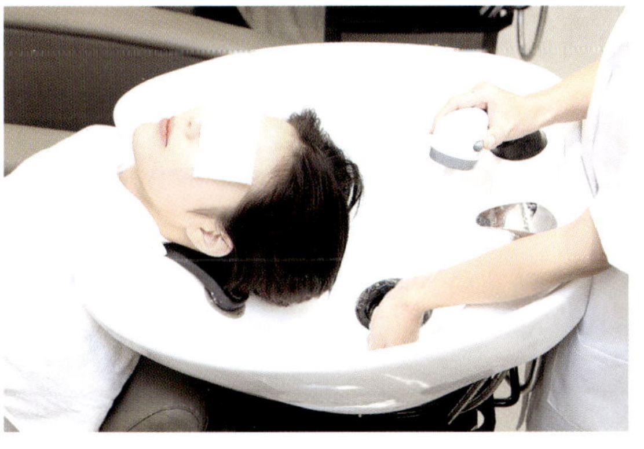

③ 물이 모발 전체에 골고루 스며들 수 있도록 하며 이때 물이 고객의 얼굴로 튀지 않도록 주의한다.

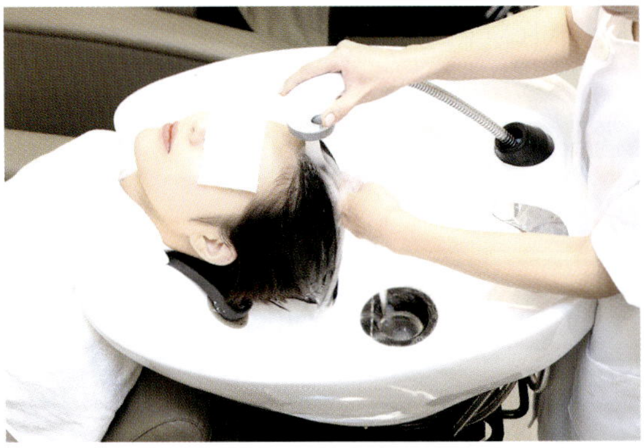

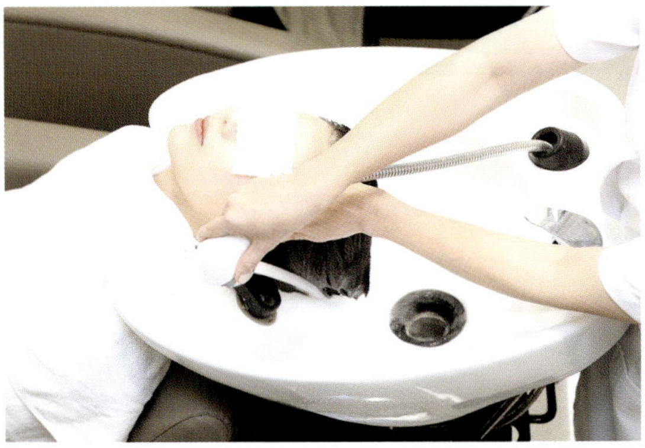

④ 두피·모발 타입에 맞는 샴푸제를 적정량 손에 덜어 먼저 거품을 낸 후 골고루 도포한다.

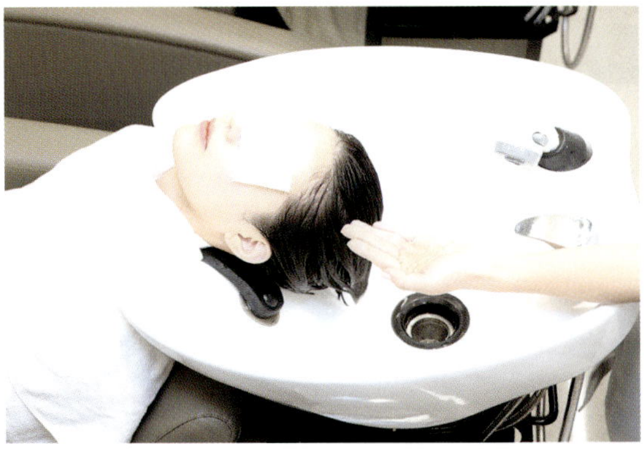

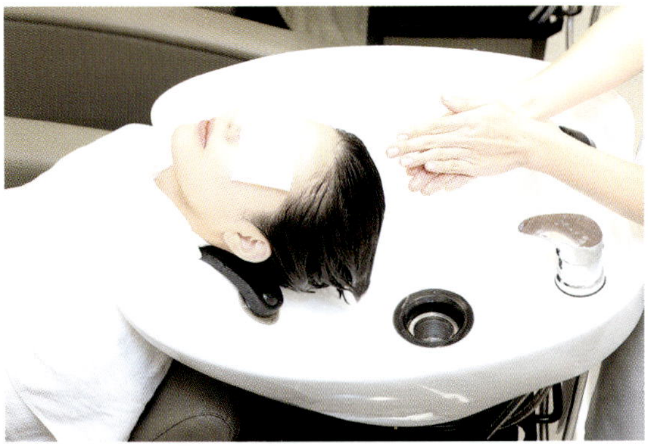

⑤ 양손을 이용하여 지그재그/양손교차 테크닉으로 헤어라인부터 두정부까지 샴푸한다.

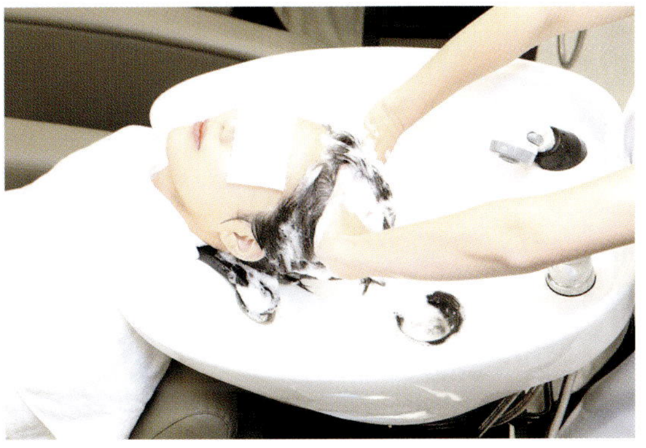

⑥ 동일한 테크닉을 사용하여 전두부와 측두부, 후두부 순서로 샴푸한다. 테크닉은 3회 반복하여 시술한다. 이때 두상이 흔들리지 않도록 유의한다.

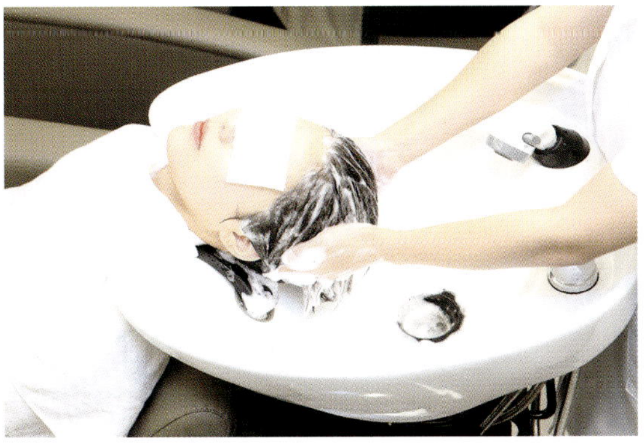

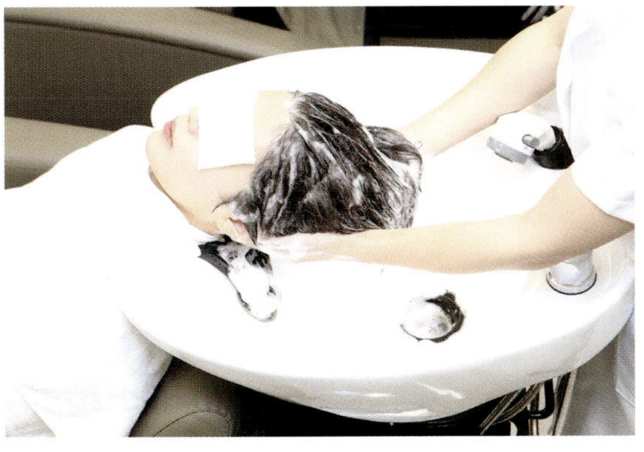

⑦ 양손 또는 한 손은 두상을 고정하고 한 손씩 교차하여 전체 두피를 골고루 튕겨 준다.

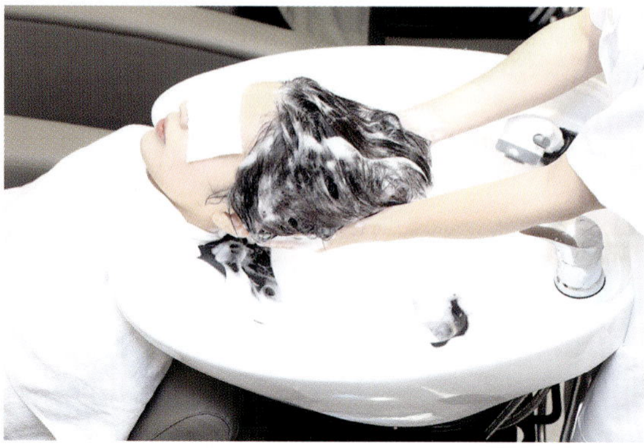

⑧ 거품이 남아 있지 않도록 깨끗하게 헹구어 준다.

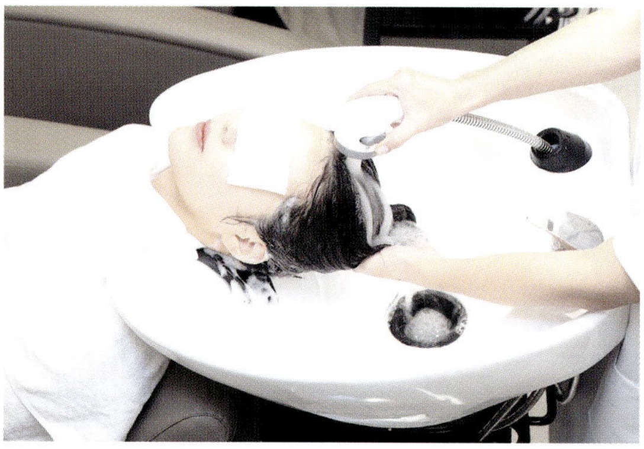

⑨ 컨디셔너는 두피에서 약 5cm 떨어진 지점까지만 도포하고 가볍게 헤어라인을 따라 경혈점을 지압하여 마무리한다.

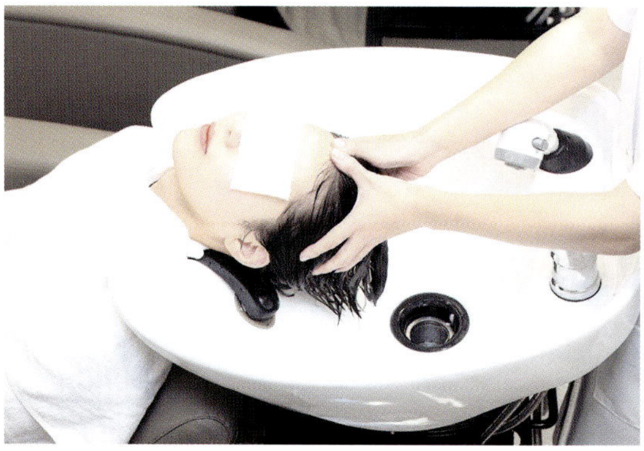

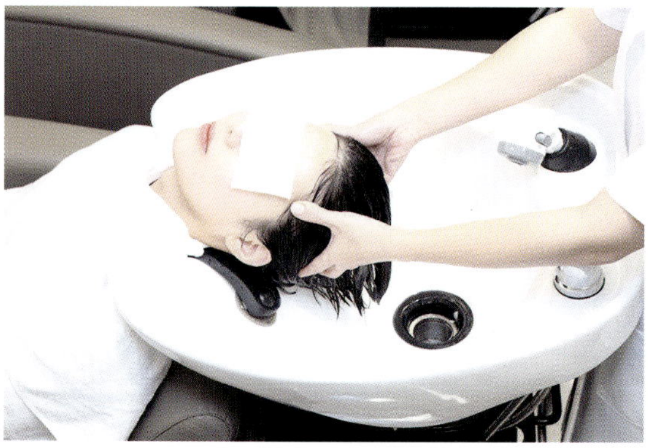

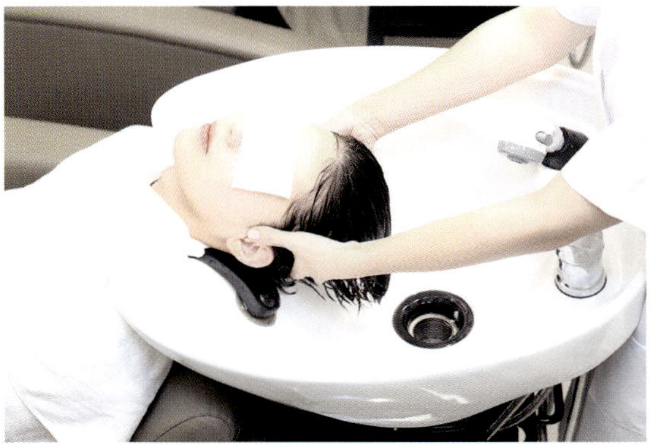
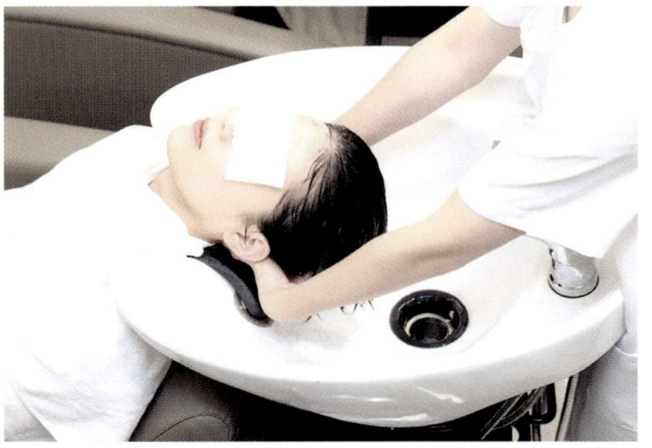
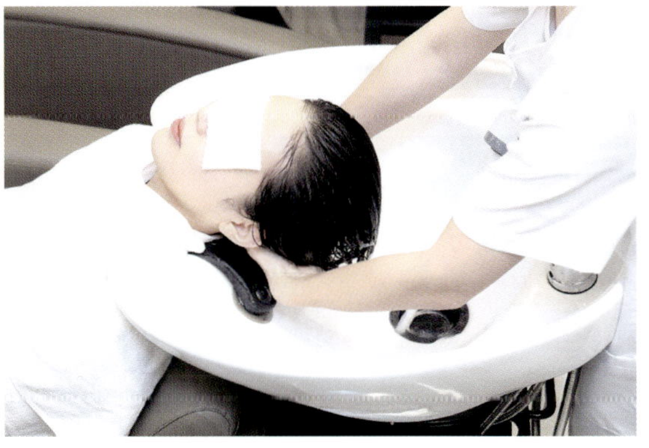

⑩ 샴푸 마무리 시 헹구는 물 온도를 조금 더 낮게 조절하면 모공수축 및 청량감 증대에 도움을 줄 수 있다.

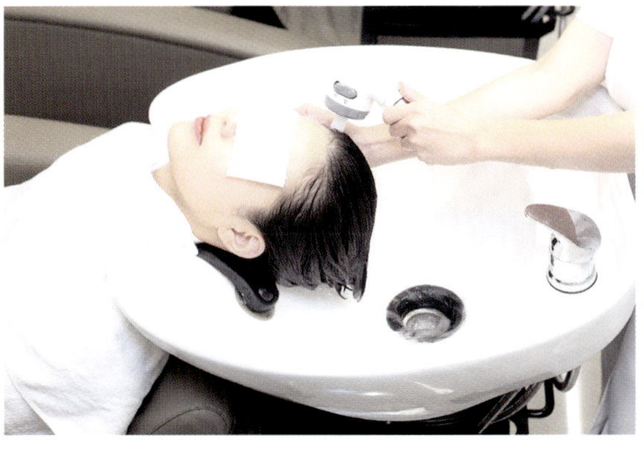
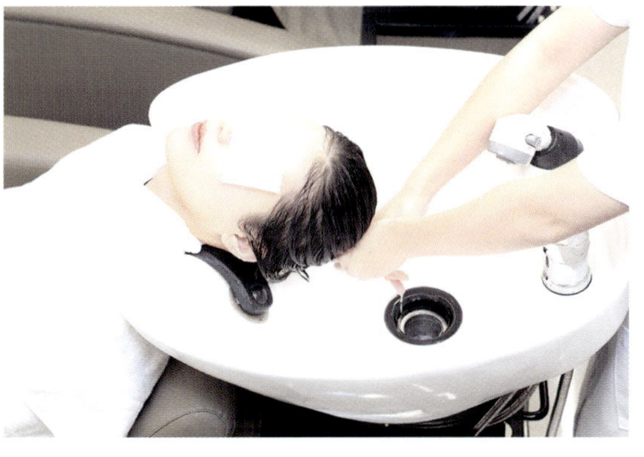

⑪ 깨끗이 헹구어 마무리한 후, 물기가 흘러내리지 않도록 충분히 타월 드라이한다. 이때 비비거나 짜거나 하는 행동은 삼간다.

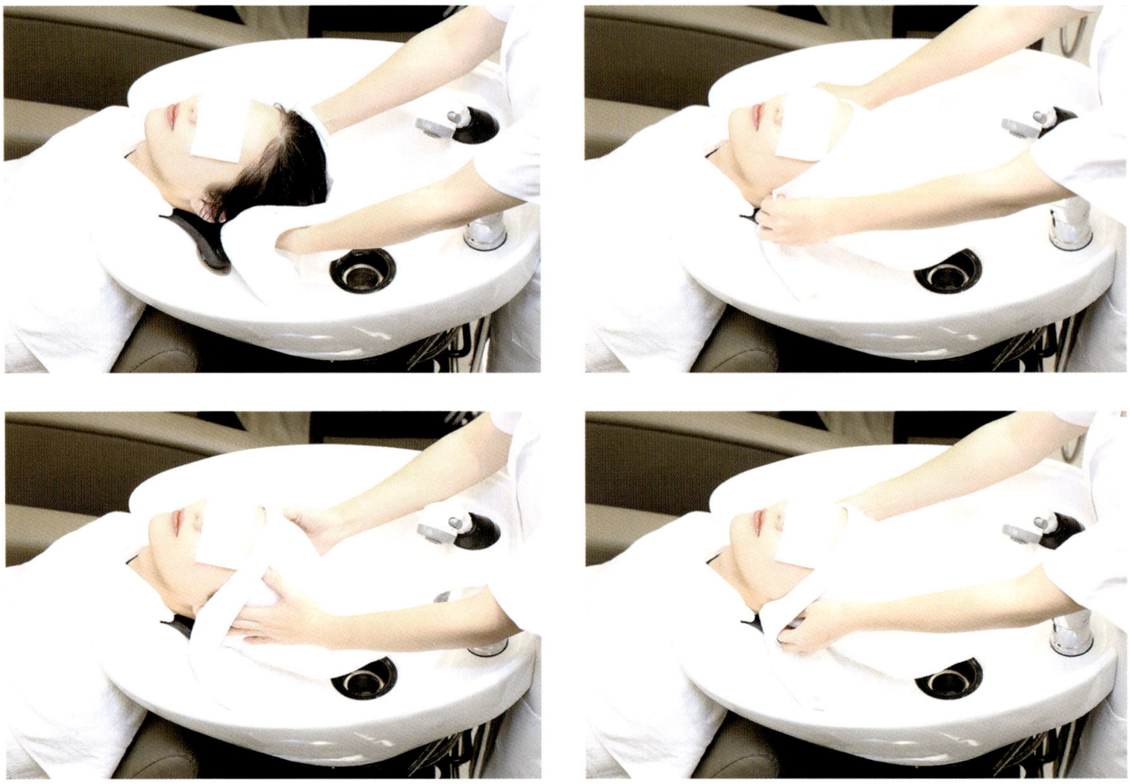

⑫ 마른 타월로 헤어라인과 모발을 감싸 머리카락이 모발이 흘러내리지 않도록 마무리 한다.

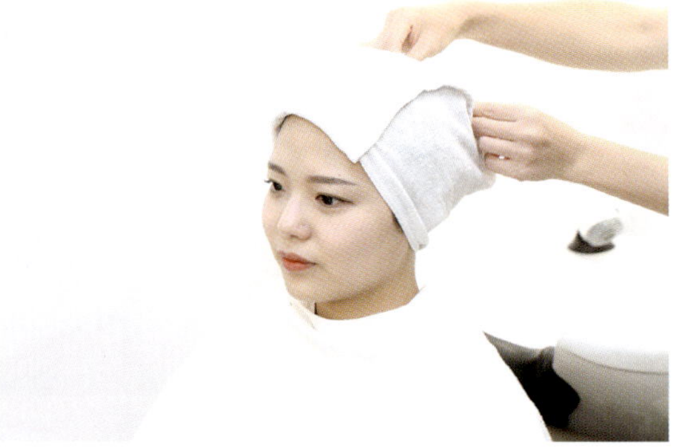

⑬ 샴푸대에 남아있는 물기와 거품, 머리카락 등을 사용한 타월로 신속히 제거 후 고객과 함께 자리로 이동한다.

ㄴ. 좌식샴푸 시술방법

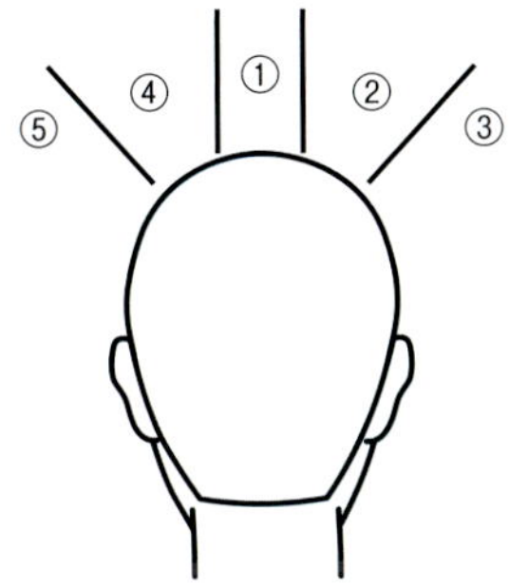

전체 물 스프레이로 분사 후, 1 → 5의 방향으로 헤어라인에서 백회방향으로 샴푸를 도포하여 충분히 거품을 내준다.

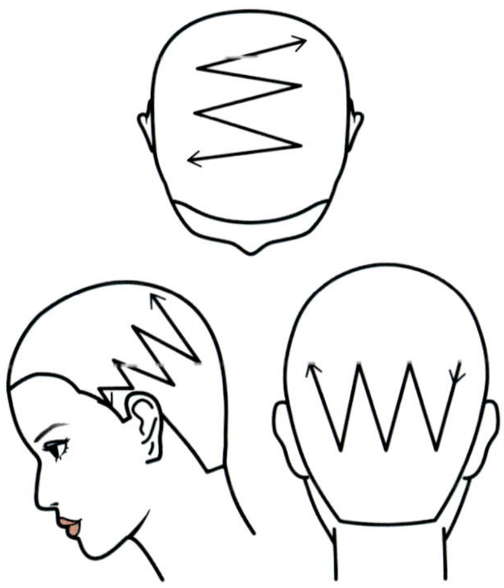

두정부

전체 도포 후 왼손으로 두상을 고정한 후, 오른손으로 헤어라인에서 백회방향으로 지그재그 테크닉으로 지두를 사용하여 샴푸한다.

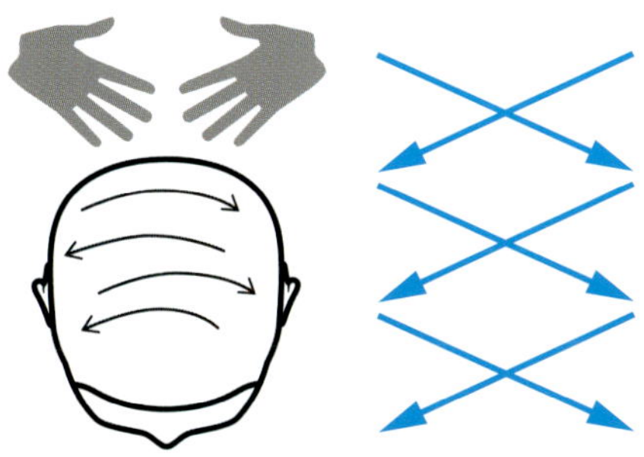

두정부에서 네이프까지, 네이프에서 두정부까지 양손 교차 테크닉을 사용하여 2회 반복한다.

두상전체를 지두를 활용하여 둥글리듯 마사지하고 가볍게 두피를 집어서 튕겨주며 마무리 한다.

5) 릴렉싱 마사지(Relaxing Massage)

(1) 릴렉싱 마사지 목적 및 효과

샴푸 후 두피 타입에 맞는 트리트먼트를 도포하고 시행하는 본격적인 마사지로 혈액순환을 촉진시켜 육모, 양모에 도움을 주며, 두피 톤, 유수분 등의 문제 개선에 효과적이다.
마사지의 압은 두피 타입에 따라 조절하여야 하며 필요에 따라 마사지 전 후로 갈바닉, 이온 토프레스, 미스트 등과 같은 기기사용을 병행 할 수 있다.

(2) 릴렉싱 마사지 방법

① 두피 타입에 맞는 트리트먼트를 도포하여 골고루 퍼뜨려준다.

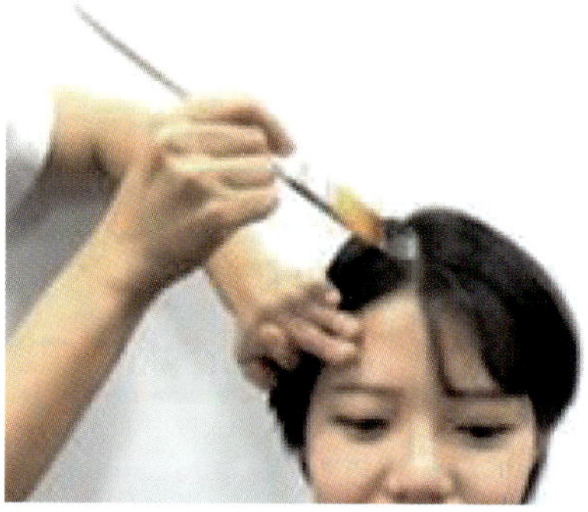

② 헤어라인을 3등분(신정, 두유, 현로)하여 지그시 압을 주고 시작한다.

③ 신정(C.P)에서 아문까지 엄지로 압을 주며 마사지한다.

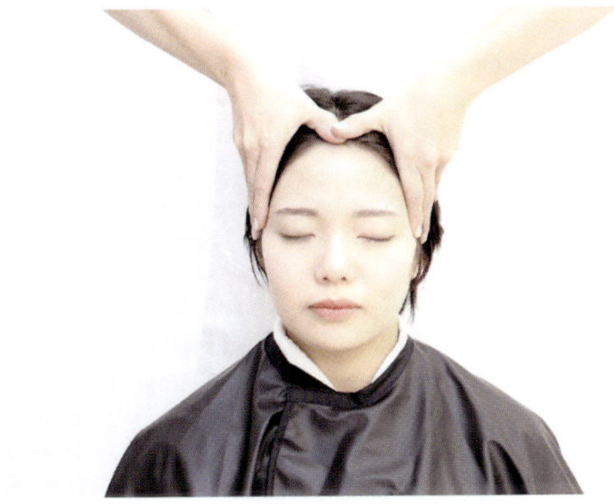

④ 아문에서 3.4지를 이용하여 정지하며 지그시 눌러 마사지한다.

⑤ 곡차(신정1.5촌 옆에 위치)에서 천주까지 마사지한다.

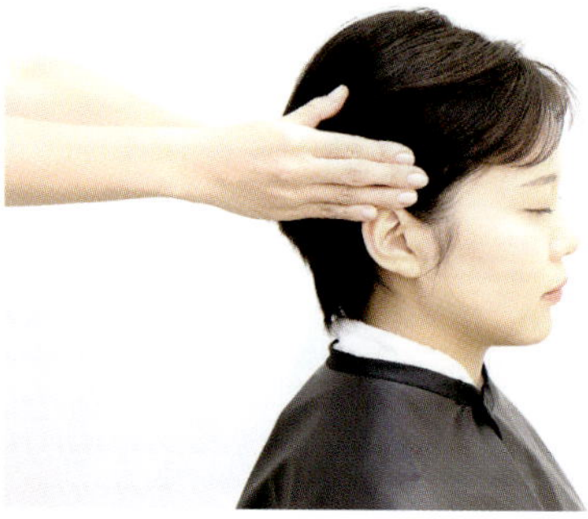

⑥ 두유(곡차1.5촌 옆에 위치)에서 풍지까지 같은 방법으로 시술한다.

Tip

전두부에서 후두부로 넘어가면 손을 바꿔서 마사지를 진행한다.
모든 마사지는 2회씩 반복한다.

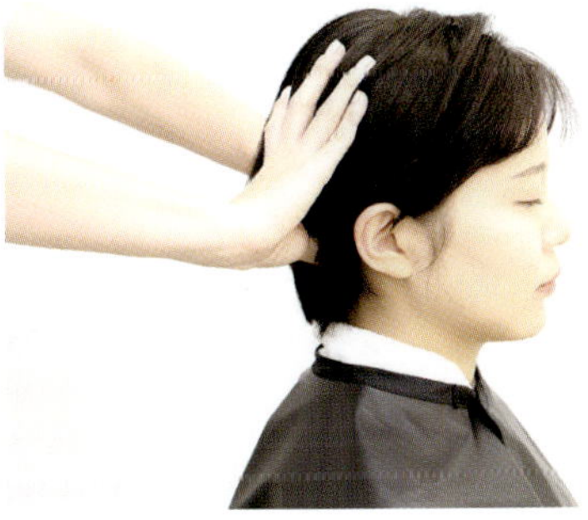

⑦ 손바닥을 천장으로 향하게 하여 균일한 힘으로 머리카락을 당겨 모근부를 마사지한다.

⑧ 두상을 두 손으로 감싸서 손바닥에 압을 주어 앞뒤, 좌우로 백회를 향해 천천히 끌어 올려 모상건막을 자극한다.

⑨ 동작이 끝나면 손끝을 이용하여 두상전체를 토닥토닥 테이핑한다.

⑩ 손을 컵핑하여 팔과 어깨를 두들기듯 마사지한다.

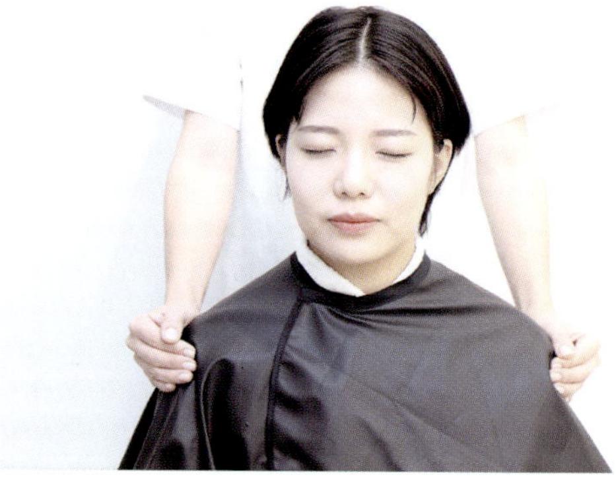

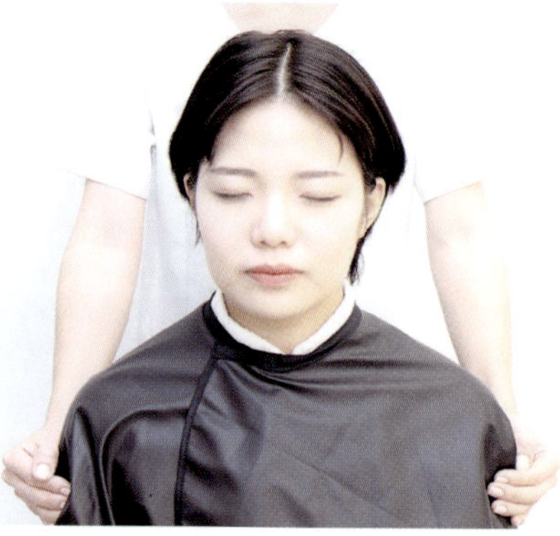

⑪ 천천히 어깨와 팔을 쓸어내려준다.

6) 영양공급(Hair tonic)

(1) 목적 및 효과

두피관리 후 두피 타입에 맞는 토닉이나 앰플 등으로 마무리 영양공급을 해줌으로서 문제성 두피를 개선하고 완화하는 데 목적이 있다.

비듬두피용	항비듬성 성분으로 비듬균 완화와 각화주기 정상화 효과
지성두피용	피지조절에 따른 항염효과
민감두피용	진정효과 및 유수분 균형, 항염효과
탈모두피용	모근강화 및 육모, 양모효과

(2) 시술 방법

① 약 2~3cm 폭의 가로 섹션으로 도포 후 지두를 이용하여 골고루 퍼뜨려 준다.

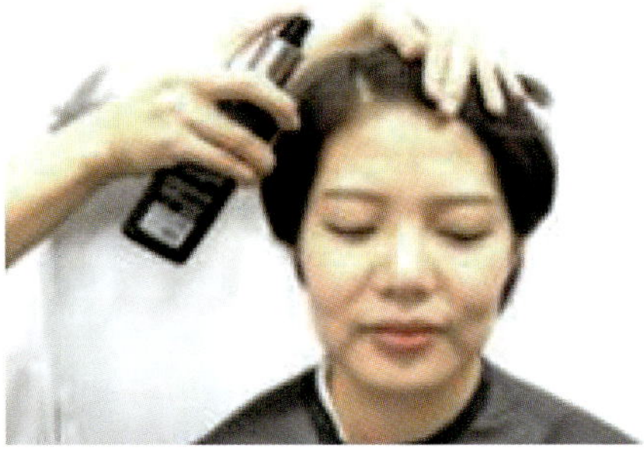

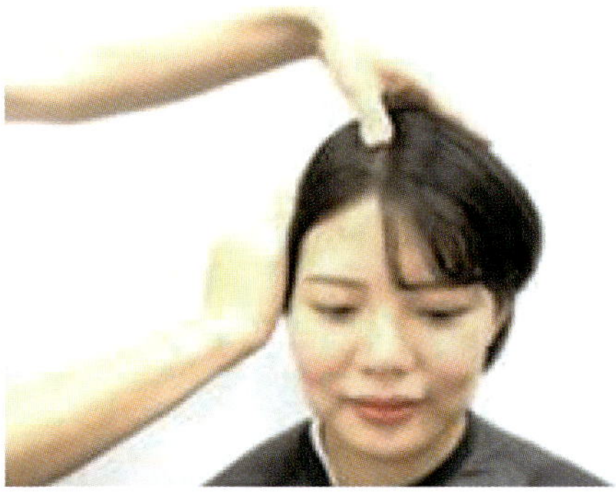

② 오른쪽 측두부 → 오른쪽 후두부 → 왼쪽 후두부 → 왼쪽 측두부 순으로 4등분하여 도포한다.
③ 도포 후 손가락 끝을 사용하는 테이핑 동작으로 흡수를 돕는다.
④ 필요에 따라 적외선/갈바닉 기기를 함께 사용하여 흡수 효과를 도울 수 있다.
⑤ 가볍게 드라이 건조하여 브러싱 후 마무리 한다.
⑥ 두피 타입에 맞는 홈케어 제품 추천 및 관리방법을 조언하고 다음 시술 계획을 안내한다.

7) 클로징 마사지(Closing Massage)

(1) 목적 및 효과

두피관리 단계 중 가장 마지막에 진행되는 마사지로 시술의 마무리를 알리고 긴장된 근육을 이완하고 스트레칭하는 데 목적이 있다.

(2) 마사지 방법

① 고객의 두 손을 모아 만세동작으로 뒤로 천천히 스트레칭 후 팔을 조심히 내려놓는다.

② 두 손을 비벼 열을 낸 후, 눈앞에서 3초, 백회에서 3초를 머무른다.

③ 쓰다듬기 동작으로 마무리를 알린다.

8) 홈 케어 조언 및 마무리(Home care advice & finish)

(1) 홈 케어의 중요성

건강한 두피와 모발을 만드는 것은 사소한 생활 습관에서부터 시작된다. 올바른 샴푸 습관, 드라이 습관, 식습관, 수면습관 등이 모두 두피 모발 건강에 영향을 미치기 때문이다. 홈 케어는 살롱 케어의 연장선이며 홈 케어가 잘 된 고객일수록 희망하는 헤어스타일로 쉽게 변경이 가능하다.
올바른 상담을 통해 적절한 제품 및 사용법, 손질 습관을 포함한 라이프 스타일에 대한 조언은 헤어디자이너로서 필수적 의무이다. 쉽게 따라할 수 있는 방법부터 조언하는 것이 홈 케어 조언의 핵심이다.

(2) 홈 케어 조언

• 문제성 두피

① 건성 두피

ADVICE POINT

각질재생주기 조절(각질완화)/가려움증 완화

• 샴푸 횟수는 2일 1회가 적당하다.
• 건성두피용 샴푸를 사용하고 샴푸 시 강한 자극이나 뜨거운 물은 주의한다.
• 샴푸 후 드라이는 냉풍 위주로 사용하는 것이 두피의 수분량 유지에 도움을 준다.
• 샴푸 시 두피전용 수분/진정 기능이 있는 트리트먼트를 함께 사용하여 두피의 유수분 밸런스를 조절한다.

② 지성 두피

ADVICE POINT

피지 조절(정상화)/염증완화/유수분 밸런스/샴푸법/드라이방법

• 샴푸 횟수는 1일 1~2회가 적당하다.
• 지성두피용 샴푸를 사용하고 샴푸 시 강한 자극이나 뜨거운 물은 주의한다.
• 샴푸 후 드라이는 냉풍으로 충분히 건조하여 습한 환경을 만들지 않도록 주의한다.
• 마무리 시 피지조절/수분에 관여하는 세럼을 함께 사용하여 두피의 유수분 밸런스를 개선한다.
• 자극적이거나 기름진 음식은 피한다.

③ 민감성 두피

ADVICE POINT

화학 시술 전 후 두피 보호/통증완화/붉음 증 완화(모세혈관개선)/샴푸법/드라이방법

- 두피 진정/보습 기능이 있는 민감두피용 샴푸제를 사용하고 샴푸 시 온도는 두피 자극을 최소화 할 수 있는 미온수를 권장한다.
- 민감성 전용 트리트먼트를 함께 사용하여 두피 통증이나 홍반 등을 개선할 수 있도록 한다.
- 습한 환경은 두피 민감도를 심화시킬 수 있으므로 샴푸 후 드라이는 찬바람으로 충분히 말린다.
- 비타민 K, 미네랄, 인 등을 함유하고 있는 식품을 섭취하며 충분한 수면과 올바른 생활습관이 중요하다.
- 화학 시술은 최소화 하며 불가피하게 시술하게 될 경우 시술 전 두피 보호제를 반드시 사용한다.

④ 비듬성 두피

ADVICE POINT

각질재생주기 조절(조기박리증/과각화증)/항진균/라이프스타일/샴푸법/드라이방법

- 항진균 성분이 함유된 비듬두피용 샴푸제와 트리트먼트를 사용하여 샴푸한다.
- 틀어진 각화주기를 바로 잡기 위해 주기적인 스케일링이 필요하다.
- 샴푸 후 드라이는 냉풍위주로 완전 건조한다.
- 인스턴트 음식을 삼가고 등푸른 생선, 적황색 채소 위주의 식습관을 권장한다.
- 스트레스를 줄이고 적당한 운동 및 올바른 수면습관을 유지하도록 한다.

⑤ 탈모 두피

ADVICE POINT

혈액순환 촉진/모근강화/라이프스타일/샴푸법/드라이방법

- 샴푸 전 쿠션브러시를 이용한 사전 브러싱으로 혈액순환 촉진 및 근육이완을 시킨다.
- 탈모 두피 전용 샴푸제를 사용하여 샴푸한다.
- 샴푸 시 육모/양모 성분이 함유된 트리트먼트를 함께 사용하여 두피 장벽 강화 및 모근강화를 돕는다.
- 샴푸 후 드라이 시 강한 열이나 자극은 피한다.
- 마무리 시 육모/양모 성분이 함유된 두피 세럼을 함께 사용한다.
- 화학시술은 최소화한다.
- 스트레스를 줄이고 건강한 식습관 및 생활습관을 유지하도록 한다.

• 문제성 모발

① 굵은 모발

ADVICE POINT

차분함/샴푸법/드라이방법/마무리 제품

- 차분함을 줄 수 있는 볼륨 다운용 샴푸제를 사용하며 아침보다는 저녁시간에 샴푸한다.
- 드라이는 되도록 냉풍을 사용하여 위에서 아랫방향으로 바람이 갈 수 있도록 한다.
- 드라이 전·후로 오일 타입 에센스를 함께 사용하면 차분함 연출에 효과적이다.

② 가는 모발

ADVICE POINT

볼륨/샴푸법/드라이방법/마무리 제품

- 볼륨에 관여하는 기능성 샴푸를 사용하며 저녁시간 보다는 아침에 샴푸하여 스타일링 한다.
- 린스아웃(Rinse out)컨디셔너 대신 리브인(Leave in)컨디셔너를 사용하여 볼륨 생성에 도움을 준다.
- 드라이 시 모근 반대 방향으로 바람이 갈수 있도록 하여 건조한다.
- 볼륨 무스/볼륨 스프레이 타입의 마무리 제품을 함께 사용한다.

③ 건조 모발

ADVICE POINT

유수분 밸런스/샴푸법/드라이방법/마무리 제품

- 모이스쳐 성분을 주성분으로 함유한 건조모발용 샴푸제를 사용한다.
- 주 2회 이상 헤어 트리트먼트를 병행 사용한다.
- 샴푸횟수는 2일 1회를 권장한다.
- 드라이 전에는 로션이나 겔 타입의 에센스를 사용하여 드라이 열로부터 모발을 보호하고 드라이 후 오일 타입 에센스로 마무리 한다.
- 드라이 시 냉풍 위주로 사용하여 건조하고 아이론을 이용한 스타일링은 되도록 최소화 한다.

④ 극손상 모발

ADVICE POINT

재생·영양공급/샴푸법/드라이방법/마무리 제품

- 샴푸 시 물온도는 미온수로 하고 단백질 성분이 주성분인 재생/영양라인의 샴푸제를 사용한다.
- 린스나 컨디셔너 대신 트리트먼트를 데일리 케어용으로 사용한다.
- 트리트먼트 도포 시 스팀 타월을 함께 사용하면 흡수율을 높일 수 있다.
- 드라이 건조 전·후로 오일타입 에센스를 함께 사용하여 모발을 열로부터 보호하여 준다.
- 물리적·화학적 자극은 되도록 삼간다.

참고문헌

〈저서〉

- 유광석 저(2008), 탈모메커니즘, 서울, 다모출판
- 유광석 저(2008), 탈모증별 상담과 실습, 서울, 다모출판
- NCS학습모듈(2015), 헤어샴푸, (사)대한미용사회, 한국직업능력개발원
- NCS학습모듈(2015), 헤어케어, (사)대한미용사회, 한국직업능력개발원
- 류은주, 송지형, 이재숙 공저(2008), TRICHOLOGY, 서울, 도서출판 트리콜로지
- 김광옥, 유의경, 김혜란, 임은진, 김태영(2005) 두피·모발관리를 위한 트리콜로지스트 입문서, 도서출판 청람

〈논문〉

- 김유라(2014), 헤어미용종사자의 두피·모발 관리 실태 및 교육프로그램 인식 연구, 광주여자대학교 미용교육대학원 석사학위논문
- 박동섭, 이재숙, 이정현, (2012), 측백 잎 추출물의 육모효과에 관한 임상 연구, 한국인체미용예술학회지, 13(4), 93-103
- 이재숙, (2012), 혈액형에 따른 성격분류 및 탈모 민감도, 한국미용학회지, 40(3) 1501-1507